普通高等院校计算机基础教育新形态一体化"十三五"规划教材
全国高等院校计算机基础教育研究会计算机基础教育教学研究项目成果
中国大学MOOC在线开放课程配套教材

大学计算机基础

（慕课版）

主 编◎姚 怡 劳 眷 石 娟 杨剑冰
副主编◎陈大海 李向华 莫梓杰 王 丽 滕金芳 马钰华

中国铁道出版社有限公司
CHINA RAILWAY PUBLISHING HOUSE CO., LTD.

内 容 简 介

本书是中国大学 MOOC 在线开放课程"大学计算机基础（Windows 10 & Office 2016/2019）"的配套教材。

全书共 7 章，主要内容有走进计算机的世界、如何使用 Windows 更顺手，Word 的使用，高大上 PPT 这样做，别怕，Excel 其实很简单，安全玩转网络以及未来已来——IT 新技术等。本书内容从初学者入门的角度来组织，拒绝枯燥的知识轰炸，采用轻松愉悦的图文形式叙述知识点，深入浅出、通俗易懂，既注重思维能力的培养，又兼顾计算机技能的提高。

本书适合作为高等院校计算机基础课程的教材，也可作为高职院校、成人教育培训教材以及各类计算机爱好者的自学参考书。

图书在版编目（CIP）数据

大学计算机基础：慕课版 / 姚怡等主编 . —北京：中国铁道出版社有限公司，2020.8（2024.8重印）

普通高等院校计算机基础教育新形态一体化"十三五"规划教材

ISBN 978-7-113-27174-9

Ⅰ.①大… Ⅱ.①姚… Ⅲ.①电子计算机 - 高等学校 - 教材 Ⅳ.① TP3

中国版本图书馆 CIP 数据核字（2020）第 149069 号

书　　名：大学计算机基础（慕课版）
作　　者：姚　怡　劳　眷　石　娟　杨剑冰

策　　划：刘丽丽		编辑部电话：（010）51873202
责任编辑：刘丽丽		
封面设计：刘　颖		
责任校对：张玉华		
责任印制：樊启鹏		

出版发行：中国铁道出版社有限公司（100054，北京市西城区右安门西街 8 号）
网　　址：https://www.tdpress.com/51eds/
印　　刷：河北宝昌佳彩印刷有限公司
版　　次：2020 年 8 月第 1 版　2024 年 8 月第 8 次印刷
开　　本：787 mm×1 092 mm　1/16　印张：18.75　字数：425 千
书　　号：ISBN 978-7-113-27174-9
定　　价：56.00 元

2020 年新年伊始，一场突如其来的疫情让在线教育得到了迅速普及，在政府"停课不停学"的号召下，短期之内教师的教学手段和学生的学习方式发生了巨大改变。互联网在线教学成为连接学校、教师、学生之间的主要纽带，也给 MOOC 的发展带来了前所未有的机遇。

"大学计算机基础"作为一门通识课，其教学目的在于让学生掌握计算机基本原理、提高信息素养以及了解信息技术发展前沿，培养学生的计算思维，为后续计算机课程的学习打好基础。

本书是中国大学 MOOC 在线开放课程"大学计算机基础（Windows 10 & Office 2016/2019）"（https://www.icourse163.org/course/GXU-1449947169）的配套教材。线上教学资源分为 7 个单元，共计 73 个视频，采用虚拟录播、实时合成或 PPT 演示的形式制作，利用真人动画、完全动画、角色模拟、技能演示等形式表现教学内容。以小视频配合各单元在线测试的教学方式开展了多期教学活动，在广受学员赞赏的同时也收到一些反馈信息和建设性意见，认为 MOOC 学员来源广泛，信息素养存在差异化，应提供多种教学资源和载体，照顾多层次对象的学习需求。笔者深以为然，遂召集参与 MOOC 建设的多位老师着手编写配套教材，旨在建设立体化教学资源，打造线上线下整体教学解决方案，最大限度地满足教师教学需要和学生学习需求。

本书共分为 7 章，章节编排与 MOOC 中 7 个单元的教学视频一一对应，建议总学时为 40~60 学时，各章学时分配如下：

第 1 章　走进计算机的世界（6~8 学时）

第 2 章　如何使用 Windows 更顺手（4~8 学时）

第 3 章　Word 的使用（6~10 学时）

第 4 章　高大上 PPT 这样做（6~10 学时）

走进大学计算机基础

第 5 章　别怕，Excel 其实很简单（10~12 学时）

第 6 章　安全玩转网络（6~8 学时）

第 7 章　未来已来——IT 新技术（2~4 学时）

参与本书编写工作的都是从事计算机基础教育多年、一线教学经验丰富的高校教师。

本书由姚怡、劳眷、石娟、杨剑冰任主编，陈大海、李向华、莫梓杰、王丽、滕金芳、马钰华任副主编。编写任务分工为：第 1 章由姚怡编写，第 2 章由姚怡和莫梓杰编写，第 3 章由劳眷编写，第 4 章由石娟编写，第 5 章由杨剑冰编写，第 6、7 章由姚怡编写，第 1 章习题由陈大海编写，第 7 章习题由李向华编写，审校工作由陈大海、劳眷、李向华、马钰华负责，王丽、滕金芳提供了部分配套数字化教学资源，全书由姚怡统稿。

本书的编写得到了广西高等教育本科教学改革工程项目（2018JGA107）的支持，是全国高等院校计算机基础教育研究会计算机基础教育教学研究项目成果。

由于编者水平有限且编写时间较为仓促，书中难免有疏漏和不足之处，恳请广大读者批评指正，使之更趋完善！

编　者

2020 年 6 月

目　录

第1章

走进计算机的世界

本章内容提要:

- 计算机的诞生和发展
- 冯氏计算机工作原理
- 计算机硬件知识
- 二进制转换和运算
- 文字、图像、声音等多媒体信息的数字化
- 软件的定义、分类和编程语言

随着信息化时代的到来,计算机已经渗透到人类生活的方方面面。不管是工作学习、衣食住行或娱乐休闲,现实生活中种种活动的背后都不可避免会有计算机在不事张扬地为我们提供服务。计算机是人类大脑的延伸,现代人都应该具有一定的信息素养和计算思维,学会运用计算机解决遇到的种种问题。当今人们已经离不开计算机,掌握计算机知识的重要性再怎么强调也不为过。计算机是如何诞生并发展演变为现世辉煌的?计算机是如何读懂人类发出的指令并忠实无误奉命执行的?硬件和软件之间有什么联系?……让我们带着这些问题一起走进计算机的世界探寻答案。

▌ 1.1 初识计算机

当今,计算机产业发展迅猛,每天都有新产品、新技术诞生,计算机已经深度融合进人们的学习、工作和生活中,几乎没有什么领域是与计算机无关的了。那么,计算机的演进发展历程是怎样的呢?

1.1.1 计算机从无到有

要追溯计算机的发明,可以从中国古时说起,那时人类发明算盘去处理一些数据,利用拨动算珠的方法,无须进行心算即可通过固定的口诀将答案计算出来。这种被称为"计算与逻辑运算"的运作概念传入西方后,被美国人发扬光大。直到16世纪,人类发明了一部可协助处理乘数等较为复杂数学算式的机械,被称为"棋盘计算器",但这段时期只属于纯计算的阶段。

计算机的产生和发展

1. 第一台计算机ENIAC诞生之前

辅助人们进行各种计算和分析的设备自古就有，从远古时期先民们结绳记事的"绳"到战国争雄时谋士们运筹帷幄的"筹"，从公元六百多年前中国人的算盘到17世纪欧洲人的计算尺，经历了漫长的历史过程。在第一台真正意义上的电子计算机ENIAC诞生之前，计算机的早期演进历程如表1-1所示。

表1-1　计算机的早期演进历程

时间	设计或建造者	贡献
17世纪中叶	法国数学家帕斯卡（Blaise Pascal，1623—1662）	建造并出售了一种齿轮驱动的机械机器，可以执行整数的加法和减法运算
17世纪末	德国数学家莱布尼茨（Gottfried Wilhelm Leibniz，1646—1716）	建造了第一台能够进行四种整数运算（加法、减法、乘法和除法）的机械设备
1832年	英国数学家巴贝奇（Charles Babbage，1792—1871）	首先提出通用计算机的设计思想，开始设计一种基于计算自动化的程序控制的分析机，并提出了几乎是完整的计算机设计方案。在设计中第一次出现了内存，这在概念上是一个突破
1904年	英国物理学家弗莱明（John Ambrose Fleming，1864—1945）	世界上第一只电子管研制成功，标志着世界从此进入了电子时代
1936年	英国数学家图灵（Alan Mathison Turing，1912—1954）	发表了论文《论可计算数及其在判定问题中的应用》，提出了著名的理论计算机的抽象模型——"图灵机"，为计算理论的主要领域奠定了基础
1946年	美国的"莫尔小组"，由埃克特、莫克利、戈尔斯坦、博克斯四位科学家组成	建造了第一台真正意义上的电子计算机ENIAC，如图1-1所示。ENIAC是"图灵完全"的电子计算机，能够重新编程，解决各种计算问题

1946年诞生的ENIAC由18 000多个电子管、7 000多个电阻、10 000多个电容器以及6 000多个开关组成，占地面积约170 m²，整个机器质量为30 t，功率为150 kW，运算速度为每秒5 000次加法运算，是世界上第一台电子数字积分计算机。虽然ENIAC远远不能和现在普通计算机相比，但它是第一台正式投入使用的电子计算机。它的诞生是人类文明史上的一次飞跃，宣告了计算机时代的到来。

图1-1　第一台电子计算机 ENIAC

2. ENIAC诞生之后计算机的四个发展阶段

自ENIAC问世，计算机采用的主要元器件从电子管进化到晶体管再演变到集成电路，如图1-2所示。电子计算机在人类生活中的份量变得越来越重。迄今为止，计算机的发展经历了如表1-2所示的四个标志性时代。

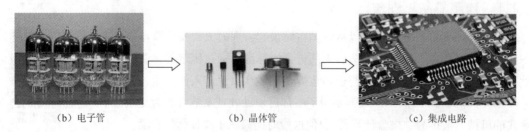

（b）电子管　　　　　　　　（b）晶体管　　　　　　　　（c）集成电路

图1-2　主要元器件的发展

表 1-2　计算机发展的四个标志性时代

类　别	时　间	硬　件　特　征	软　件　特　征
第一代电子管计算机	1945—1955	采用电子管元件作基本器件，用光屏管或汞延时电路作存储器，输入或输出主要采用穿孔卡片或纸带，主要用于科学计算	使用机器语言或者汇编语言来编写应用程序
第二代晶体管计算机	1956—1963	晶体管和磁芯存储器促进了第二代计算机的产生。图 1-3 所示是首台晶体管计算机"催迪克"，主要用于原子科学的大量数据处理	出现了更高级的 COBOL 和 FORTRAN 等语言，使计算机编程更容易。整个软件产业由此诞生
第三代集成电路计算机	1964—1970	将多种元件集成到单一的半导体芯片上，形成集成电路（IC），计算机变得更小、功耗更低、速度更快。1964 年，美国 IBM 公司研制成功第一个采用集成电路的计算机系统 IBM 360，如图 1-4 所示	出现了操作系统，使计算机在中心程序的控制协调下可以同时运行许多不同的程序
第四代大规模集成电路计算机	1971 至今	采用大规模和超大规模集成电路，使计算机的体积和价格不断下降，而功能和可靠性不断增强	20 世纪 90 年代诞生的因特网，标志着人类社会进入了以网络、信息为特征的数字化时代

图 1-3　首台晶体管计算机"催迪克"

图 1-4　IBM 360 成为首款使用集成电路的计算机

3. 计算机发展的未来

　　自 ENIAC 诞生以来，计算机的发展速度基本上一直遵循着由英特尔创始人之一——戈登·摩尔于 1965 年提出来的摩尔定律：当价格不变时，集成电路上可容纳的元器件的数目，每隔 18~24 个月便会增加一倍，性能也将提升一倍。这一定律揭示了信息技术进步的速度。例如，从图 1-5 显示的英特尔芯片的晶体管密度历年变化情况可知，尽管英特尔芯片制程工艺发布的时间跨度在变大，但晶体管密度仍旧保持在每两年提高约一倍，即摩尔定律一直在发挥着作用。尽管这种趋势已经持续超过半个世纪，但摩尔定律也预示着电子计算机的物理极限。因此，无论是从计算能力角度，还是从计算原理角度，亦或是从突破传统电子芯片物理极限角度出发，重新设计新型计算机开始逐渐走入人们的视线。

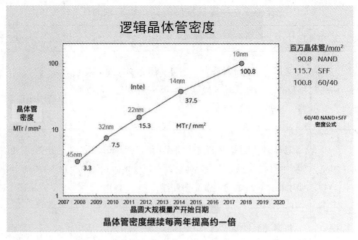

图 1-5 英特尔芯片的发展符合摩尔定律

计算机的发展将在什么时候进入第五代？什么是第五代计算机？对于这样的问题，并没有一个明确统一的说法。通常认为，第五代计算机是指具有人工智能的新一代计算机，它具有推理、联想、判断、决策、学习等功能。基于集成电路的计算机短期内还不会退出历史舞台，但一些新的计算机正在跃跃欲试地加紧研究，这些计算机是：超导计算机、纳米计算机、光计算机、DNA计算机、量子计算机等。在未来社会中，计算机、网络、通信技术将会三位一体，将人从重复、枯燥的信息处理中解脱出来，从而改变人们的工作、生活和学习方式，给人类和社会拓展更大的生存和发展空间。

1.1.2 计算机的分类

计算机从1946年诞生并发展到今天，其种类繁多，可以从不同的角度对计算机进行分类，如图1-6所示，其中，微型机是人们最常使用的计算机类型。

微型计算机自产生以来，经过几十年的发展，已经应用到社会的各个领域，产生了运用于不同领域、适合不同目的的各种类型的计算机，如图1-7所示。

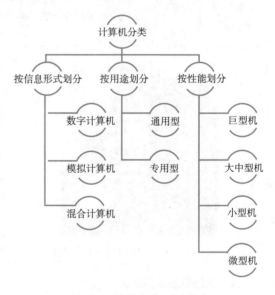

图 1-6 计算机的不同分类

计算机的分类及其应用领域

（a）台式计算机

（b）笔记本式计算机

图 1-7 各种类型的微型计算机

（c）嵌入式计算机　　　　　（d）平板计算机　　　　　（e）智能手机

图 1-7　各种类型的微型计算机（续）

1.1.3　计算机的应用

计算机的应用领域已渗透到社会的各行各业，正在改变着人们传统的工作、学习和生活方式，推动着社会的发展。计算机的主要应用领域有科学计算、数据处理、计算机辅助技术、过程控制、网络应用等。

1. 科学计算

科学计算是指利用计算机来完成科学研究和工程技术中提出的数学问题的计算。在现代科学技术工作中，科学计算问题是大量的和复杂的。利用计算机的高速计算、大存储容量和连续运算能力，可以实现人工无法解决的各种科学计算问题。例如，建筑工程的结构设计中为了确定构件尺寸，通过弹性力学导出一系列复杂方程，长期以来由于计算方法跟不上而一直无法将其求解；而计算机不但能求解这类方程，还引起有关弹性理论的一次突破，出现了结构计算的有限元法。

2. 数据处理

数据处理是指对各种数据进行收集、存储、整理、分类、统计、加工、利用、传播等一系列活动的统称。据统计，80%以上的计算机主要用于数据处理，这类工作量大且应用面宽，决定了计算机应用的主导方向。

目前，数据处理已广泛地应用于办公自动化、企事业计算机辅助管理与决策、情报检索、图书管理、电影电视动画设计、会计电算化等各行各业。信息正在形成独立的产业，多媒体技术使信息展现在人们面前的不仅是数字和文字，也有声情并茂的声音和图像信息。

3. 计算机辅助技术

计算机辅助技术包括计算机辅助设计、计算机辅助制造、计算机辅助教学等。

（1）计算机辅助设计（Computer Aided Design，CAD）

计算机辅助设计是利用计算机及其图形设备帮助设计人员进行设计工作，以实现最佳工程效果的一种技术。它已广泛地应用于飞机、汽车、机械、电子、建筑和轻工等领域。例如，在计算机类产品的设计过程中，利用CAD技术进行体系结构模拟、逻辑模拟、插件划分、自动布线等，从而大大提高了设计工作的自动化程度。又如，在建筑工程设计过程中，利用CAD系统可以进行力学计算、结构设计、数据统计、图纸绘制等，这样不但提高了设计速度，还可以提高设计质量。

（2）计算机辅助制造（Computer Aided Manufacturing，CAM）

计算机辅助制造是利用计算机系统进行生产设备的管理、控制和操作的过程。例如，在产品制造过程中，用计算机控制机器的运行、处理生产过程中所需的数据、控制和处理材料的流动以及对产品进行检测等。使用CAM技术可以提高产品质量、降低成本、缩短生产周期、提高生产率、改善劳动条件。

将CAD和CAM技术集成，实现设计和生产自动化的技术被称为计算机集成制造系统（Computer Intergrated Manufacturing System，CIMS）。它的实现将真正做到无人化工厂（或车间）。

（3）计算机辅助教学（Computer Aided Instruction，CAI）

计算机辅助教学是通过计算机系统使用课件来进行教学。课件可以用相关工具或高级语言来开发制作，它能引导学生循序渐进地学习，使学生轻松自如地从课件中学到所需要的知识。CAI的主要特色是交互教育、个别指导和因人施教。

4. 过程控制

过程控制是利用计算机及时采集检测数据，按最优值迅速地对控制对象进行自动调节或自动控制。采用计算机进行过程控制，不仅可以大大提高控制的自动化水平，而且可以提高控制的及时性和准确性，从而改善劳动条件、提高产品质量及合格率。因此，计算机过程控制已在机械、冶金、石油、化工、纺织、水电、航天等行业得到广泛的应用。

例如，在汽车工业方面，利用计算机控制机床、控制整个装配流水线，不仅可以实现精度要求高、形状复杂的零件加工自动化，而且可以使整个车间或工厂实现生产自动化。

5. 网络应用

计算机技术与现代通信技术的结合构成了计算机网络。计算机网络的建立，不仅解决了一个单位、一个地区、一个国家中计算机与计算机之间的通信，各种软、硬件资源的共享，也大大促进了国际间的文字、图像、视频和声音等各类数据的传输与处理。

▌1.2 剖析冯·诺依曼结构

> 计算机模型
> 的演变与
> 发展

美籍匈牙利数学家冯·诺依曼（John von Neumann，1903—1957，见图1-8）对研制计算机做出了重大贡献，常被称为"计算机之父"。现代计算机的基本架构和工作原理都是他奠定的。但他本人却并不这么认为，冯·诺依曼认为自己的学生——英国数学家艾伦·图灵（Alan Mathison Turing，1912—1954，见图1-9）才称得上计算机之父。图灵提出了著名的理论计算机的抽象模型——"图灵机"，为计算理论的主要领域奠定了基础。这个理论在当时属于很超前、很大胆的假设。而后提出著名的"图灵测试"，指出如果第三者无法辨别人类与人工智能机器反应的差别，则可以论断该机器具备人工智能，为后来的人工智能科学提供了开创性的构思。

图1-8 冯·诺依曼　　图1-9 艾伦·图灵

1.2.1 图灵机

图灵机，又称图灵计算、图灵计算机，是由数学家艾伦·麦席森·图灵提出的一种抽象计算模型，即将人们使用纸笔进行数学运算的过程进行抽象，由一个虚拟的机器替代人们进行数学运算。

图灵机是指一个抽象的机器，如图1-10所示，它有一条无限长的纸带，纸带分成了一个一个的小方格，每个方格有不同的颜色。有一个机器头在纸带上移来移去。机器头有一组内部状态，还有一些固定的程序。在每个时刻，机器头都要从当前纸带上读入一个方格信息，然后结合自己的内部状态查找程序表，根据程序输出信息到纸带方格上，并转换自己的内部状态，然后进行移动。

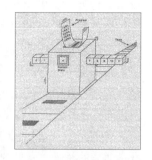

图 1-10　图灵机

沿着图灵开辟的方向，计算科学理论在其后的几十年里得到迅速发展，有力地推动了计算科学的高速发展。直到今天，绝大多数关于计算科学理论和技术的研究仍然没有跳出图灵机所确定的范围。为纪念图灵对计算科学的巨大贡献，美国计算机协会在1966年设立了具有计算机界诺贝尔奖之称的"图灵奖"，以表彰在计算机科学领域中做出突出贡献的科学家。

1.2.2　冯·诺依曼结构

冯·诺依曼对研制计算机做出了重大贡献。他确定了计算机的体系结构由五部分组成，包括运算器、控制器、存储器、输入设备和输出设备；并提出了计算机的工作原理，即把程序和数据都以二进制的形式统一存放到存储器中，由机器自动执行，不同的程序解决不同的问题，实现了计算机通用计算的功能。

1. 冯氏计算机五大核心部件

时至今日，遍布世界各地大大小小的计算机仍然遵循着冯·诺依曼提出的计算机基本结构和工作原理，其内部的硬件结构都大同小异，统称为"冯·诺依曼体系结构"计算机（简称冯氏计算机）。冯氏计算机的五大核心部件各尽其职，协调工作，如图1-11所示。

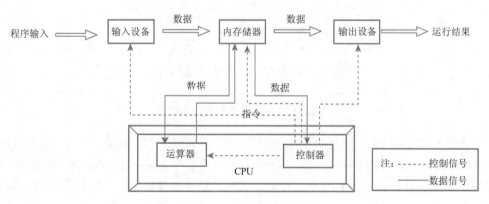

图 1-11　计算机基本结构

五大核心部件的基本功能如下：

① 运算器（Arithmetic/Logic Unit，ALU）：是计算机实现数据处理功能的单元，如算术运算（加、减、乘、除）、逻辑运算（与、或、非）。运算器会将存储在存储单元中的数据取出，在执行运算与逻辑判断后，将结果存回存储器中。

② 控制器（Control Unit，CU）：主要用于控制计算机的操作，如读取各种指令，并对指令进行分析，做出相应控制，协调输入/输出（Input/Output，I/O）操作和内存访问等工作。运算器与控制器组合起来成为计算机的核心——中央处理器（Central Processing Unit，CPU）。

③ 存储器（Memory Unit，MU）：可分为内存储器与外存储器两大类，是计算机专门用来存放数据与程序的地方。内存储器用来存放处理中的程序和数据；外存储器则用来存放暂时不使用的程序和数据，常见的有硬盘、光盘、闪存盘等。

④ 输入设备（Input Unit，IU）：向计算机输入数据和信息的设备，是计算机与用户或其他设备通信的桥梁。常见的输入设备有键盘、鼠标、扫描仪、光笔、手写输入板、游戏杆、语音输入装置等。

⑤ 输出设备（Output Unit，OU）：计算机用来输出已处理的数据的设备，如显示器、打印机、扬声器等。

2. 冯氏计算机工作步骤

冯·诺依曼提出的"存储程序和程序控制"原理把程序本身当作数据来对待，程序和该程序处理的数据用同样的方式存储，并确定了计算机的五大组成部分和基本工作方法。其工作过程可分为如图 1-12 所示的 4 个步骤。

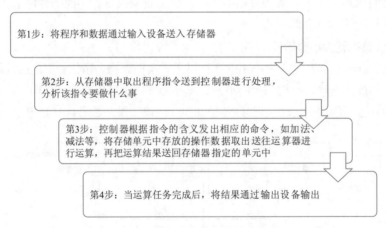

图 1-12　冯氏计算机工作步骤

早期冯·诺依曼设想的控制器目前主要通过操作系统来实现，也就是由软件控制计算机；冯·诺依曼结构中的控制线和数据线，主要由计算机的总线（如 FSB 总线、PCI-E 总线、USB 总线等）和集成电路芯片（如南桥芯片等）实现，总线上传输的信号可以是地址、数据和指令。

3. 冯·诺依曼结构与哈佛结构

冯·诺依曼的主要贡献就是提出并实现了"存储程序"的概念。由于指令和数据都是二进制码，指令和操作数的地址又密切相关，因此，当初选择这种结构是自然的。

在冯·诺依曼计算机结构中，指令和数据共享同一存储器和同一传输总线，使得信息流的传输成为限制计算机性能的瓶颈，影响了数据处理速度的提高，甚至会造成指令与数据传输的冲突。例如，计算机在播放高清视频时，数据流巨大，而指令流很小，一旦数据流发生拥塞现象，则会导致指令无法传输。这种现象一旦发生在工业控制领域，将产生不可预计的后果。工业计算机系统需要较高的运算速度，为了提高数据吞吐量，在大部分工业计算机中和智能手机中会采用哈佛结构。

哈佛结构计算机的原理图如图 1-13 所示，它有两个明显的特点：一是使用两个独立的存储器模块，分别存储指令和数据；二是使用两条独立的总线，分别作为 CPU 与存储器之间的专用通信路径，这两条总线之间毫无关联，避免了指令传输与数据传输的冲突。

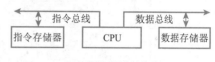

图 1-13 哈佛结构计算机的原理图

在哈佛结构计算机中，CPU 首先到指令存储器中读取程序指令内容，解码后得到数据地址；再到相应的数据存储器中读取数据，并进行下一步的操作（通常是执行）。程序指令存储和数据存储分开，可以使指令和数据有不同的数据宽度。

采用哈佛结构的 CPU 和微处理器有：IBM 公司的 PowerPC 处理器，SUN 公司的 UltraSPARC 系列处理器，MIPS 公司的 MIPS 系列处理器，ARM 公司的 ARM9、ARM10 和 ARM11 等。大部分 RISC（即精简指令系统，英文全称是 Reduced Instruction Set Computing）计算机都采用了哈佛结构。

▎1.3 购机前要了解的硬件知识

随着信息时代的高速发展，计算机已经成为工作、学习、生活的必备装备之一，不管你是刚入学的大学生还是将要进入职场的新人，选购一台适合自己的计算机，能够很大程度地提高自己工作和学习的效率。对于商务人士、学生来说笔记本式计算机是首选，它体积小、携带方便，适用于应对移动场景。而办公场所、游戏网吧等场所则适合选用台式计算机，它性价比高、接口丰富、使用方便。无论是台式计算机还是笔记本式计算机，其主要配置都是 CPU、显卡、硬盘、内存条以及主板等零部件。因此，详细了解计算机的硬件组成，对如何选择最适合自己的计算机很有帮助。

如何选择适合自己的计算机

从计算机外观可看到的设备都属于计算机的硬件部分。图 1-14 所示的显示器、键盘、鼠标等存在于主机箱外部的部件称为外部硬件，通常称为外围设备（简称外设）。而 CPU、硬盘、内存、显卡、网卡等安装在主机箱内部的部件称为内部硬件。其中，CPU 与内存构成计算机的主机。图 1-15 所示为台式计算机主机箱的内部和背部结构。

根据个人计算机（Personal Computer，PC）的特点，通常将其硬件分为主机和外围设备两部分。图 1-16 所示为个人计算机的硬件组成。

图 1-14 台式计算机外观

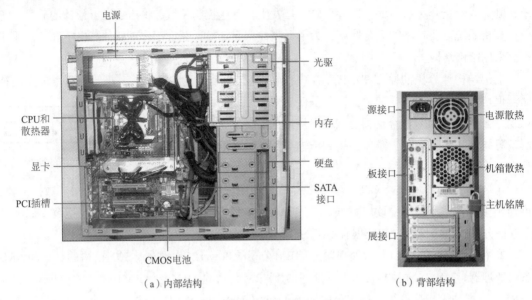

（a）内部结构　　　　　　　　　　　　　（b）背部结构

图 1-15　台式计算机主机箱的内部和背部结构

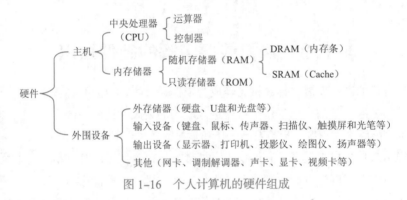

图 1-16　个人计算机的硬件组成

1.3.1　主板和CPU

1. 主板

主板（Mainboard）是计算机中最大的一块集成电路板，安装在机箱内，是计算机最基本的也是最重要的部件之一。主板采用开放式结构来连接各种计算机部件，包括CPU、内存、显卡、声卡、网卡、硬盘和光驱等。组装计算机时，把相应的部件插到主板上对应的插槽中即可。主板电路设置和功能如图1-17所示。

2. 中央处理器

中央处理器（Central Processing Unit，CPU）是计算机的心脏，起到控制整个计算机工作的作用，包括控制器与运算器两大模块。CPU主要的工作就是提取指令，将指令译码和执行。在指令执行之前，程序指令和数据必须先从输入设备或外存储设备放进内存中。

由于单核CPU芯片速度的提升会产生过多热量，且无法带来相应的性能改善，多内核CPU渐成主流，封装的内核数量不断增加，虽然从外观上看好像是一个CPU，如图1-18所示，实际上它是由多个CPU内核组成的。理论上，其性能会变成原来的数倍，但须搭配支持多CPU的操作系统和应用程序才能发挥其性能。

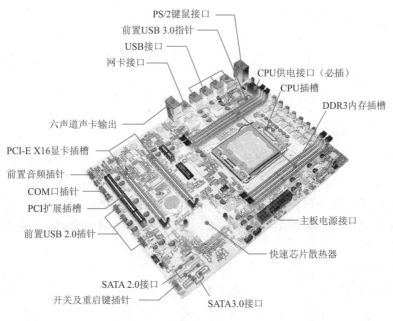

图 1-17　主板电路设置和功能

CPU安装

图 1-18　酷睿 i7-8700K 处理器和 CPU 的安装

CPU有两个重要的性能指标，即字长和主频。字长是计算机在单位时间内能一次处理的二进制数的位数。字长越长，计算精度越高，运算速度也越快。字长一般有16位、32位或64位几种。主频就是CPU内核工作时的时钟频率，反映了计算机的工作速度。主频越高，计算机工作速度越快。

CPU的安装过程如图1-18右图所示。

1.3.2 内存和外存的区别

大家都知道，因为有存储器，计算机才具有"记忆"能力，才能保证机器自动而快速地运算，向人们提供需要的数据或结果。存储器分为内存储器（简称内存）和外存储器（简称外存）两大类。内存用于暂时存放CPU中的运算数据，以及与硬盘等外存储器交换的数据；外存容量大，读取速度慢，断电后信息不丢失，可以长期保存程序和数据。常见的外存储器有硬盘、光盘、U盘等。

1. 内存储器

内存储器是外存与CPU进行沟通的桥梁。计算机中所有程序的运行都是在内存中进行的，因此内存的性能对计算机的影响非常大。内存按照自身特性可分为只读存储器（Read Only Memory，ROM）和随机存储器（Random Access Memory，RAM）。在计算机机箱内部使用的内存条属于随机存储器。

（1）ROM

ROM是指存储器在出厂时就由厂家采用掩模技术将存储内容一次性写入并永久保存下来，不会因断电而丢失数据。计算机在运行时仅能从中读取数据，而无法向其写入新的数据。例如存放基本输入/输出系统（Basic Input/Output System，BIOS）程序的内存，即内嵌式BIOS ROM芯片，如图1-19所示。

为便于使用和大批量生产，ROM进一步发展了可编程只读存储器（PROM）、可擦可编程只读存储器（EPROM）、电可擦可编程只读存储器（EEPROM）和快闪存储器（Flash ROM）

图1-19 BIOS芯片

小知识

BIOS就是固化在主板上ROM芯片中的一组程序，为计算机提供最基层、最直接的硬件控制与支持，主要负责在开机时做硬件启动和检测等工作。进入BIOS设置界面的方法为：开机后屏幕还在黑屏状态下时，根据屏幕的提示按<DEL>键或<F2>键，将打开如图1-20所示的BIOS设置界面。通过键盘操作可在BIOS中设置开机密码、启动顺序等，有时也可利用BIOS对硬件性能做些超频调校工作。由于硬件发展迅速，

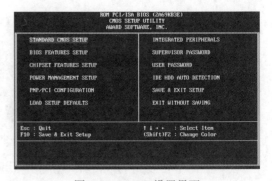

图1-20 BIOS设置界面

传统蓝屏界面的 BIOS 正在逐步淘汰。近几年出厂的计算机已陆续采用统一的可扩展固件接口 UEFI 技术。UEFI 的启动速度比传统 BIOS 快，而且可以调用真正的图形交互界面，并支持鼠标操作，从而使开机程序化繁为简，节省时间。

（2）RAM

RAM 具有既可以读出数据，也可以写入数据，断电后存储内容立即消失的特点。在 CPU 的快速运行过程中，需要 RAM 来暂时存放程序或数据。按照 RAM 是否需要周期性充电，可将 RAM 分为动态内存（Dynamic RAM，DRAM）和静态内存（Static RAM，SRAM）两种。

① DRAM：特点是集成度高，主要用于大容量内存储器，也就是平常说的内存条，如图 1-21 所示。每条容量一般在 2 ~ 16 GB 之间，这种存储器价格较低，集成度较高，升级灵活，但需要周期性的充电刷新，因此存取速度相对较慢。DRAM 常见的类型有 SDRAM、DDR SDRAM、DDR2、DDR3、DDR4 等几种。

② SRAM：采用系统时钟同步技术，利用双稳态的触发器来存储"1"和"0"，不需要时常刷新，所以在存取速度和稳定性上均优于 DRAM，但是集成度较低，价格较高，主要用于要求速度快的高速缓冲存储器（简称高速缓存，Cache）。

2. 外存储器

外存储器（简称外存）又称辅助存储器，其容量相对较大，一般用来存储须长期保存或暂时不用的各种程序和信息。外存的信息需要先传送到内存后才能被 CPU 使用。常见的外存储器有硬盘、光盘、闪存盘及各种数码存储卡等。

（1）机械硬盘

硬盘全称为硬盘驱动器，是个人计算机必备的存储设备，由一个或者重叠的一组铝制或玻璃制的盘片组成。这些盘片外覆盖了铁磁性材料。绝大多数硬盘都是固定硬盘，被永久性地密封在硬盘驱动器中。图 1-22（a）所示为西部数据的 2TB 硬盘的外观。

硬盘内部结构如图 1-22（b）所示。在磁盘上读取数据的零件是磁头臂，它会移动读/写磁头到某个磁道上，位于磁头臂末端的磁头并没有真正接触到磁盘的表面，而是在磁道的上方呈悬浮状态。如果磁头不小心接触到磁盘表面，会导致数据毁坏。常见的连接硬盘和主板的接口有 IDE、SATA 和 SCSI 3 种类型。

（a）硬盘外观　　　　　　（b）硬盘内部结构

图 1-21　DRAM（即内存条）　　　　图 1-22　硬盘的外观和内部结构

硬盘在格式化时盘片被划分成许多同心圆，即磁道。磁道从外向内从 0 开始顺序编号。多个盘面上具有相同编号的磁道形成一个圆柱，称为柱面。每个磁道被分为若干个弧段，即扇区。扇区是磁盘的最小组成单元，通常是512字节（由于不断提高磁盘的容量，部分厂商设定每个扇区的大小是4 096字节）。硬盘构造如图1-23所示。为了进一步提高硬盘容量，现代计算机采用等密度结构生产硬盘，称为等密度盘，如图1-24所示。等密度盘的外圈磁道的扇区比内圈磁道多，同时采取以扇区为单位的线性寻址。

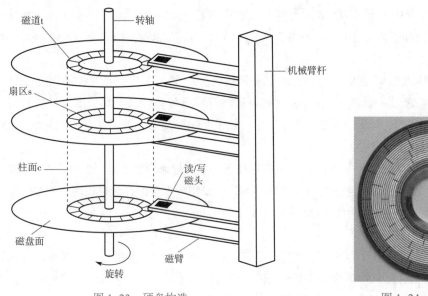

图 1-23　硬盘构造　　　　　　　图 1-24　等密度盘

硬盘在使用前要先分区，然后对每个分区进行格式化之后才能使用。硬盘的主要性能参数如表1-3所示。

表 1-3　硬盘的主要性能参数

参　　数	说　　明
容量	容量是硬盘最重要的性能指标。硬盘的容量＝扇区数 × 扇区容量。目前硬盘的常见容量为160～6 TB，单碟容量为80～750 GB
转速	硬盘转速是硬盘内电动机主轴的旋转速度，以每分钟多少转来表示（r/min），转速越快，传输速度就越快。家用普通硬盘的转速一般为5 400 r/min、7 200 r/min两种；而对于笔记本式计算机，则以4 200 r/min、5 400 r/min为主
平均访问时间	指磁头从起始位置到达目标磁道位置，并且从目标磁道上找到要读/写的数据扇区所需的时间。平均访问时间＝平均寻道时间+平均等待时间
传输速率	指硬盘读/写数据的速度，单位为兆字节每秒（MB/s）。硬盘数据传输速率包括内部数据传输速率和外部数据传输速率。内部传输速率主要依赖于硬盘的旋转速度，反映了硬盘缓冲区未用时的性能；外部传输速率是系统总线与硬盘缓冲区之间的数据传输速率，与硬盘接口类型和硬盘缓存的大小有关
缓存	缓存是硬盘控制器上的一块Cache内存芯片，具有极快的存取速度，它是硬盘内部存储和外界接口之间的缓冲器

使用机械硬盘时必须避免碰撞、振动或拍打，也应避免瞬间开／关电源，因为硬盘在使用完毕后，必须先经过将读／写磁头退回原位，以及停止硬盘运转的停机操作，这需要约30 s的时间。若在硬盘停止运转之前又重新启动电源，会使读／写磁头因电动机瞬间加速而产生抖动，容易撞击到磁盘表面而导致损坏；另外，还要避免将硬盘靠近磁场，以防止硬盘中的数据因磁场的影响而被破坏。

（2）固态硬盘

近年来，市场上出现了一种运行速度较快的新型硬盘——固态硬盘（Solid State Disk，SSD），如图1-25所示。它是用固态电子存储芯片阵列制成的硬盘，由控制单元和存储单元组成，存储介质分为Flash芯片和DRAM芯片两种。固态硬盘的接口规范和定义、功能及使用方法与普通硬盘完全相同。其芯片的工作温度范围很大（-40～85℃），成本较高。目前正在逐渐普及到笔记本式计算机和高端PC市场。

图 1-25　固态硬盘

（3）光驱和光盘

光驱可以读取光盘，带刻录功能的光驱可以写光盘，如图1-26所示。光盘是一种在塑料片上加入一层金属薄膜，并利用激光来识别数据的存储设备。其轨道设计不同于一般磁盘的同心圆方式，它是以螺旋纹的方式设计的，称为光道。沿着光道从内到外压制有一连串的凹坑，通过激光的反射来读出其中存储的信息，如图1-27所示。通常CD可容纳650～700 MB的数据，DVD能存储4.7～30.0 GB的数据。

图 1-26　光驱

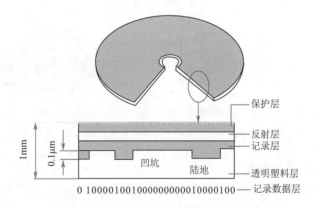

图 1-27　光盘存储原理

（4）U盘

U盘是USB（Universal Serial Bus）盘的简称，也称优盘或闪存盘，其特点是小巧玲珑、便于携带，如图1-28所示。U盘与硬盘、光盘的最大区别是：它不需物理驱动器，即插即用，且存储容量超过光盘。目前U盘按传输速率高低可分为3.0和2.0两种规格。U盘按功能分类有加密U盘、启动U盘、杀毒U盘、测温U盘以及音乐U盘等。其中，启动U盘加入了引导系统的功能，弥补了加密型及无驱型U盘不可启动系统的缺陷。

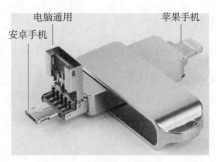

（a）计算机专用U盘　　　　　　　　　　　　　　（b）计算机手机两用U盘

图 1-28　U 盘

1.3.3　I/O设备

1. 输入设备

输入设备是将数据和信息输入计算机主机的设备，键盘、鼠标是最主要的输入设备，此外还有扫描仪、数码照相机、数码摄像机、摄像头、传声器、操纵杆、触摸屏、条形码阅读器、轨迹球、数位板、光笔、游戏杆、手写输入设备等，如图1-29所示。

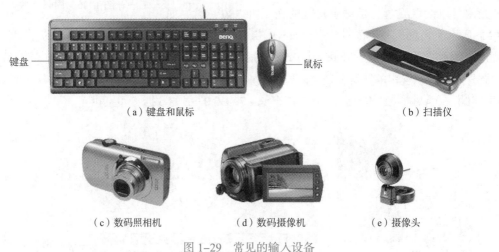

（a）键盘和鼠标　　　　　　　　　　　　　　　　　　（b）扫描仪

（c）数码照相机　　　　　（d）数码摄像机　　　　　（e）摄像头

图 1-29　常见的输入设备

2. 输出设备

顾名思义，输出设备就是将计算机中的数据输出的设备。常见的输出设备有显示器、打印机、绘图仪和扬声器等，如图1-30所示。

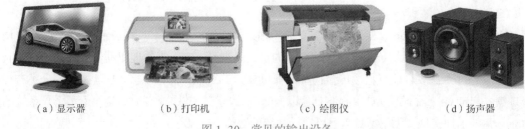

（a）显示器　　　　　（b）打印机　　　　　（c）绘图仪　　　　　（d）扬声器

图 1-30　常见的输出设备

1.3.4　什么是总线和接口

在主板上，可以看到印制电路板上有许多并排的金属线束，这就是总线（Bus）。如果把主板看作一座城市，那么总线就像是城市里的公共汽车（Bus），能按照固定行车路线，传输来回不停运作的比特（bit）信息。按照计算机所传输的信息种类，总线可以划分为数据总线、地址总线和控制总线。

计算机采用开放的系统结构，为了方便总线与电路板的连接，总线在主板上提供了多个插槽（插座），任何插入插槽的电路板（如显卡、声卡等）都可以通过总线与CPU连接，这为用户组装设备提供了方便。计算机常见接口包括：PCI总线接口、USB串行接口、VGA接口、DVI接口、HDMI接口、RJ-45接口、RS-232串行接口等。主板各种常见接口如图1-31所示。

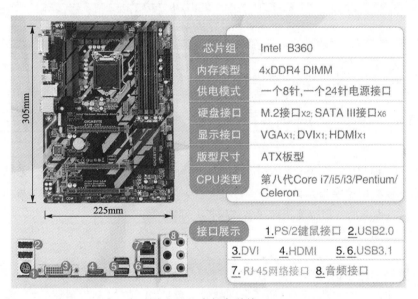

图 1-31　主板各种接口

▌1.4　0 和 1 的世界

人们日常生活中经常使用的是十进制数，有些早期的计算机也是十进制机器，但是现代的计算机都是二进制机器，也就是说计算机中的信息都是用二进制形式表示的。之所以采用二进制，一个根本的原因是受制于组成计算机的基本元器件。二进制中的每个存储位可用两种状态表示，例如高电压和低电压这两种信号，高电压信号等同于1，低电压信号等同于0，如图1-32所示。

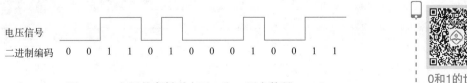

图 1-32　电压的高低对应于 1 和 0 两个数码

0 和 1 的世界

1.4.1 二进制的计数单位

二进制系统中，信息单位分为以下三个层次。

1. 位

通常把二进制代码串中的每一个"0"或"1"称为"位"或者"比特"（bit），简写为小写b，它是计算机信息表示的最小单位，每个"位"只能存放1位二进制数。

2. 字节

为了便于对存储器进行管理，人们习惯将8位称为1字节（简写为大写B），记为1 B，并以字节作为计算存储器容量的基本单位。除了字节外，存储器还有KB、MB、GB、TB等容量单位，它们之间的换算关系如表1-4所示，其中$1024=2^{10}$。存储器所能容纳的数据总量称为存储容量。

表1-4 存储单位换算

单　　位	换 算 结 果	单　　位	换 算 结 果
1 B（1字节）	=8 bit	1 TB（1太字节）	=1024 GB =2^{40} B
1 KB（1千字节）	=1024 B=2^{10} B	1 PB（1拍字节）	=1024 TB =2^{50} B
1 MB（1兆字节）	=1024 KB =2^{20} B	1 EB（1艾字节）	=1024 PB =2^{60} B
1 GB（1吉字节）	=1024 MB =2^{30} B		

3. 字

字（Word）通常由一个或若干个字节组成，是计算机进行数据处理时，一次存取、加工和传送的数据长度。由于字长是计算机一次所能处理信息的实际位数，表明了机器处理的精度。字是衡量计算机性能的一个重要指标，字长越长，性能越好。

1.4.2 进制转换

每一种数制的进位都遵循一个规则，那就是R进制，逢R进一。例如，最常用的十进制，逢十进一。这里的R称为基数。例如，十进制的基数是10，二进制的基数是2。表1-5所示为计算机中常见的数制表示。表1-6所示为常用的几种数制之间的对应关系。

表1-5 常见数制的表示

进　制	数　　　码	进位规则	基数	书 写 格 式
十进制	0，1，2，…，9	逢十进一	10	$(26)_{10}$或$26_{(10)}$或26
二进制	0，1	逢二进一	2	$(11010)_2$或$11010_{(2)}$
八进制	0，1，2，…，7	逢八进一	8	$(32)_8$或$32_{(8)}$
十六进制	0，1，2，…，9，A，B，…，F	逢十六进一	16	$(1A)_{16}$或$1A_{(16)}$或1AH或0x1A

表1-6 常用的几种数制之间的对应关系

十　进　制	二　进　制	八　进　制	十六进制
0	0000	0	0
1	0001	1	1
2	0010	2	2
3	0011	3	3
4	0100	4	4

续表

十 进 制	二 进 制	八 进 制	十六进制
5	0101	5	5
6	0110	6	6
7	0111	7	7
8	1000	10	8
9	1001	11	9
10	1010	12	A
11	1011	13	B
12	1100	14	C
13	1101	15	D
14	1110	16	E
15	1111	17	F

对于任意一个 R 进制数 N 都可用多项式表示法表示为：

$$(N)_R = D_{n-1}R^{n-1} + D_{n-2}R^{n-2} + \cdots + D_0R^0 + D_{-1}R^{-1} + \cdots + D_{-m}R^{-m}$$

式中，N 为 R 进制数，D 为数码，R 为基数，R^i 是权，n 是整数位数，m 是小数位数。

例如，在十进制数中，326.5用多项式表示法可表示为：

$$(326.5)_{10} = 3 \times 10^2 + 2 \times 10^1 + 6 \times 10^0 + 5 \times 10^{-1}$$

式中，10^i 称为第 i 项的权。如 10^2、10^1、10^0、10^{-1} 分别称为百位、十位、个位、十分位的权。

又如，二进制数1011.1用多项式表示法可表示为：

$$(1011.1)_2 = 1 \times 2^3 + 0 \times 2^2 + 1 \times 2^1 + 1 \times 2^0 + 1 \times 2^{-1}$$

八进制数165.2用多项式表示法可表示为：

$$(165.2)_8 = 1 \times 8^2 + 6 \times 8^1 + 5 \times 8^0 + 2 \times 8^{-1}$$

十六进制数2A5用多项式表示法可表示为：

$$(2A5)_{16} = 2 \times 16^2 + 10 \times 16^1 + 5 \times 16^0$$

计算机内部采用二进制存储和处理各种信息，由于二进制数阅读困难、辨识度较低、书写易出错，因此人们在描述一个二进制数值的大小的时候，习惯于使用十进制、八进制或十六进制去描述这个数值。下面介绍二进制与其他进制之间的转换方法。

1. 二（八、十六）进制数转换成十进制数

方法：将一个二（八、十六）进制数按位权展开成一个多项式，然后按十进制的运算规则求和，即可得到该二（八、十六）进制数等值的十进制数。

【实训1-1】将二进制数10110011转换成十进制数。

$$(10110011)_2 = 1 \times 2^7 + 0 \times 2^6 + 1 \times 2^5 + 1 \times 2^4 + 0 \times 2^3 + 0 \times 2^2 + 1 \times 2^1 + 1 \times 2^0$$

$$= 128 + 32 + 16 + 2 + 1 = (179)_{10}$$

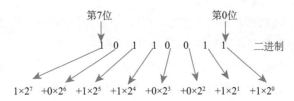

同理，八进制数和十六进制数用多项式表示法可有如下转换结果：

$$(75.3)_8 = 7 \times 8^1 + 5 \times 8^0 + 3 \times 8^{-1} = (61.375)_{10}$$

$$(CD8)_{16} = 12 \times 16^2 + 13 \times 16^1 + 8 \times 16^0 = (3288)_{10}$$

2. 十进制数转换成二（八、十六）进制数

由于整数的转换方法和小数的转换方法不一样，如果要转换的十进制数既有整数部分也有小数部分，则两部分需分开转换。

整数部分的转换采取"除2（8，16）取余"法：将十进制整数除以基数2（8，16），取余数，把得到的商再除以基数2（8，16），取余数，……这个过程一直继续进行下去，直到商为0，然后将所得余数以相反的次序排列，就得到对应的二（八、十六）进制数。

【实训1-2】把十进制数56转换成二进制数。

$$(56)_{10} = (111000)_2$$

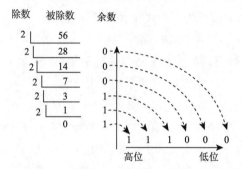

小数部分的转换采取"乘2（8，16）取整"法：将十进制小数不断地乘以2（8，16）取整数，直到小数部分为0或达到要求的精度为止，所得整数从小数点自左到右排列，取有效精度，首次取得的整数排在最左边。

【实训1-3】把十进制数0.3125转换成二进制数。

$$
\begin{aligned}
0.3125 \times 2 &= 0.625\\
0.625 \times 2 &= 1.25\\
0.25 \times 2 &= 0.5\\
0.5 \times 2 &= 1.0
\end{aligned}
$$

$$(0.3125)_{10} = (0.0101)_2$$

结合例2-2和例2-3可得：$(56.3125)_{10} = (111000.0101)_2$

同理，八进制数和十六进制数可有如下转换结果：

$$(234.25)_{10} = (352.2)_8$$

$$(234.5)_{10} = (EA.8)_{16}$$

3. 二进制数与八进制数互换

利用十进制作为中间数据，采用上述方法可以实现二进制数与八进制数的互换，但是步骤比较烦琐。其实，二进制数与八进制数是可以直接互换的。

方法：八进制的8个数码是0~7，分别对应于000~111。二进制转换为八进制时，可将二进制数以小数点为基准，向两边划分，每三位一组，不够三位的补零，每组转成一个八进制数

码；八进制转换为二进制时，则将每个八进制数码各自拆分成三位二进制数即可。

【实训 1-4】将二进制数 100101110111.0111 转换成八进制数；将八进制数 305.2 转换成二进制数。

$$(100101110111.0111)_2=(100\ 101\ 110\ 111.011\ 100)_2=(4567.34)_8$$

$$(305.2)_8=(011\ 000\ 101.010)_2=(11000101.01)_2$$

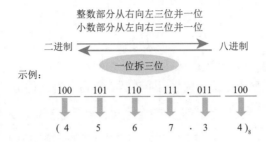

4．二进制数与十六进制数互换

同理，二进制数与十六进制数也是可以直接互换的。

方法：十六进制的 16 个数码为 0～F，分别对应于 0000～1111，二进制转换为十六进制时，可将二进制数以小数点为基准，向两边划分，每四位一组，不够四位的补零，每组转成一个十六进制数码；十六进制转换为二进制时，则将每个十六进制数码各自拆分成四位二进制数即可。

【实训 1-5】将二进制数 100010100101.1111 转换成十六进制数；将十六进制数 7B8.E 转换成二进制数。

$$(100010100101.1111)_2 = (1000\ 1010\ 0101.1111)_2 = (8A5.F)_{16}$$

$$(7B8.E)_{16} = (0111\ 1011\ 1000.1110)_2 = (11110111000.111)_2$$

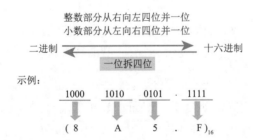

1.4.3 用 0 和 1 表示数值

本节的"数"指的是可以进行算术计算的数值。在二进制系统中进行编程时，"数"允许定义成有符号数和无符号数两种类型。有符号数将二进制数的最高位定义为符号位，而无符号数指的是全部二进制位均表示数值位，相当于数的绝对值。本节主要讨论有符号数。

1．数的正负表示

有符号数是有正负之分的，那么计算机中如何表示正负符号呢？计算机内只有 0 和 1 两种形式，因此正负号也用 0 和 1 表示。规定二进制数的最高位（最左边的）称为符号位，符号位为"0"表示该数为正数，符号位为"1"表示该数为负数。

例如，用有符号 8 位二进制数表示十进制的 +50 和 -50，如下所示：

$$(+50)_{10} =(00110010)_2 \qquad\qquad (-50)_{10} =(10110010)_2$$

如果数有小数点，那么计算机中如何表示小数点呢？可以用定点数和浮点数两种方法表示。

2. 定点数

① 定点整数：小数点默认在二进制数的最后（小数点不占二进制位），符号位后的所有位表示的是一个整数。

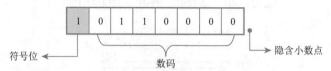

符号位　　　　　　数码　　　　　隐含小数点

例如：八位的定点整数$(10110000)_2=(-110000)_2=(-48)_{10}$

② 定点小数：小数点默认在符号位之后（小数点不占二进制位），符号位右边的第一位是小数的最高位。

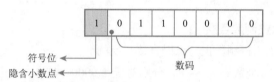

符号位　　　隐含小数点　　　　数码

例如：8位的定点小数$(10110000)_2=(-0.011)_2=(-0.375)_{10}$

3. 浮点数

浮点数是小数点位置不固定的数，通常既有整数部分又有小数部分。众所周知，十进制数可以采用科学表达式描述，如：$(-985000)_{10}= -0.985 \times 10^{+6}$，同理，二进制也可以采用类似的指数方式描述，如：$(+100000000.1)_2 = +0.1000000001 \times 2^{+1001}$（为了理解方便，二进制的基数用2表示）。也就是说，任何二进制数P可用下式表示：

$$P = \pm S \times 2^{\pm N}$$

式中，P、S、N均为二进制数。S称为P的尾数，一般以纯小数形式表示，N称为P的阶码，阶码也就是多少次方的意思。计算机中表示一个浮点数的结构如下：

阶符 ±	阶码N	尾符 ±	尾数S

式中，N和S的位数根据实际需要设定。例如，某计算机用32位二进制表示浮点数，设阶符和阶码占一个字节（8位），尾符和尾数占3个字节（24位），则$256.5=(100000000.1)_2=0.1000000001 \times (2)^{+1001}$的浮点格式（32位）为00001001 01000000 00100000 00000000。

浮点表示中，尾数的大小和正负决定了所表示的数的有效数字和正负，阶码的大小和正负决定了小数点的位置，小数点的位置随阶码的变化而浮动。

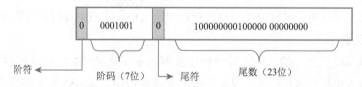

阶符　　　　阶码（7位）　　尾符　　　尾数（23位）

根据上述浮点数表示的基本原理，不同的厂商设计了细节不同的浮点数格式。格式的差异，带来了数据和程序移植时的格式转换问题。因此，20世纪70年代后期，IEEE成立了委员会着手制定统一的浮点数标准 IEEE 754，目前几乎所有的计算机 CPU 与浮点运算器都遵循该标准。随着工业界在 CPU 研发过程中遇到的新需求，IEEE 754 在这几十年间也不断更新和完善，其中一个比较重要的版本是 IEEE 754—2008。当字长一定时，浮点数表示法能表示的数的范围比定点数大，而且阶码部分占的位数越多，能表示的数的范围就越大。但是，由于浮点数的阶码部分占用了一些位数，使尾数部分的有效位数减少，数的精度降低。为了提高浮点数的精度，就要采用多字节形式。

1.4.4　二进制运算法则

1. 算术运算

数值的算术运算包括加、减、乘、除四则基本运算。

加法运算：0+0=0；0+1=1；1+0=1；1+1=10（向高位进位）。

减法运算：0–0= 0；10–1=1（向高位借位）；1–0=1；1–1=0。

乘法运算：$0 \times 0=0$；$0 \times 1=0$；$1 \times 0= 0$；$1 \times 1=1$。

除法运算：$0 \div 1=0$；$1 \div 1=1$（0 不能为除数）。

其实，在计算机里面实现加、减、乘、除四则运算只用加法器足矣，减法可通过补码方式转换成加法，乘法可通过移位相加方式转换成加法，除法则通过移位减法方式转换成加法。这样一来，对简化 CPU 的设计非常有意义，CPU 里面只要有一个加法器就可以实现算术运算。

【实训 1–6】加法运算 1101.01+1010.01=？

$$
\begin{array}{r}
1\,1\,0\,1\,.\,0\,1 \\
+\,1\,0\,1\,0\,.\,0\,1 \\
\hline
1\,0\,1\,1\,1\,.\,1\,0
\end{array}
$$

答案是 1101.01+1010.01=10111.1。

2. 原码、反码和补码

为了叙述方便，以下所有数值默认采用有符号的 8 位二进制数表示。

有符号数在运算时会带来一些问题。例如，40–43=40+（–43）。但如果直接相加，结果可能不正确，如正数 40=$(00101000)_2$，负数（–43）=$(10101011)_2$，若直接相加，结果为：

$$(00101000)_2+(10101011)_2=(11010011)_2=(-83)_{10}$$

显然计算结果不正确，因此引入原码、反码、补码来解决由正数与负数相加出错的问题。通过对负数的码型变换便可以在加法电路上实现减法运算，减少电路的复杂性。

（1）原码

一个二进制数同时包含符号和数值两部分，最高位表示符号，正为 0，负为 1，其余位表示数值，这种表示带符号数的方法为原码表示法。

（2）反码

反码是另一种表示有符号数的方法。对于正数，其反码与原码相同；对于负数，在求反码的时候，除了符号位外，其余各位按位取反，即 1 都换成 0，0 都换成 1。

（3）补码

补码是表示带符号数的最直接的方法。对于正数，其补码与原码相同；对于负数，则其补码为反码加 1。

$X = +1101$，则 $[X]_原 = 00001101$，$[X]_反 = 00001101$，$[X]_补 = 00001101$

$X = -1101$，则 $[X]_原 = 10001101$，$[X]_反 = 11110010$，$[X]_补 = 11110011$

利用补码可以解决两个正负数相加出错的问题：首先将数转成补码进行相加，计算结果再转成原码，由原码得到相应的数就是运算结果。相加后如果超过规定的8位，则最左边的超出位数做溢出处理。

【实训1-7】利用补码实现下面的减法运算。

40-43=40+(-43)　　　　　　　　　　6-4=6+(-4)

　　=$[00101000]_补$+$[11010101]_补$　　　　=$[00000110]_补$+$[11111100]_补$

　　=$[11111101]_补$　　　　　　　　　　=$[100000010]_{溢出前}$

　　=$[11111100]_反$　　　　　　　　　　=$[00000010]_{溢出后}$

　　=$[10000011]_原$　　　　　　　　　　=$[00000010]_反$

　　=$(-3)_{10}$　　　　　　　　　　　　=$[00000010]_原$

　　　　　　　　　　　　　　　　　　　=$(2)_{10}$

3. 逻辑运算

计算机需要处理很多非数值的数据。例如，员工招聘考试通过的条件要求笔试和面试成绩同时为60分以上，如何表达笔试和面试成绩同时60分以上这个条件呢？这就要用到逻辑运算。

逻辑运算的结果并不表示数值大小，而是表示一种逻辑概念。若成立用真或1表示，若不成立用假或0表示。常用的基本逻辑运算有以下几种：

（1）与运算

运算符为AND，运算规则如下：

0 AND 0 = 0　　0 AND 1 = 0　　1 AND 0 = 0　　1 AND 1 = 1

即两个参与运算的数若有一个数为0，则运算结果为0；若都为1，则运算结果为1。

例如：招聘考试通过的条件（即笔试成绩和面试成绩都是60分以上）可以这样表示：笔试成绩≥60 AND 面试成绩≥60。

（2）或运算

运算符为OR，运算规则如下：

0 OR 0 = 0　　0 OR 1 = 1　　1 OR 0 = 1　　1 OR 1 = 1

即两个参与运算的数若有一个数为1，则运算结果为1；若都为0，则运算结果为0。

例如：招聘考试不通过（即笔试成绩和面试成绩有一个是60分以下）的条件可以这样表示：笔试成绩<60 OR 面试成绩<60。

（3）非运算

运算符为NOT，运算规则如下：

NOT 0 = 1　　NOT 1 = 0

非运算实现逻辑否定，即进行求反运算。

例如：笔试成绩60分以上（含）可以这样表示：NOT(笔试成绩<60)。

当一个表达式包含多个逻辑运算符的时候，必须按一定的顺序进行计算。逻辑运算符的优先顺序为NOT>AND>OR。

1.5　计算机如何存储文字

计算机处理的数据不仅有数字，还有字符。要在计算机中实现字符的存储和传输，必须将字符转换为二进制编码，即用一串二进制代码表示每一个字符。

1.5.1　英文编码

字符编码的方式很多，现今国际上最通用的单字节编码系统是美国信息交换标准代码（American Standard Code for Information Interchange，ASCII）。ASCII 码已被国际标准化组织（International Organization for Standardization，ISO）认定为国际标准，并在世界范围内通用。它定义了 128 个字符，其中通用控制字符 34 个，阿拉伯数字 10 个，大、小写英文字母 52 个，各种标点符号和运算符号 32 个，具体如表 1-7 所示。

表 1-7　ASCII 码表

$d_3d_2d_1d_0$ ＼ $d_6d_5d_4$	000	001	010	011	100	101	110	111
0000	NUL	DLE	SP	0	@	P	`	p
0001	SOH	DC1	!	1	A	Q	a	q
0010	STX	DC2	"	2	B	R	b	r
0011	EXT	DC3	#	3	C	S	c	s
0100	EOT	DC4	$	4	D	T	d	t
0101	ENQ	NAK	%	5	E	U	e	u
0110	ACK	SYN	&	6	F	V	f	v
0111	BEL	ETB	'	7	G	W	g	w
1000	BS	CAN	(	8	H	X	h	x
1001	HT	EM	)	9	I	Y	i	y
1010	LF	SUB	*	:	J	Z	j	z
1011	VT	ESC	+	;	K	[	k	{
1100	FF	FS	,	<	L	\	l		
1101	CR	GS	-	=	M	]	m	}
1110	SO	RS	.	>	N	^	n	~
1111	SI	US	/	?	O	_	o	DEL

常用的控制字符的作用如下：

BS（Backspace）：退格　　　　　　　HT（Horizontal Table）：水平制表

LF（Line Feed）：换行　　　　　　　VT（Vertical Table）：垂直制表

FF（Form Feed）：换页　　　　　　　CR（Carriage Return）：回车

CAN（Cancel）：作废　　　　　　　　ESC（Escape）：换码

SP（Space）：空格　　　　　　　　　DEL（Delete）：删除

ASCII 码用 7 位二进制数表示一个字符。由于 $2^7=128$，所以共有 128 种不同的组合，可以表示 128 个不同的字符。通过查 ASCII 码表可得到每一个字符的 ASCII 码值，例如，大写字母 A 的 ASCII 码值为 1000001，转换成十进制为 65。在计算机内，每个字符的 ASCII 码用 1 个字节

（8位）来存放，字节的最高位为校验位，通常用"0"填充，后7位为编码值。例如，大写字母A在计算机内存储时的代码为01000001。

1.5.2 中文编码

计算机中汉字的表示也是用二进制编码，同样是人为编码。汉字种类繁多，编码比英文字符复杂，从汉字的输入、处理到输出，不同的阶段要采用不同的编码，包括外码、交换码、汉字机内码和字形码。

1. 外码（汉字输入码）

汉字输入码所解决的问题是如何使用西文标准键盘把汉字输入到计算机内。汉字输入法编码主要包括音码、形码、音形码、无理码，以及手写、语音录入等方法。目前流行的汉字输入法软件有搜狗拼音输入法、谷歌拼音输入法、QQ拼音输入法、搜狗五笔输入法、QQ五笔输入法、极点五笔输入法、百度语音输入法、讯飞语音输入法、百度手写输入法等，如图1-33所示。

图1-33　各种输入法

2. 交换码（国标码）

1980年，为了使每个汉字有一个全国统一的代码，我国颁布了国家标准《信息交换用汉字编码字符集　基本集》，标准号为GB 2312—1980，它规定每个汉字用两个字节来表示，每个字节只用后7位，因此可以表示的汉字数为 $2^{14}=16\,384$ 个。图1-34是国标码GB 2312局部图。

我国台湾省、香港特别行政区普遍使用BIG5字符集的汉字编码。这是一种繁体汉字的编码标准，包括440个符号，一级汉字5 401个，二级汉字7 652个，共计13 060个汉字。

3. 汉字机内码

汉字无论使用何种输入码，进入计算机后就立即被转换为机内码。汉字机内码占两个字节，规则是将国标码每个字节的最高位设为"1"后就是汉字机内码。图1-35描述了"计"字的国标码和机内码表示方式。字节最高位的"1"作为识别汉字的标志，计算机在处理最高位是"1"的代码时把它理解为汉字，是"0"时把它理解为ASCII码字符。

第一字节 $b_7b_6b_5b_4b_3b_2b_1$	区\位	1	2	3	4	5	6	7	8
0110000	16	啊	阿	埃	挨	哎	唉	哀	皑
0110001	17	薄	雹	保	堡	饱	宝	抱	报
0110010	18	病	并	玻	菠	播	拨	钵	波
0110011	19	场	尝	常	长	偿	肠	厂	敞

图1-34　国标码GB 2312局部图

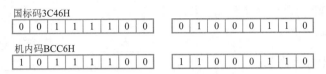

国标码3C46H

| 0 | 0 | 1 | 1 | 1 | 1 | 0 | 0 | | 0 | 1 | 0 | 0 | 0 | 1 | 1 | 0 |

机内码BCC6H

| 1 | 0 | 1 | 1 | 1 | 1 | 0 | 0 | | 1 | 1 | 0 | 0 | 0 | 1 | 1 | 0 |

图 1-35　"计"字的国标码和机内码

1.5.3　Unicode编码

Unicode是国际组织制定的可以容纳世界上所有文字和符号的字符编码方案。Unicode用数字0~0x10FFFF来映射这些字符，最多可以容纳 1 114 112 个字符。Unicode字符集为每一个字符分配一个码位，例如"A"的码位为41H，记作U+0041H；例如"知"的码位是 77E5H，记作U+77E5H。Unicode字符集有多种编码形式，如UTF-8、UTF-16、UTF-32等，编码之间可以按照规范进行转换。

UTF-8是Unicode中使用比较广泛的编码格式，又称万国码。它是一种可变长度字符编码，把一个Unicode字符根据不同的数字大小编码成1~6个字节，常用的英文字母被编码成1个字节，汉字通常是3个字节，只有很生僻的字符才会被编码成4~6个字节。如果要传输的文本包含大量英文字符，用UTF-8编码就能节省空间。

表 1-8　ASCII、Unicode 和 UTF-8 编码对比

字符	ASCII	Unicode	UTF-8
A	01000001	00000000 01000001	01000001
中		01001110 00101101	11100100 10111000 10101101

从表1-8可以发现UTF-8编码一个额外的好处，就是ASCII编码实际上可以被看成是UTF-8编码的一部分，所以，大量只支持ASCII编码的历史遗留软件可以在UTF-8编码下继续工作。

目前，Unicode已经获得了网络、操作系统、编程语言等领域的广泛的支持。当前的所有主流操作系统如Windows和Linux等都支持Unicode。

1.5.4　如何识别文本所用的编码

如何得知一个字符串所使用的空间是何种编码呢？如果是一份电子邮件，可能在邮件格式的头部有类似如下语句：Content-Type: text/plain; charset="UTF-8"，表示该邮件采用UTF-8编码规则。

对于IE浏览器，在网页中右击，在弹出的快捷菜单中选择"查看源文件"命令，查看网页头部可能有类似如下语句：<meta http-equiv="Content-Type" content="text/html; charset=gb2312" />。该语句表示该网页采用GB2312编码规则；有类似<meta charset="UTF-8" />的语句，表示该网页使用UTF-8编码。网页中的meta标签必须在head部分第一个出现，一旦浏览器读取到这个标签就会马上停止解析页面，然后使用这个标签中给出的编码从头开始重新解析整个页面。

有些程序在保存Unicode文本时，不使用位于开头的字符集标记。这时，软件可能采取一种比较安全的方式来决定字符集及其编码，比如弹出一个对话框来提示用户。例如，在"记事本"程序中输入一些中文字符后，选择"文件"→"另存为"命令，这时会看到在最后一个"编码"下拉框中显示有ANSI、Unicode、UTF-8等编码，如图1-36所示。值得注意的是，

Windows 取消了单独的 ASCII 文本存储，转而采用与之兼容的 Unicode 编码。

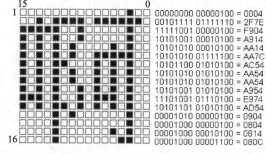

图 1-36　文本文档保存时的编码选择

1.5.5　文字输出的字形码

字形码又称字模，用于文字在显示屏或打印机上输出。字形码通常有两种表示方式：点阵表示方式和矢量表示方式。

1. 点阵表示方式

点阵表示方式就是将汉字看成是由一个矩形框内的许多点构成的，有笔画的位置用黑点表示，没笔画的位置用白点表示。图 1-37 所示是"啊"字的点阵图。可用一组二进制数表示点阵，用 0 表示白点，用 1 表示黑点。根据输出文字的要求不同，点阵的大小也不同。简易型汉字为 16×16 点阵，提高型汉字为 24×24 点阵、32×32 点阵等。点阵数越多，字形越美观，所占存储空间也越大。

已知文字点阵的大小，就可以计算出存储一个文字所需占用的字节空间，即字节数 = 点阵行数 × 点阵列数 /8。图 1-37 所示的 16×16 点阵汉字"啊"所需的存储字节数为：$16 \times 16/8 \text{ B}=32 \text{ B}$。

```
15                    0
1  00000000 00000100 = 0004
   00101111 01111110 = 2F7E
   11111001 00000100 = F904
   10101001 00010100 = A914
   10101010 00010100 = AA14
   10101010 01111100 = AA7C
   10101100 01010100 = AC54
   10101010 01010100 = AA54
   10101010 00010100 = AA54
   10101010 01010100 = A954
   11101001 01110100 = E974
   10101101 01010100 = AD54
   00001010 00000100 = 0904
   00001000 00000100 = 0804
   00001000 00010100 = 0814
16 00001000 00001100 = 080C
```

图 1-37　"啊"字的 16×16 点阵字形和编码

2. 矢量表示方式

矢量表示方式是把每个字符的笔画分解成各种直线和曲线线条，然后记下这些直线和曲线的参数。在显示的时候，再根据具体的尺寸大小，画出这些线条，就还原了原来的字符。它的好处是可以随意放大或缩小而不失真，而且所需存储空间和字符大小无关。图 1-38 所示为微软 Windows 系统中 Arial 矢量字库中存储的字形 R 和 S，可以看到这些字形由多个直线方程参数点和 Bezier3（三次贝塞尔曲线）点组成。在字形 S 中，点 41 是锚点，用来控制曲线的张力；点 40 和点 42 是控制点，用来控制字形外形轮廓曲线的圆滑度。

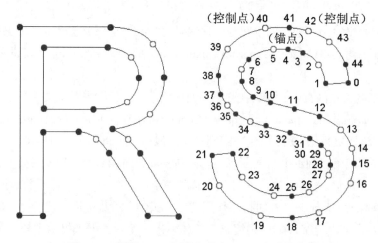

图 1-38　微软 Arial 矢量字库中 R、S 字形的曲线

▌1.6　多媒体信息如何数字化

多媒体信息
如何数字化

在计算机中所处理的对象除了数值和字符以外还包含大量的图形、图像、声音和视频等多媒体数据，要使计算机能够处理这些多媒体数据，必须先将它们转换成二进制形式，即数字化。

1.6.1　图形图像的数字化

本节讨论的图像编码包括图形图像表示法及其压缩方法，编码的目的是在满足一定质量（信噪比的要求或主观评价得分）的条件下，以较少比特数表示图形图像中所包含的信息。在讨论编码前，先介绍一些图形图像的基础知识。

1. 图像和图形的概念

（1）图像（点阵图）

图像又称点阵图像或位图图像，由许多点组成，这些点称为像素（Pixel）。当许多不同颜色的点组合在一起便构成了一幅完整的图像。位图的清晰度与像素点的多少有关，单位面积内像素点数目越多则图像越清晰，否则越模糊。位图放大后会失真变模糊，如图1-39（a）、（c）所示。比较流行的位图格式有BMP、GIF、JPEG、PNG等。

（2）图形（矢量图）

图形又称矢量图，与位图不同，矢量图没有分辨率，也不使用像素。通常，它的图形形状主要由点和线段组成。矢量图是用一系列计算机指令来描述和记录一幅图，如画点、画线、画曲线、画圆、画矩形等，分别对应不同的画图指令。矢量图放大后不会失真，如图1-39（b）、（d）所示。最大的缺点是难以表现色彩层次丰富的逼真照片效果。常见的矢量图格式有CDR、AI、WMF、EPS等。

（a）点阵图　　　　　　（b）矢量图

（c）放大后的点阵图　　　（d）放大后的矢量图

图 1-39　点阵图和矢量图的区别

2. 图像的分辨率、色彩深度和色彩模式

（1）图像尺寸

图像尺寸是指组成一幅图像的像素个数，用"水平像素数×垂直像素数"表示。例如，用500万像素数码相机拍的一幅照片，其分辨率为 2 560×1 920=4 915 200≈500 万像素。图像像素点越多，图像的尺寸和面积也越大。

（2）图像分辨率

图像分辨率是指每英寸图像内有多少个像素点，分辨率的单位为PPI（Pixels Per Inch）或者DPI（Dots Per Inch），通常称为像素每英寸。在图像处理中可通过改变图像分辨率，进而调整图像的清晰度。

（3）色彩深度

色彩深度是指存储每个像素点所用的位数，它决定了彩色图像的每个像素可能有的颜色数。例如，24位色彩表示一个像素点上有2^{24}种颜色。

在图像文件上右击，在弹出的快捷菜单中选择"属性"命令，可查看图像的各项参数，如图1-40所示。

图1-40　图像的各项参数

（4）色彩模式

色彩模式是用数值方法指定颜色的一套规则和定义，常用的色彩模式有RGB模式、CMYK模式、HSB模式等。

RGB模式：用红（R）、绿（G）、蓝（B）3个基色来描述颜色的方式称为RGB模式。用0~255之间的数字表示每一种基色的份额，0表示这种基色没有参与，255表示完全参与其中，如图1-41所示。例如，RGB值（255，255，0）最大化了红色和绿色的份额，最小化了蓝色的份额，结果生成的是嫩黄色。

CMYK模式：该模式是一种基于四色印刷的印刷模式，是相减混色模式。C表示青色，M表示品红色，Y表示黄色，K表示黑色。

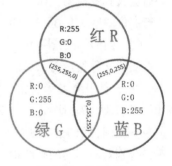

图1-41　RGB模式

HSB模式：是基于人眼的一种颜色模式，也是普及型设计软件中常见的色彩模式。其中H代表色相；S代表饱和度；B代表亮度。

3. 图像压缩编码

除了一些管理细节之外，图像文件的存储只包括图像的像素颜色值，按照从左到右从上到下的顺序存放。

（1）图像数据容量

图像数据容量是指磁盘上存储整幅图像所需的存储空间大小，对于未经压缩的图像而言，其计算表达式为：

$$图像数据容量=图像分辨率 \times 图像色彩深度/8$$

例如，一幅640×480真彩色（24位）的图像，其文件大小为：

$$640 \times 480 \times 24/8 \text{ B}=921600 \text{ B}=0.88 \text{ MB}$$

（2）图像压缩

一幅图像数据量通常很大，对存储、处理和传输带来很大影响，必须进行压缩。图像压缩分为无损压缩和有损压缩两种。无损压缩指的是进行图像还原（也称为解压缩）时，重建的图像与原始图像完全相同。有损压缩指的是使用压缩后的数据进行图像重建时，重建后的图像与原始图像虽有一定的误差，但不影响人们对图像含义的正确理解。图像压缩的主要参数是压缩率，或称为压缩比，定义如下：

图像数据压缩率（比）=压缩前的图像数据量/压缩后的图像数据量

例如一幅图像，压缩前大小为 10 MB，压缩后为 5 MB，则压缩比为10/5=2:1。

1.6.2 数字化音频

音频（Audio）又称为"声音"，包括音乐、话语，以及各种动物和自然界（如风、雨、雷等）发出的各种声音。当一系列空气压缩振动耳膜时，给大脑发送了一个信号，人们就感觉到了声音，因此，声音实际上是由于耳膜交互的声波定义的。要表示声音，必须正确地表示声波。

1. 音频的数字化

音频信号是一种连续变化的模拟信号，而计算机只能处理和记录二进制的数字信号，因此，音频信号必须经过一定的变化和处理，转化成二进制数据后才能送到计算机进行编辑和存储。该过程称为音频信号的数字化。音频信号的数字化由声卡内的 A/D（模 / 数）转换器来完成。

对模拟音频信号进行采样、量化和编码后，得到数字音频，如图 1-42 所示。数字音频的质量取决于采样频率、量化位数和声道数 3 个因素。

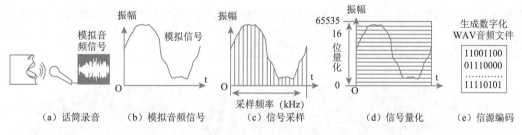

图 1-42　音频的数字化

（1）采样

采样是指按照固定的时间间隔截取声音信号的幅度值，把时间连续的模拟信号转换成时间离散、幅度连续的采样信号。采样频率是指一秒内采样的次数。采样频率越高，在一定的时间间隔内采集的样本数越多，音质就越好，但数据量也会越大。在如图 1-43 所示的音频采样过程当中，如果采样频率过低，会造成某些数据丢失，波形还原失真。一般来说，声音的采样频率通常有 3 种：11.025 kHz（语音效果）、22.05 kHz（音乐效果）、44.1 kHz（高保真效果）。常见的 CD 唱片的采样频率为 44.1 kHz。

（2）量化

量化是将每个采样点得到的以模拟量表示的音频信号转换成由二进制数字组成

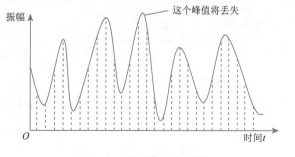

图 1-43　音频信号的采样

的数字音频信号。通常用8位、16位或24位二进制来表示每一个采样值，例如声卡采样位数为16位，就有2^{16}=65 536种采样等级。显然，在采样频率相同的情况下，量化位数越多，采样精度越高，声音的质量也越好，但需要的存储空间也会越大。例如，CD唱片记录的音频量化位数为16位。

（3）编码

对模拟音频采样量化完成后，计算机得到了一大批原始音频数据，将这些数据按照文件类型（如WAV、MP3等）规定编码后，再加上音频文件格式的头部，就得到了一个数字音频文件。常见的音频格式包括WAV、MIDI、MP3、WMA、OGG、RealAudio、APE和FLAC等。

数字音频的质量取决于采样频率、量化数、声道数3个因素。声音通道的个数称为声道数，是指一次采样所记录产生的声音波形个数。记录声音时，如果每次生成一个声波数据，称为单声道；每次生成如图1-44所示的两个声波数据，称为双声道（立体声）。双声道立体声听起来要比单声道丰满优美，但其存储空间是单声道的两倍。声音被数字化后形成的音频文件的存储空间（单位为B）为：

$$采样频率（Hz）× 量化位数 × 声道数 × 时间（s）/8$$

例如，用44.1kHz的采样频率进行采样，量化位数16位，则录制1s的立体声节目，其波形文件所需的存储量为：44100 × 16 × 2 × 1/8 B=176 400 B

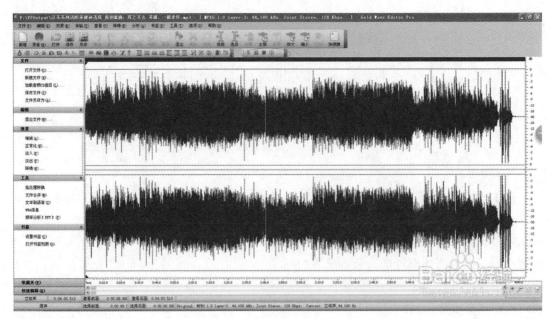

图1-44 双声道声波文件

2. 音频压缩

音频压缩技术指的是对原始数字音频信号流，运用适当的数字信号处理技术，在不损失有用信息量，或所引入损失可忽略的条件下，降低（压缩）其码率，也称为压缩编码。编码方式有很多种，包括无损压缩编码和有损压缩编码。不同的编码方式得到的文件格式不同，如WAV格式是无损的格式，声音文件质量和CD相当。而MP3属于有损压缩编码，可以将声音用 1∶10 甚至 1∶12 的压缩率进行压缩，牺牲音乐文件的质量以换取较小的文件体积。

　　未经压缩的声音文件占用存储空间很大，比如一个 5 min 的波形文件（扩展名为 WAV 的文件）占用存储空间约 50 MB，如果压缩成 MP3 格式的文件，大小只有 5 MB 左右。

1.6.3　视频和动画

1. 视频基础

　　视频（Video）是由一幅幅内容连续的图像所组成的，每一幅单独的图像就是视频的一帧。当连续的图像按照一定的速度快速播放时（24 帧 /s ~ 30 帧 /s），由于人眼的视觉暂留现象，就会产生连续的动态画面效果，也就是视频。

　　视频分为模拟视频和数字视频两大类。

　　模拟视频是指每一帧图像是实时获取的自然景物的真实图像信号，由电视摄像机通过电子扫描将所描述的景物进行光电转换后，得到连续变化的电信号。普通广播电视信号是一种典型的模拟视频信号。

　　数字视频是用二进制数字来记录视频信息，是离散的电信号。与模拟视频相比，数字视频具有更易于创造性的编辑与合成，不失真地进行多次复制，在网络环境下容易实现资源共享等优点。视频信号的数字化包括位置的离散化（抽样）、所得量值的离散化（量化）以及 PCM 编码这 3 个过程。

(%) 小知识

　　世界上使用的电视广播制式有 PAL、NTSC、SECAM 三种，中国使用 PAL 制式，日本、韩国及东南亚地区与美国等欧美国家使用 NTSC 制式，俄罗斯则使用 SECAM 制式。

2. 视频压缩

　　数字视频每秒要记录几十幅图像，产生的数据量相当大。据计算，720P 高清视频（即分辨率为 1 280×720）每秒产生的原始数据约为 264 MB，则一个小时的视频数据量就是 264×3 600≈928 (GB)，这是非常巨人的数据。原始视频的数据量很人，不可能直接进行实时网络传输，甚至连存储的代价都非常大。所以必须进行视频压缩，现有的绝大多数视频压缩标准都是有损压缩。

　　视频压缩编码标准种类繁多，其中 ITU（国际电信联盟）下主导的 H.26x 系列和 ISO（国际标准化组织）主导的 MPEG 系列影响最大，应用最为广泛。常见的视频文件格式有 WMV、ASF、ASX、RM、RMVB、MP4、3GP、MOV、M4V、AVI、DAT、MKV、FLV、VOB 等。

3. 动画

　　同样作为多媒体技术中重要的媒体形式，动画与视频具有很深的渊源。动画对应于英文中的 "Animation"，而视频对应于英文中的 "Video"。动画和视频经常被认为是同一个东西，主要是缘于它们都属于 "动态图像" 的范畴。动态图像是连续渐变的静态图像或者图形序列，沿时间轴顺次更换显示，从而产生运动视觉感受的媒体形式。然而，动画和视频事实上是两个不同的概念。

动画的每帧图像都是由人工或计算机产生的。根据人眼的特性，用15帧/s~20帧/s的速度顺序地播放静止图像帧，就会产生运动的感觉。视频的每帧图像都是通过实时摄取自然景象或者活动对象获得的。视频信号可以通过摄像机、录像机等连续图像信号输入设备来产生。

可以这样认为，若干幅"图像"快速地连续播放就构成了"视频"，而"图形"连续变化就构成了一个"动画"。如果把这组概念用一个图形说一下，可以参见图1-45。

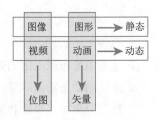

图 1-45　视频和动画

最后要说的就是，在实际工作中，这两个词语有时并不是严格区分的，比如说如果用Flash制作的动画通常不会说是视频，但是如果使用3ds Max等软件制作出的三维动画，实际上并不是矢量的，而是已经逐帧渲染为位图了，但是通常不会把它称为"三维视频"，而称为"三维动画"。如果从原理上理解这里面的含义，叫什么名字其实也就没有太大关系了。

1.7　软件的来龙去脉

硬件有形而软件无形，没有软件的计算机，也称"裸机"，可以说是废铁一堆。软件是人开发的，是人的智力的高度发挥。软件的正确与否，是好是坏，要等程序在机器上运行才能知道，这就给软件的开发带来许多困难。软件开发是一项包括需求捕捉、分析、设计、实现和测试的系统工程，涉及许多相关知识。

1.7.1　指令是做什么的

为了实现程序存储的概念，CPU需要识别二进制编码的机器指令。从设计的角度来看，指令系统是CPU设计的依据，即设计CPU时，要先设计指令系统。

1. 指令格式和分类

指令就是指示计算机执行某种操作的命令，如加、减、乘、除和逻辑运算等。一条指令就是机器语言的一条语句，它是一组有意义的二进制代码。指令要指出操作数据的来源、操作结果的去向及所执行的操作，因此它由操作码和操作数地址码两部分构成，如表1-9所示。

表 1-9　指令的构成

名　　称	功　能　说　明
操作码	规定计算机进行何种操作，如加、减、乘、除、数据传送等
操作数地址码	指出参与操作的数据放在哪里，操作的结果保存在哪里

计算机的指令格式与机器的字长、存储器的容量及指令的功能都有很大的关系。如何合理、科学地设计指令格式，使指令既能给出足够的信息，又使其长度尽可能地与机器的字长相匹配，以节省存储空间、缩短取指令时间，从而提高机器性能，这是指令格式设计中的一个重要问题。

2. 指令系统

指令系统是指计算机所能执行的全部指令的集合，它描述了计算机内全部的控制信息和逻辑判断能力。指令系统是根据计算机使用要求设计的，不同计算机的指令系统包含的指令种类和数目也不同。

在计算机指令系统的优化发展过程中，出现过两个截然不同的优化方向：CISC 技术和 RISC 技术。CISC 是指复杂指令系统计算机（Complex Instruction Set Computer）；RISC 是指精简指令系统计算机（Reduced Instruction Set Computer）。这里的计算机指令系统指的是计算机的最低层的机器指令，也就是 CPU 能够直接识别的指令。CISC 和 RISC 特点对比如表 1-10 所示。

表 1-10　复杂指令系统 CISC 和精简指令系统 RISC 特点对比

CISC	RISC
① 指令系统庞大，指令功能复杂，指令格式、寻址方式多； ② 执行速度慢； ③ 各种指令都可以访问存储器； ④ 难以优化编译，编译程序复杂； ⑤ 80% 的指令在 20% 的运行时间使用，无法并行，无法兼容； ⑥ CISC 强调完善的中断控制，势必导致动作繁多，设计复杂，研制周期长； ⑦ CISC 给芯片设计带来很多困难，使芯片种类增多，出错概率增大，成本提高而成品率降低	① 简单而统一格式的指令译码； ② 大部分指令可以单周期执行完成； ③ 只有 LOAD 和 STORE 指令可以访问存储器； ④ 简单的寻址方式； ⑤ 采用延迟转移技术； ⑥ 采用 LOAD 延迟技术； ⑦ 采用三地址、对称的指令格式； ⑧ 较多的寄存器； ⑨ 指令编译后生成的目标代码较长

1.7.2　软件的分门别类

计算机软件是指计算机系统中的程序及其文档，程序是计算任务的处理对象和处理规则的描述，必须装入机器内部才能工作；文档是为了便于了解程序所需的阐明性资料。按照不同的原则和标准，可以将软件划分为不同的种类。

1. 系统软件和应用软件

按照软件的功能和用途划分，现代软件可以分为两类：应用软件和系统软件，如图 1-46 所示。应用软件是为了满足特定需要，解决真实世界中的问题而编写的。系统软件负责在基础层上管理计算机系统，为创建和运行应用软件提供工具和环境，例如操作系统。系统软件通常直接与硬件交互，提供的功能比硬件自身提供的更多。

目前有一类称为"中间件"（Middleware）的软件，它们作为应用软件与各种系统软件之间使用的

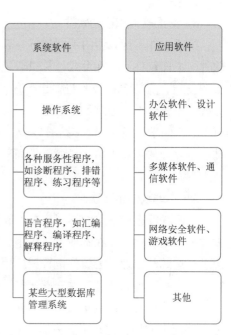

图 1-46　应用软件和系统软件

标准化编程接口和协议，可以起承上启下的作用，使应用软件的开发相对独立于计算机硬件和操作系统，并能在不同的系统上运行，实现相同的应用功能。

2. 商品软件、共享软件、免费软件和自由软件

按照软件的发行方式划分，软件可分为商品软件、共享软件、免费软件和自由软件。

（1）商品软件

用户需要付费才能得到商品软件的使用权。它除了受版权保护之外，通常还受到软件许可证的保护。例如，版权法规定将一个软件复制到其他机器去使用是非法的，但是软件许可证允许用户购买一份软件而同时安装在本单位的若干台计算机上使用，或者允许所安装的一份软件同时被若干个用户使用。

（2）共享软件

共享软件是一种"买前免费试用"的具有版权的软件，它通常允许用户试用一段时间，也允许用户进行复制和散发，但过了试用期后若还想继续使用，就得交一笔注册费，成为注册用户才能继续使用。

（3）免费软件

免费软件是一种"免费使用"的具有版权的软件，用户可以免费自用并复制给它人，使用上不会出现日期限制，而且不必支付任何费用，但不允许转为其他商业用途。

（4）自由软件

自由软件又称"开放源代码软件"。自由软件的本质不是免费，目的就是要打破商业软件占主导地位的格局。自由软件有利于软件共享和技术创新，它的出现成就了 TCP/IP 协议、Apache 服务器软件和 Linux 操作系统等一大批软件精品的产生。其特点包括：①提供源代码，允许修改完善。②可以散发，并且散发对象享有的权利不受限制。③不提供担保。

3. 桌面软件和移动软件

按照软件运行载体的不同划分，软件可分为桌面软件和移动软件。桌面软件运行在台式计算机或笔记本式计算机上，功能一般较复杂，支持多种输入与输出。移动软件运行在移动设备上，如智能手机、平板电脑等，通过手指触控的方式使用软件，如手机上运行的学习强国App（见图1-47）、支付宝、微信等。随着移动设备性能的不断提高，桌面软件和移动软件在功能上的差距也在逐渐缩小。

图 1-47　学习强国 App

4. 本地软件和云软件

按照软件运行地点的不同划分，软件可以分为本地软件和云软件。本地软件安装在本地计算机中，运行时利用本地计算机资源进行运算与处理。云软件也称云应用，利用因特网上大量的计算资源进行管理和调度，在云端运行。例如华为云电脑允许用户在手机上使用 Windows 电脑以及各种应用软件，如图 1-48 所示。云软件便于使用，无须下载安装，且可在多种操作系统上使用，

可以帮助用户大大降低使用成本并提高工作效率。

图 1-48 华为云电脑

1.7.3 编程语言的发展历程

编程是编写程序的简称，是让计算机代为解决某个问题，对某个计算体系规定一定的运算方式，使计算体系按照该运算方式运行，并最终得到相应结果的过程。程序（Programming）是能够实现特定功能的一组指令序列的集合。编程语言是一组用来定义计算机程序的语法规则。它是一种被标准化的交流技巧，用来向计算机发出指令。

自20世纪60年代以来，世界上公布的程序设计语言已有上千种之多，但是只有很小一部分得到了广泛的应用。从发展历程来看，编程语言可以分为3代。

1. 第一代：机器语言

机器语言可以认为是计算机最基本的语言，编码直接由0和1组成，无须翻译，具有能够被计算机直接识别、快速执行等优点。但是编出的程序不仅直观性差，容易出错，还很难进行修改和维护，因此机器语言难以适用于人工编程。

以下是一个用机器语言编写的，用于完成加法运算5+6的简单程序。

```
10110000 ┐把加数 5 送到累加器 AL 中
00000101 ┘
00000100 ┐把累加器 AL 中的内容与另一个加数 6 相加，结果仍然放在 AL 中
00000110 ┘
11110100 — 停止操作
```

2. 第二代：汇编语言

为了避开机器语言的各种缺点，便于编写程序，人们开始用容易记忆和辨别的、有意义的符号代替机器指令，使人工编程真正成为可能，这就产生了汇编语言，亦称符号语言。在汇编语言中，用助记符代替机器指令的操作码，用地址符号或标号代替机器语言的指令地址或操作数的地址。以下是一个用汇编语言编写的程序，用于实现上述5+6加法运算例子。

```
MOV AL,5   把加数 5 送到累加器 AL 中
ADD AL,6   把累加器 AL 中的内容与另一个加数 6 相加，结果仍然放在 AL 中
HLT        停止操作
```

汇编语言在今天的实际应用中，通常被应用在底层与硬件操作结合紧密或高要求的程序优化的场合，如硬件的驱动程序、操作系统等。

3. 第三代：高级语言

机器语言和汇编语言，属于面向机器的低级语言，难编、难读、易出错。为了从根本上改变语言体系，使程序设计语言更接近于人类自然语言，20世纪50年代末，终于创造出独立于机型的容易学习使用的高级语言。高级语言的出现大大提高了编程的效率，有易学、易用、可读性好、可维护性强等特点，它的产生大大促进了计算机软件技术的发展。

高级语言发展到现在已经有一千多种，如C、C#、C++、Java、ASP.NET、Perl、PHP、

VB、Python、Scratch等都是常见的计算机高级语言。

以下是一个用C语言编写的程序，用于实现上述5+6加法运算例子。

```
main()
{
    int AL;   /*定义整型变量AL*/
    AL=5+6;   /*把5和6相加后，赋值给AL*/
}
```

使用高级语言编程，程序设计者可以不必关心机器的内部结构和工作原理，而把主要精力集中在解决问题的思路和方法上。但高级语言编译生成的程序代码一般比用汇编程序语言设计的程序代码要长，执行的速度也相对较慢。

小知识

需要指出的是，程序设计语言的分代问题比较复杂。以上介绍的只是观点之一：将程序设计语言分为3代。目前，已经有人提出将RPG、APT、GPSS、DYN-AMO、LISP等面向问题、非过程化的语言划分为第四代语言；将基于人工智能的比第四代语言更接近自然语言更简单易用的语言划分为第五代语言。

1.7.4　从编程到执行

程序里的指令都是基于机器语言的。编程人员通常首先用一种计算机程序设计语言编写源程序，然后通过"翻译程序"翻译成机器语言，进而实现程序的执行，得出所需结果。

源程序是指未经编译的，按照一定的程序设计语言规范书写的、人类可读的文本文件，可由汇编语言或高级语言编写。计算机并不能直接地接受和执行源程序，源程序在输入计算机时，需要用语言处理系统软件翻译成机器语言形式，计算机才能识别和执行。这种"翻译"通常有3种方式，即汇编方式、编译方式和解释方式，其工作流程如图1-49所示。

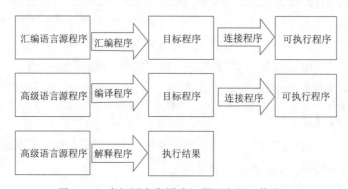

图1-49　高级语言翻译成机器语言的工作流程

1. 汇编方式

汇编方式是将汇编语言书写的源程序翻译成目标程序，把汇编的指令符号替换成机器码。当目标程序被安置在内存的预定位置之后，就能被CPU处理和执行。可用于计算机的汇编语言编译器有MASM、NASM、TASM、GAS、FASM、RADASM等。

2. 编译方式

编译方式是指利用事先编好的一个称为编译程序的机器语言程序，作为系统软件存放在计算机内，当用户将高级语言编写的源程序输入计算机后，编译程序便将它整个地翻译成二进制目标程序，然后使用连接程序把目标程序与库文件和其他目标程序（如别人编好的程序段）连接在一起，形成计算机可以执行的程序。计算机再执行该目标程序，以完成源程序要处理的运算并取得结果。如 C/C++、Pascal、Delphi、FORTRAN、COBOL 等都是编译型程序设计语言。

3. 解释方式

解释方式是指高级语言编写的源程序进入计算机后，解释程序边扫描边解释，逐句输入逐句翻译，计算机一句句执行，并不产生目标程序。如 Python、JavaScript、Perl、Shell、Ruby、MATLAB 等都是解释型语言。编译程序与解释程序最大的区别之一在于前者生成目标代码，而后者不生成。

下面是一个编译程序和解释程序的执行过程示例。

以在安装了 Visual Studio 的 Windows 中编译运行 C 语言程序为例，其执行过程如图 1–50 所示。

图 1–50　编译运行 C 语言程序的过程

以在安装了 Python 的 Windows 中解释运行 Python 程序为例，其执行过程如图 1–51 所示。

图 1–51　解释运行 Python 程序的过程

▌本 章 小 结

计算机从 1946 年的 ENIAC 诞生发展到今天，一共经历了四个时代，未来将重点发展具有人工智能的新一代计算机。目前的计算机仍然遵循着冯·诺依曼提出的计算机基本结构和工作原理，冯氏计算机五大核心部件包括运算器、控制器、存储器、输入设备和输出设备，其工作原理是把程序和数据都以二进制的形式存放到存储器中，由机器自动执行。计算机可处理的数据包括数值、文字、图像、声音等多种媒体信息，在计算机内部主要通过二进制编码方式实现信息数字化。计算机硬件有形而软件无形，软硬件需合理搭配才能协调工作。计算机软件是指计算机系统中的程序及其文档。按功能和用途划分，现代软件可以分为两类：应用软件和系统软件。现代人大多使用高级语言编程，程序设计者可以不必关心机器的内部结构和工作原理，而把主要精力集中在解决问题的思路和方法上。

章后习题

单选题

1. 世界上第一台通用计算机_____于1946年在美国宾夕法尼亚大学诞生。

    A. 冯氏计算机　　　　B. 棋盘计算机　　　　C. ENIAC　　　　D. 加法机

2. 目前电子计算机已经发展到_____。

    A. 晶体管电路　　　　　　　　　　B. 大规模和超大规模集成电路

    C. 集成电路　　　　　　　　　　　D. 电子管电路

3. 从第一代电子计算机到第四代计算机的体系结构都是相同的，都是由运算器、控制器、存储器以及输入输出设备组成的，这种体系结构称为_____体系结构。

    A. 冯·诺依曼　　　B. 艾伦·图灵　　　C. 罗伯特·诺依斯　D. 比尔·盖茨

4. 个人计算机属于_____计算机。

    A. 微型　　　　　　B. 小巨型　　　　　C. 小型　　　　　　D. 中型

5. 按信息表示及处理的方式划分，当前广泛使用的计算机属于_____。

    A. 小型计算机　　　B. 模拟计算机　　　C. 混合计算机　　　D. 数字计算机

6. 中国的"神威·太湖之光"计算机属于_____计算机。

    A. 大型计算机　　　B. 小型计算机　　　C. 巨型计算机　　　D. 微型计算机

7. 美国计算机协会在1966年设立了_____，以表彰在计算机科学领域中做出突出贡献的科学家。

    A. 诺贝尔奖　　　　B. 图灵奖　　　　　C. 爱因斯坦奖　　　D. 冯·诺依曼奖

8. 冯氏计算机基本工作原理最核心、最关键的是_____。

    A. 存储程序和程序控制　　　　　　B. 采用了二进制

    C. 引入了CPU和内存储器　　　　　D. ASCII编码和高级语言

9. 计算机的主机由CPU和_____组成。

    A. 内部存储器　　　B. 外部存储器　　　C. 主机板　　　　　D. 输入输出设备

10. 一台计算机的字长是4个字节，这意味着它_____。

    A. 在CPU中同一时间内作为一个整体加以传送处理的二进制位数为32位

    B. 能处理的字符串最多由4个英文字母组成

    C. 能处理的数值最大为4位十进制数9999

    D. 在CPU中运算的结果最大为2的32次方

11. 在微机的性能指标中，_____可以作为衡量计算机速度的标准。

    A. CPU的外频　　　B. CPU的主频　　　C. CPU的字长　　　D. CPU的倍频

12. 在微机的性能指标中，通常所说的内存容量是指_____。

    A. ROM的容量　　　　　　　　　　B. RAM的容量

    C. RAM和ROM的容量之和　　　　　D. CD-ROM的容量

13. 通常情况下，要执行的程序或数据必须放在_____中才能被CPU执行。

    A. 软盘　　　　　　B. 内存　　　　　　C. ROM　　　　　　D. 硬盘

14. 在PC机中，对I/O设备进行管理的基本程序是放在_____。

    A. ROM 中   B. 寄存器中   C. 硬盘上   D. RAM 中

15. 一般在系统主板上的BIOS系统的存储介质是_____。

    A. ROM   B. 硬盘   C. SRAM   D. Cache

16. CPU不能直接访问的存储器是_____。

    A. RAM   B. 外部存储器   C. ROM   D. Cache

17. 下列存储器中，断电后信息将会丢失的是_____。

    A. CD-ROM   B. ROM   C. RAM   D. 磁盘存储器

18. 下面_____组设备依次为：输出设备、存储设备、输入设备。

    A. U盘、打印机、RAM   B. CRT、CPU、ROM

    C. 绘图仪、键盘、光盘   D. 绘图仪、光盘、鼠标

19. 下列_____不是I/O总线传送的三大信号类别之一。

    A. 控制   B. 数据   C. 地址   D. 声音

20. 使用Cache可以提高计算机运行速度，这是因为_____。

    A. Cache可以存放程序和数据   B. Cache增大了内存的容量

    C. Cache扩大了硬盘的容量   D. Cache缩短了CPU的等待时间

21. 对船舶、飞机、汽车、机械、服装进行设计、绘图属于_____。

    A. 计算机科学计算   B. 计算机辅助设计

    C. 计算机辅助制造   D. 实时控制

22. 使用计算机计算管理员工工资，这属于计算机在_____领域的应用。

    A. 科学计算   B. 数据处理   C. 过程控制   D. 辅助工程

23. 计算机用于数控机床、柔性制造系统、加工中心都是_____的例子。

    A. CAI   B. CAM   C. CAD   D. CAT

24. 以下各进制数据中，表示有错误的是_____。

    A. 八进制数6682   B. 二进制数101111   C. 十进制数1011   D. 十六进制数ABCD

25. 计算机中的位和字节用英文表示分别为

    A. bit，Byte   B. Byte，Word   C. unit，bit   D. Word，Unit

26. 计算机中存储信息的最小单位是二进制的_____。

    A. Byte   B. 字节   C. bit   D. 字

27. 若计算机的内存为4 GB，也就是说，其内存有_____字节的存储容量。

    A. 4×2^{30} B. 4×2^{20}

    C. 4×2^{10} D. $4 \times 1024 \times 1024 \times 512$

28. 下列无符号十进制整数中，能用8个二进制位表示的是_____。

    A. 225   B. 301   C. 417   D. 586

29. 执行下列二进制数算术加法运算10100110+00101101，其结果是_____。

    A. 10101110   B. 11010101   C. 10111010   D. 11010011

30. 下列"逻辑或"运算，结果不正确的是_____。

A. 1 OR 0 = 0   B. 0 OR 0 = 0   C. 0 OR 1 = 1   D. 1 OR 1 = 1

31. 下列关于定点数的描述不正确的是_____。

　　A. 定点数可以是纯整数也可以是纯小数

　　B. 定点数只能是正数不能是负数

　　C. 定点整数小数点默认在二进制数的最后（小数点不占二进制位）

　　D. 定点小数小数点默认在符号位之后（小数点不占二进制位）

32. 下列关于浮点数的描述正确的是_____。

　　A. 浮点数只能是正数不能是负数　　　　B. 浮点数小数点位置固定

　　C. 浮点数小数点位置不固定　　　　　　D. 浮点数只有整数部分没有小数部分

33. 下列关于计算机中数的减法运算说法正确的是_____。

　　A. 需要转换为正数和负数的原码再相加

　　B. 一般由减法器而不是由加法器完成

　　C. 需要转换为正数和负数的补码再相加

　　D. 需要转换为正数和负数的反码再相加

34. 下列关于原码、反码、补码的叙述，不正确的是_____。

　　A. 负数的补码是该数的原码加 1

　　B. 正数的反码就是该数的原码

　　C. 正数的补码就是该数的原码

　　D. 负数的反码是该数的原码除了符号位外，其余各位按位取反

35. 已知 X 的补码是 11010011，则 X 的原码是_____。

　　A. 11001010   B. 10101000   C. 11001000   D. 10101101

36. 在个人计算机上，比较英文字符大小，实际上是比较它们_____的大小。

　　A. 字母表位置值　　　　　　　　　　　B. 笔划数

　　C. ASCII 码　　　　　　　　　　　　　D. 所占存储空间

37. 汉字系统中的汉字字库里存放的是汉字的_____。

　　A. 字形码　　　　B. 机内码　　　　C. 输入码　　　　D. 国标码

38. 存储一个汉字字形的 16×16 点阵和存储一个英文字母字形的 8×8 点阵，所占字节数的比值为_____。

　　A. 2:1   B. 4:1   C. 8:1   D. 16:1

39. 国际通用字符编码标准是_____，其目标是收录世界上所有语言的文字和符号，并对每一个字符都定义一个值，这个值称为代码点。

　　A. Unicode 码   B. BIG5   C. ASCII 码   D. GB 2312—1980

40. 从专业术语的角度，图像分辨率是指：_____。

　　A. 每英寸图像内有多少个像素点　　　　B. 屏幕所显示的像素数目

　　C. 图像所包含的像素数目　　　　　　　D. 图像所包含的颜色数

41. 色彩模型是用数值方法指定颜色的一套规则和定义，常用_____模型和 CMYK 模型。

　　A. BMP   B. PSD   C. CDR   D. RGB

42. 下列为矢量图形文件格式的是_____。

    A. BMP　　　　　B. JPEG　　　　　C. GIF　　　　　D. CDR

43. 一幅尺寸为 1024×768 的真彩色（24 位）、压缩比为 5:1 的静态图像压缩后的数据量为_____。

    A. 0.71 MB　　　　B. 0.63 MB　　　　C. 0.45 MB　　　　D. 0.31 MB

44. 用 44.1 kHz 的采样频率进行采样，量化位数 24 位，则录制 1 s 的立体声节目，其波形文件所需的存储字节数为_____。

    A. $44100 \times 24 \times 2 \times 1/8$　　　　　　B. $44100 \times 24 \times 2 \times 60/8$

    C. $44100 \times 24 \times 1 \times 1/8$　　　　　　D. $44100 \times 24 \times 1 \times 60/8$

45. 模拟音频信号的数字化要依次经过_____三个步骤。

    A. 采样、量化、编码　　　　　　B. 采样、压缩、编码

    C. 采样、压缩、量化　　　　　　D. 采样、编码、压缩

46. 数字音频采样和量化过程所用的主要硬件是 A/D 转换器，其主要功能是将_____。

    A. 放大信号　　　　　　　　　　B. 数字量转换为模拟量

    C. 数字量和模拟量混合加工处理　　D. 模拟量转换为数字量

47. _____标准是用于视频和音频数据压缩的标准。

    A. MPEG　　　　　B. PEG　　　　　C. JPEG　　　　　D. JPG

48. 帧速率往往用于描述视频的播放速度，例如 24 fps，其含义为_____。

    A. 每秒钟播放 24 组动态图像　　　B. 每分钟播放 24 组动态图像

    C. 每秒钟播放 24 幅静态图像　　　D. 每分钟播放 24 幅静态图像

49. 按功能和用途划分，计算机的软件系统一般分为_____。

    A. 系统软件和应用软件　　　　　B. 操作系统和计算机语言

    C. 程序和数据　　　　　　　　　D. Windows 和第三方软件

50. 以下说法错误的是_____。

    A. 应用软件通常不需要操作系统的支持也可运行

    B. 只有硬件没有软件的计算机称为裸机

    C. 常用的文字处理、电子表格、图形图像处理软件等都属于应用软件

    D. 软件可分为系统软件和应用软件两大类，最重要的系统软件是操作系统

工匠精神 >>>>>>

2000 年图灵奖获得者：姚期智

阿兰·麦席森·图灵（Alan Mathison Turing，1912—1954）是一个著名的神童和"怪才"，他是英国数学家、逻辑学家，被称为"人工智能之父"。如今，剑桥大学国王学院的计算机房以图灵的名字命名，此外，美国计算机协会（Association for Computer Machinery，ACM）还在 1966 年设立了"图灵奖"，奖励那些对计算机科学研究与推动计算机技术发展有卓越贡献的

杰出科学家。图灵奖是计算机界最负盛名的奖项，有"计算机界诺贝尔奖"之称。图灵奖对获奖者的要求极高，评奖程序也极严，一般每年只奖励一名计算机科学家，目前由英特尔公司赞助，奖金为 100 000 美元。迄今为止，获此殊荣的华人仅有一位，就是 2000 年图灵奖得主姚期智。

姚期智教授在授课

姚期智，1946 年 12 月 24 日出生于中国上海，世界著名计算机学家，美国国家科学院院士、美国艺术与科学学院院士、中国科学院院士、香港科学院创院院士，清华大学高等研究中心教授，香港中文大学计算机科学与工程学系教授，清华大学－麻省理工学院－香港中文大学理论计算机科学研究中心主任，清华大学金融科技研究院管委会主任，清华大学人工智能学堂班教授。

1967 年姚期智获得台湾大学物理学士学位；1972 年获得哈佛大学物理博士学位；1975 年获得伊利诺依大学计算机科学博士学位，之后先后在美国麻省理工学院数学系、斯坦福大学计算机系、加州大学伯克利分校计算机系任助理教授、教授；1998 年当选为美国国家科学院院士；2000 年获得图灵奖，是唯一获得该奖的华人学者（截止到 2020 年）；2004 年起在清华大学任全职教授，同年当选为中国科学院外籍院士；2005 年出任香港中文大学博文讲座教授；2011 年担任清华大学交叉信息研究院院长；2017 年 2 月姚期智放弃美国国籍成为中国公民，正式转为中国科学院院士，加入中国科学院信息技术科学部。同年 11 月，加盟中国人工智能企业旷视科技 Face++，出任旷视学术委员会首席顾问，推动产学研的本质创新。同年 12 月，任清华大学金融科技研究院管委会主任。

图灵奖得主姚期智

1993 年，姚期智最先提出量子通信复杂性，基本上完成了量子计算机的理论基础。1995 年，提出分布式量子计算模式，后来成为分布式量子算法和量子通信协议安全性的基础。因为对计算理论包括伪随机数生成、密码学与通信复杂度的突出贡献，故美国计算机协会（ACM）授予他 2000 年度的图灵奖。

姚期智的研究方向包括计算理论及其在密码学和量子计算中的应用。在三大方面具有突出贡献：①创建理论计算机科学的重要领域：通信复杂度和伪随机数生成计算理论；②奠定现代密码学基础，在基于复杂性的密码学和安全形式化方法方面有根本性贡献；③解决线路复杂性、计算几何、数据结构及量子计算等领域的开放性问题并建立全新典范。

名师寄语之清华大学教授姚期智：

人生是为一场大事而来的，愿同学们能用自己的智慧为人类文明探索世界的真谛，用自己的双手为苍生铸就富平的天下，苟利国家，俯仰无愧。

第2章

如何使用 Windows 更顺手

本章内容提要：

- Windows 的启动与关闭
- "开始"按钮、任务栏、菜单和对话框的使用
- 管理计算机资源
- 个性化定制 Windows
- Windows 附件的使用

本章预告

Windows 是美国微软公司研发的操作系统，功能丰富使用简便，是当前应用最广泛的操作系统。Windows 10 于 2015 年 7 月发布正式版，与以往的版本相比，在易用性和安全性方面有了极大的提升，除了针对云服务、智能移动设备、自然人机交互等新技术进行融合外，还对固态硬盘、生物识别、高分辨率屏幕等硬件进行了优化完善与支持。本章虽然选择了 Windows 10 版本作为讲解对象，但涉及到的大部分知识均属于常用操作技能，仍然适用于以前的 Windows 版本。

▌2.1 操作系统是做什么的

计算机的操作系统（Operating System，OS）是系统软件的核心。操作系统是管理和控制计算机硬件与软件资源的计算机程序，是直接运行在"裸机"上的最基本的系统软件，其他应用软件都必须在操作系统的支持下才能运行。

小心，操作系统会暴露你的年龄

2.1.1 操作系统概述

操作系统位于底层硬件与用户之间，是两者沟通的桥梁。用户可以通过操作系统的用户界面控制、管理和使用计算机的软硬件资源。

1. 操作系统的功能

操作系统的主要功能是资源管理、程序控制和人机交互等。计算机系统的资源可分为硬件资源和软件资源两大类。硬件资源指的是组成计算机的硬件设备，如中央处理器、主存储器、磁盘存储器、打印机、显示器、键盘和鼠标等。软件资源指的是存放于计算机内的各种数据，如文件、程序库、知识库、系统软件和应用软件等。

以现代观点而言，一个标准个人计算机的操作系统应该提供以下的功能：

- 进程管理（Processing Management）
- 内存管理（Memory Management）
- 文件系统（File System）
- 网络通信（Networking）
- 安全机制（Security）
- 用户界面（User Interface）
- 驱动程序（Device Drivers）

操作系统的各种角色通常都围绕着"良好的共享"这一中心思想。操作系统负责管理计算机的资源，而这些资源通常是由使用它们的程序共享的；多个并发执行的程序将共享内存，依次使用CPU，竞争使用I/O设备的机会；操作系统将担任现场监视角色，确保每个程序都能够得到执行的机会。

2. 操作系统的分类

操作系统的种类很多，可从简单到复杂，可从手机的嵌入式OS到超级计算机大型OS。可以从不同角度对操作系统进行分类，如图2-1所示。

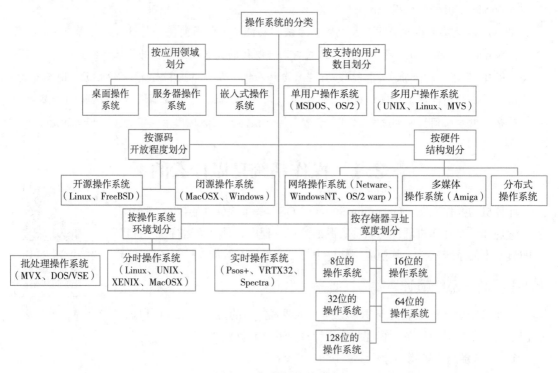

图 2-1　操作系统的分类

目前常见的操作系统有Windows、UNIX、Linux、Mac OS、Android、iOS 和 Chrome OS 等。

2.1.2　控制OS的两种方式：鼠标和键盘

用户使用操作系统有两种方式：图形用户界面（Graphical User Interface，GUI）方式和命令行界面（Command-Line Interface，CLI）方式。

1. 图形用户界面方式

GUI 的广泛应用是当今计算机发展的重大成就之一，人们从此不再需要死记硬背大量的命令，取而代之的是通过窗口、菜单、按键等方式使用计算机。以 Windows 系列为首的操作系统大多采用以鼠标为主、键盘为辅的操作方法，并以图形窗口模式呈现各种指令及程序的执行，方便用户操作。图形用户界面方式如图2-2所示。

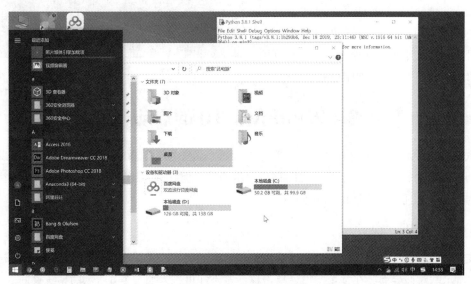

图 2-2　图形用户界面方式

某些GUI，如平板计算机、智能手机、ATM取款机、汽车导航、媒体播放器、游戏机等，向用户提供屏幕触控支持，可以直接用手指或特殊的笔端触摸屏幕上显示的按钮、图标等进行各种简捷、直观的操作。

2. 命令行界面方式

目前的主流操作系统虽然采用图形界面方式，但大多数仍同时保留命令行的使用方式，以便熟悉系统命令的用户可通过输入特定的命令快捷地对系统资源进行查看和管理。提供命令行界面的程序称为外壳（Shell），这个名称是相对操作系统"内核"而言的。外壳对计算机资源的要求很少，某些情况下，比如远程访问、系统管理、服务器网络任务管理等，使用CLI会比GUI更方便。当Windows无法正常启动，甚至连"安全模式"启动都不奏效时，用户可重新开机，按<F8>键后，选择进入"带命令行提示的安全模式"，在提示符状态下通过命令进行计算机操作。

Windows 10系统保留了DOS命令行方式，通常称为cmd，可以让用户通过输入命令来进行一些OS操作。右击"开始"按钮，在弹出的快捷菜单中选择"运行"，在打开的如图2-3所示"运行"对话框的"打开"文本框中输入"cmd"即可打开命令行窗口。

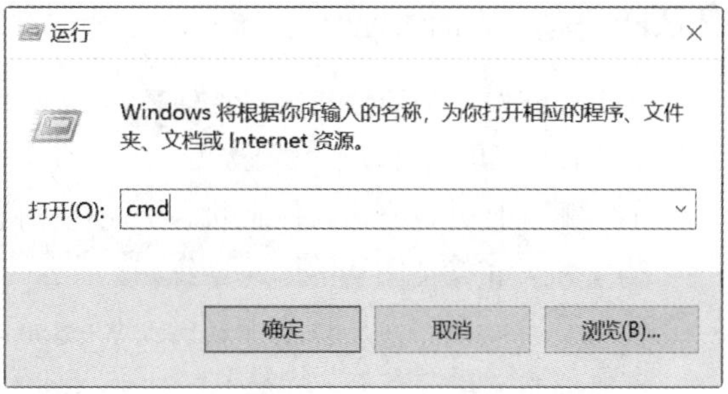

图 2-3　输入"cmd"打开命令行窗口

对于初学者，可在命令行窗口中输入 "help" 后按回车键，窗口内就会显示其基本命令及用法，如图 2-4 所示。如果想了解某个命令的具体使用方法，可在其命令后直接输入 /?，显示该命令相应的参数说明。例如，输入 attrib /?。执行单条命令通常是在命令窗口直接完成的，如果需要执行多条命令，可保存在文本里批处理运行，这时可利用记事本建立一个.bat 文件储存多条命令。

图 2-4　cmd 命令行方式

2.2　Windows 10 的启动与关闭

微软公司针对不同用户开发了家庭版、专业版、企业版、教育版、移动版、移动企业版和物联网核心版 7 个版本。各个版本之间存在一定差异，但在基本操作方面大致相同。这里以专业版为例介绍如何使用 Windows 10 系统。

2.2.1　启动 Windows

安装好 Windows 10 系统后，先按下主机电源开机，经过数秒至几分钟的等待后将进入如图 2-5 所示的欢迎界面，在背景空白处单击鼠标左键即可进入如图 2-6 所示的系统桌面。

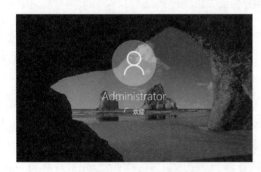

图 2-5　欢迎界面　　　　　　　　　　图 2-6　系统桌面

有些 Windows 系统在安装时设置了密码，则启动时需要输入密码后方可进入系统桌面。如果系统设置了默认登录，则开机后自动采用默认用户名登录并显示桌面。

2.2.2　关闭 Windows

单击桌面左下角的"开始"按钮▓，在弹出的列表中单击"电源"按钮⏻，在弹出的如图 2-7 所示的菜单中有以下三个选项：

① 睡眠：使计算机进入休眠状态，能在保持计算机启动状态的同时将功耗降到最低。

② 关机：正常关闭 Windows 系统。

③ 重启：关闭系统后自动重新启动 Windows。

需要说明的是，右击"开始"按钮或者按键盘上的 <Win+X> 组合键，可弹出如图 2-8 所示的系统快捷菜单，其中也有"关机"选项。

图 2-7 电源选项

图 2-8 系统快捷菜单

小知识

类似 <Win+X> 这种由多个按键组成的组合键是如何实现同时按下的呢？方法是先判断哪些键是单独按下计算机无反应或反应影响不大的，如 <Ctrl>、<Alt> 等，这些键可先按下不放，而对于单独按下有反应的键，如 <A>~<Z> 字母键等，可以稍晚一步按下。例如上述的 <Win+X> 组合键，可先按住 <Win> 键不放，后按下 <X> 键，然后一起松开两个键。

▌2.3 认识 Windows 桌面

进入如图 2-9 所示的 Windows 10 系统桌面，可以看到桌面图标、任务栏、桌面背景以及 "开始" 按钮等组成部分。

Windows 10
初体验

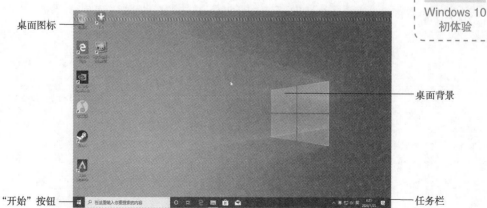
图 2-9 Windows 10 系统桌面

2.3.1 桌面图标

Windows 10使用如图2-10所示的图标（也称快捷方式）来表示对应的程序、设备、文件或文件夹等对象。图标也可以表示磁盘驱动器、网络中的计算机或者是打印机等设备。图标由ICON图案和图标名称组成，帮助用户快速联想到其功能。

图 2-10　图标

Windows 10系统刚安装完成时，桌面默认只有一个回收站图标，允许用户后续添加其他图标。桌面上有些图标是系统自带的，直接让其显示到桌面即可，如【实训2-1】。有些是安装第三方程序后自动生成的。当然用户也可以创建图标指向特定对象，如【实训2-2】。

【实训2-1】如何在桌面显示"此电脑""回收站""控制面板"等系统图标？

在桌面任意空白处右击打开快捷菜单，选择"个性化"选项打开窗口，然后按图2-11所示步骤1~4进行操作。

图 2-11　在桌面显示系统图标

【实训2-2】在桌面创建一个图标，指向文件夹D:\我的资料\旅游照片。有以下多种操作方法。

方法一：直接发送到桌面生成图标，按图2-12所示步骤1~3进行操作。

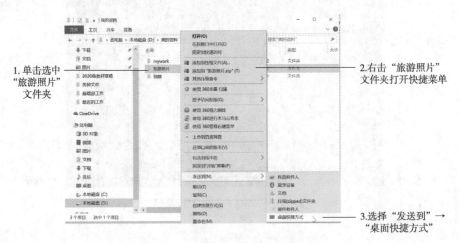

图 2-12　直接发送到桌面生成图标

方法二：先在当前位置生成快捷方式，然后复制到桌面，按图 2-13、图 2-14 所示步骤 1~4 进行操作。

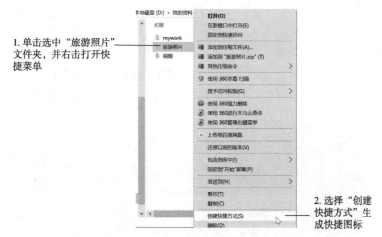

图 2-13　在当前位置生成快捷方式

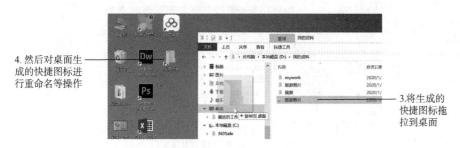

图 2-14　复制快捷图标到桌面

方法三：用鼠标右键将图标拖放到桌面上，在弹出的快捷菜单中选择"在当前位置创建快捷方式"。

方法四：按住 <Alt> 键的同时将图标拖到桌面上。

2.3.2　任务栏

系统桌面底端水平排列的长条区域为任务栏，从左到右由"开始"按钮、搜索栏、任务视图、程序图标、任务图标、通知区域、返回桌面等功能按钮组成，如图 2-15 所示。

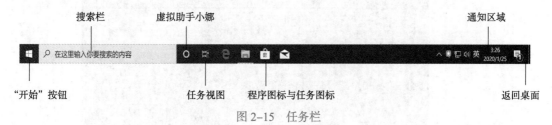

图 2-15　任务栏

任务栏各组成部分的功能如下：

① "开始"按钮：用于打开"开始"菜单。

② 中部的程序图标：显示锁定在任务栏的多个程序图标，单击可以快速打开该程序。

③ 中部的任务图标：显示正在运行的用户任务图标。

④ 通知区域：显示当前日期时间以及一些特殊程序和计算机设置状态的图标。

⑤ "返回桌面"按钮：位于任务栏最右边，单击该按钮将把所有已打开的窗口最小化，并转跳到桌面。

⑥ 任务视图：可以将当前运行的所有任务窗口以缩图方式排列在屏幕上，方便切换窗口。

在"开始"菜单中依次单击选择"设置"→"个性化"→"任务栏"选项，可以打开如图 2-16 所示的任务栏属性设置窗口，可从中对任务栏进行个性化定制。

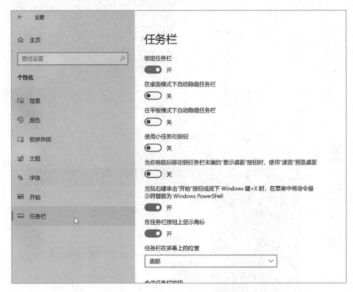

图 2-16　任务栏设置窗口

2.3.3　"开始"菜单

鼠标左键单击"开始"按钮 ，或按下键盘左下角的<Win>键，即可打开"开始"菜单，如图 2-17 所示。它是用户进行系统操作的起始位置。

图 2-17　"开始"菜单

左键或者右键单击"开始"按钮出现的菜单是不同的，其主要功能包括：

①启动应用程序：应用程序列表默认按照字母索引排序，方便用户寻找程序。

②打开常用文件：近期打开数次的文件将会显示在"开始"菜单的"快速访问"列表中。

③搜索：对输入内容进行本地搜索或互联网搜索。

④打开计算机"设置"窗口：Windows 系统设置计算机的窗口。

⑤获取帮助信息：解答用户使用计算机过程中的困惑。

⑥注销/切换用户：可注销或切换 Windows 系统上的账户。

⑦电源：可关闭/重启计算机，也可以使计算机进入睡眠状态。

"开始"菜单允许用户微调布局界面，方法是依次单击选择"开始"菜单中的"设置"→"个性化"→"开始"选项，可以打开如图 2-18 所示的"开始"菜单属性设置窗口。

右击"开始"菜单可呼出如图 2-19 所示的快捷菜单，菜单内可以快速打开"任务管理器""设置""文件资源管理器"等，也可以关机或注销或转跳到桌面。

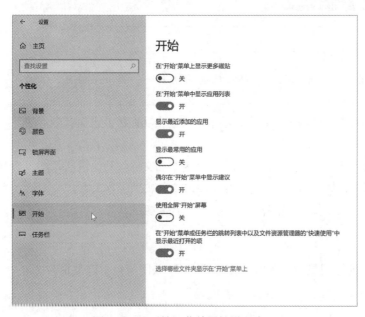

图 2-18　"开始"菜单属性设置窗口

图 2-19　"开始"快捷菜单

2.4　Windows 10 的基本操作

Windows 10 是一个图形界面的操作系统，有鼠标和键盘两种操作方式，当然最简单最常用的是鼠标操作方法。下面介绍一些所有 Windows 版本都适用的基本操作。

Windows 10
基本操作

2.4.1　初识窗口

窗口是 Windows 系统的基本显示方式，打开一个文件或者应用程序时均会出现一个窗口。以 Windows 10 文件资源管理器窗口为例，它主要由标题栏、功能区、工作区以及导航栏组成，如图 2-20 所示。

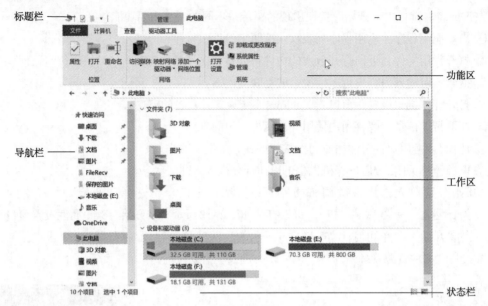

图 2-20 "文件资源管理器"窗口

① 标题栏：位于窗口的顶端，用于显示文件名称、快速访问工具、窗口控制菜单，最大化、最小化与关闭窗口按钮等。

② 功能区：标题栏下方排列有多个选项卡，每个选项卡对应一个功能区，里面有丰富的工具命令可供选择。

③ 工作区：占整个窗口的最大面积，列有文件图标、文件名字和文件的其他信息等。

④ 导航栏：位于工作区左方，以树状结构显示电脑中文件和文件夹的层次关系。

⑤ 状态栏：位于窗口的底部，用于显示当前操作的信息或当前对象的状态。

2.4.2　窗口变形记

窗口的形态是可以根据需要进行调整的。调整操作包括打开/关闭窗口，改变窗口大小，移动窗口和多窗口间切换等。

1. 打开/关闭窗口

连续单击两次（称为双击）应用程序图标或文件图标即可打开窗口；单击右上角的"关闭"窗口按钮×即可关闭窗口。

2. 窗口最大化和最小化

单击"最大化"按钮□可以将窗口变大至覆盖全屏，单击"还原"按钮□可恢复为上一次的窗口尺寸；单击"最小化"按钮－可将窗口缩小至任务栏，单击任务按钮可再次展开窗口。

3. 窗口任意变形

将鼠标移动至窗口边缘，会出现双向箭头 ⟺ ，表示此时拖拉鼠标可改变窗口大小，具体操作见【实训2-3】。

【实训2-3】通过双向箭头随意改变窗口大小，具体操作见图2-21。

4. 窗口移动和切换

① 移动窗口：将鼠标移动到窗口标题栏空白处，此时按住鼠标左键不放并移动鼠标即可。

② 切换为当前窗口：单击窗口的空白部分即可使之成为当前窗口。

③ 层叠或堆叠窗口：在任务栏空白处右击呼出如图2-22所示的快捷菜单，选择对应选项。

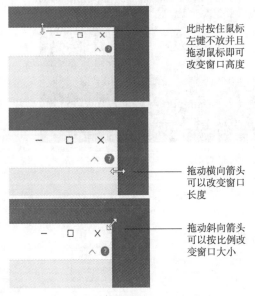

此时按住鼠标
左键不放并且
拖动鼠标即可
改变窗口高度

拖动横向箭头
可以改变窗口
长度

拖动斜向箭头
可以按比例改
变窗口大小

图 2-21 拖动双向箭头示意图

图 2-22 任务栏右键快捷菜单

④ <Alt+Tab> 组合键快速切换窗口：按住 <Alt+Tab> 组合键时，会出现一个消息框，显示所有打开的窗口，如图2-23所示。然后按住 <Alt>键不放，每按一次<Tab>键，就会依次选中一个窗口，松开鼠标即可调出想要显示的窗口。

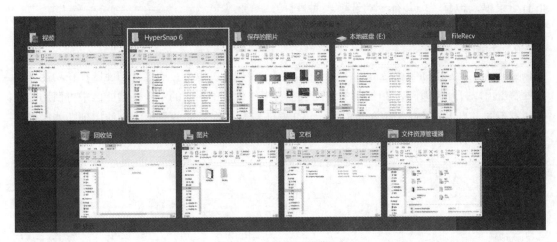

图 2-23 快速切换窗口

⑤ <Win+Tab>组合键多窗口预览：按下 <Win+Tab>组合键实现多窗口预览，如图2-24所示，然后用鼠标方便快速找到窗口。

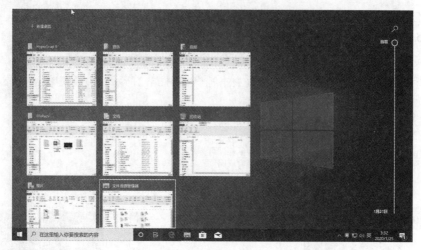

图 2-24　多窗口预览

2.4.3　菜单和功能区

1. 菜单

菜单是一种用罗列方式组织操作命令的容器，含有多个用于完成特定操作的命令选项，有些选项上会附带图标以帮助理解该命令的作用。许多程序或文件都另设有一个快捷菜单，右击即可呼出快捷菜单。如图 2-25 所示是磁盘驱动器的快捷菜单。

菜单选项中含有"＞"符号的选项表明该选项下有子菜单，含有"…"符号的选项表明将打开对话框做进一步设置。

图 2-25　快捷菜单

2. 功能区

功能区位于窗口标题栏的下方，单击右上角的 ∧ 按钮可以折叠或展开功能区；在功能区空白处右击可以打开类似图 2-26 所示的快捷菜单。当鼠标选中不同的对象，功能区中可使用的命令各有不同，当工具按钮呈现灰色时表示该工具不可用。在后面的教学中会使用到功能区中的各种工具。

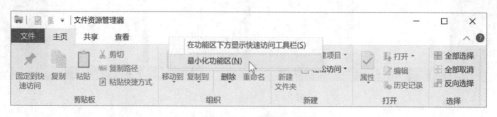

图 2-26　功能区

2.4.4　对话框

对话框的作用是为用户提供信息和操作选择。如图 2-27 所示的对话框包含了 7 种常见的组件，分别是选项卡、文本框、下拉列表框、单选按钮、复选按钮、命令按钮和微调按钮，单击不同的部分即可使用相应的选项；或者按键盘上的 <Tab> 键可指向下一选项，按 <Shift+Tab> 键可指向上一选项。

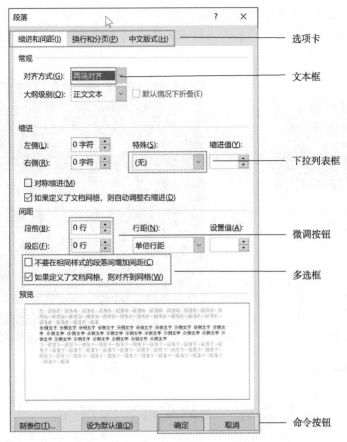

图 2-27　对话框

① 选项卡：用于将同类型或者同系列的操作进行分类展示。

② 文本框：单击文本框空白处可插入光标并键入信息，可以使用默认值或者自行输入命令值，按键盘上的 <Backspace> 键可以删除光标前的字符；按 <Del> 键可以删除光标后的字符。

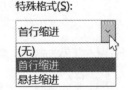

图 2-28　下拉列表框的列表

③ 下拉列表框：单击 ▼ 即可展开下拉列表显示其他命令选项，如图 2-28 所示。

④ 单选按钮：显示一组单选按钮，主要用于多选一。单击选项前的圆形按钮使其从空心变为实心即可选定该选项。

⑤ 复选框：显示两个及以上的复选框，主要用于多选。单击选项前的方框使其框内有对勾即可选中，选中状态下再单击即可取消选中该选项。

⑥ 命令按钮：单击执行对应命令。或者使用键盘 <Tab> 键依序移动选中所需命令（出现蓝色边框）后按回车键，这与单击命令按钮作用相同。

⑦ 微调按钮：单击微调按钮 ▲ 可微微加大参数值；单击 ▼ 可微微减少参数值。

2.4.5 帮助的使用

Windows 10自带的虚拟助理Cortana，可以为用户提供广泛的帮助。在任务栏中可找到虚拟助理Cortana，如图2-29所示，打开后按照提示对Cortana提问题即可获得帮助。或者在如图2-30所示的"搜索框"中输入相应内容也可以获得帮助。

在一些窗口和对话框上出现的如图2-31所示的问号"?"按钮即为帮助按钮，单击即可获得帮助。

图 2-29　虚拟助手 Cortana

图 2-30　搜索框

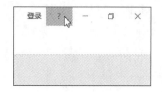

图 2-31　帮助按钮

2.5　揭秘文件资源管理

在Windows文件系统的管理下，用户可以按照文件名查找和访问文件，而不必考虑文件到底是保存在存储器的哪一块物理空间。

2.5.1 文件与文件夹

文件是以存储器（如硬盘等）为载体存储在计算机中的信息集合，是操作系统存储和管理信息的基本单位。文件可以是文本文档、图片、程序等。在操作系统中文件用文件名标示其存在。文件夹（又称目录）则是内部包含有多个文件的集合，可以帮助分类存放文件。鼠标右击文件图标打开快捷菜单如图2-32所示，单击"重命名"即可为文件命名。

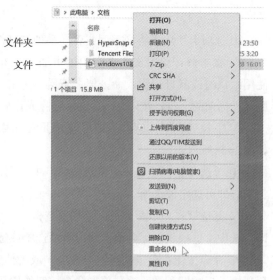

图 2-32　文件的右键快捷菜单

小知识

为了方便使用，操作系统把一些常用的标准设备也当作文件看待，这些文件称为设备文件，如 COM1 表示第一串口，Prn 表示打印机等。操作系统通过对设备文件名的读/写操作来驱动与控制外围设备。

在 Windows 中，通常采用"基本名 . 扩展名"的形式命名文件。扩展名是用来表示文件类型的，如 abc.txt 表明这是一个记事本文件。表 2–1 所示为 Windows 系统常见的文件扩展名。

表 2–1　Windows 系统的常见文件扩展名

扩 展 名	文 件 类 型	扩 展 名	文 件 类 型
.exe、.com	可执行程序文件	.docx、.xlsx、.pptx、accdb	Microsoft Office 文档文件
.c、.cpp、.py、.asm	源程序文件	.bmp、.png、.jpg、.gif	图像文件
.bak	备份文件	.asf、.wmv、.rm、.qt	流媒体文件
.obj	目标文件	.zip、.rar	压缩文件
.sys、.ini	配置文件	.wav、.mp3、.mid、.wma	音频文件
.bat	可执行批处理文件	.html、.xml、.aspx	网页文件

Windows 允许仅有基本名而不设置扩展名，但不提倡这个做法。同时允许使用多间隔符的扩展名。如 win.ini.txt 是一个合法的文件名，但其文件类型由最后一个扩展名决定。文件命名时需注意以下规定：

① 文件名最长可以使用 255 个字符。

② 同一个文件夹中不允许同名文件存在。

③ 文件名中允许使用空格，但不允许使用下列字符（英文输入法状态）：<>/\|:"*?。

④ 对文件名中的字母不区分大小写。如 Windows 认为 aa.jpg 和 AA.jpg 是同名文件。

2.5.2　文件资源的管理

"文件资源管理器"是 Windows 10 提供的资源管理工具，采用树形结构罗列本机的所有资源，使用户能清楚、直观地认识计算机中的文件和文件夹。单击任务栏内的图标■即可打开"文件资源管理器"，它主要由操作界面、功能区、工具栏、导航栏等组成，如图 2–33 所示。

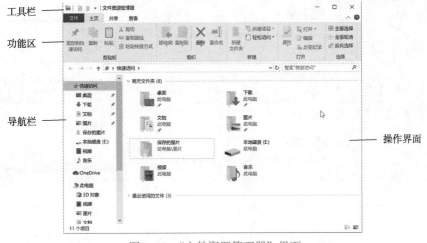

图 2–33　"文件资源管理器"界面

在操作界面中，单击图标为选定操作；双击图标为打开操作；右击可打开快捷菜单，如图2-34所示。快捷菜单内提供了剪切、复制、粘贴、重命名等选项。

① 剪切（<Ctrl+X>组合键）：可用于移动文件，选择该选项即可将文件移动至"剪贴板"（用于中转文件或文本）在需要放置文件的位置右击弹出快捷菜单，并选择"粘贴"选项，即可移动文件。

② 复制（<Ctrl+C>组合键）：可用于复制文件，选择该选项会在保留原有文件的同时将文件复制至"剪贴板"，在需要放置文件的位置右击弹出快捷菜单，并选择"粘贴"选项即可复制文件。

③ 粘贴（<Ctrl+V>组合键）：将最后转移至"剪贴板"的文件或文本复制至指定位置。

④ 重命名：可以重新给文件指定新的名称。

图 2-34 右键快捷菜单

2.5.3 剪贴板在哪里

剪贴板是内存的一部分空间，Windows系统复制的内容都会被临时保存到剪贴板中，供用户随后粘贴到需要的位置。旧版本的Windows剪贴板只保留最新最后一次添加到剪贴板的内容，很多用户使用起来非常不方便。目前的Windows 10版本已经对这一功能进行了更新，允许多次记录文字、图片等。前提是事先要启用"剪贴板历史记录"。方法是依次单击"开始"按钮→"设置"→"系统"→"剪贴板"，打开图2-35中所示界面，将"剪贴板历史记录"的对应状态设置为"开"。

设置好后，每当按下键盘<Win+V>组合键，就能呼出如图2-36所示的"剪贴板"窗口了，上面就有之前复制的多项文字、图片等内容。单击可选择指定的内容进行粘贴或者删除等操作。

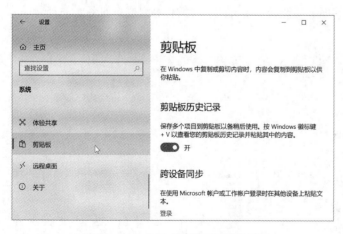

图 2-35 启用"剪贴板历史记录"

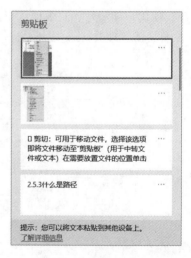

图 2-36 "剪贴板"窗口

2.5.4　什么是路径

Windows 系统采取树形结构对文件进行分层管理。每个硬盘分区、光盘、可移动磁盘都有且仅有一个根目录。根目录在磁盘格式化时创建，根目录下可以有若干子目录，子目录下还可以有下级子目录。这就类似一棵树的结构，目录是树枝，文件是树叶。当前目录又称工作目录，表示用户正在使用的文件所在目录，如图 2–37 所示。

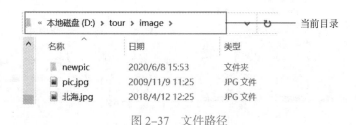

图 2–37　文件路径

文件路径是计算机对文件储存位置的描述，通过对路径的描述，引导用户查找文件。例如看到路径：D:\tour\image\pic.jpg，就知道 pic.jpg 文件位于 D 盘的 tour 目录下的 image 子目录中。类似 D:\tour\image\pic.jpg 这种从根目录开始的路径方式属于绝对路径，而从当前目录开始到达文件所经过的一系列目录名则称为相对路径。

在用命令行表示的路径中，用盘符后面紧跟"\"表示根目录，".."表示返回上一级目录，允许叠加使用，例如"..\.."表示返回上一级的上一级目录。假设本地磁盘 C 有如图 2–38 所示的文件结构，且当前目录为 C:\myfile\bak\teacher，则 class02.xlsx 文件的路径描述有如表 2–2 所示的两种方式。

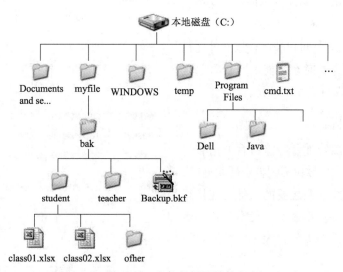

图 2–38　文件的树形结构

表 2–2　文件的路径描述

路径类别	描　述　方　式
绝对路径	C:\myfile\bak\student\ class02.xlsx
相对路径	..\ student\class02.xlsx

2.5.5　文件属性设置

文件以什么形式展现在用户面前，这可以由用户自行设置。在如图2-39所示的"文件资源管理器"功能区中选择"查看"选项卡，可以查看文件扩展名、缩略图、排序等各种信息。

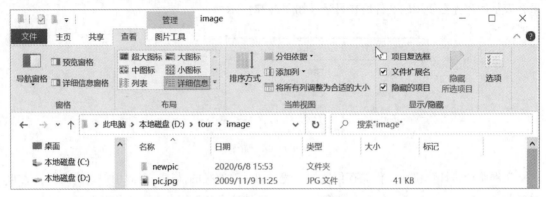

图2-39　"文件资源管理器"窗口的"查看"选项卡

在文件图标上右击弹出快捷菜单，选择"属性"打开文件的"属性"对话框，可以查看文件的各种信息，如图2-40所示，包括文件的存储路径、占用空间大小、创建时间等，还可从中设置只读或隐藏属性。

① 勾选"只读"：只能读不能写，保护文件不被修改。

② 勾选"隐藏"：可以暂时使该文件在目录下隐藏，需要查看时在功能区"查看"选项卡中勾选"隐藏的项目"即可。

2.5.6　文件搜索

在"文件资源管理器"窗口右上角有一项"搜索"功能，当你找不到特定的文件时，可以使用这项功能找到想要的文件。在执行搜索时，功能区将自动显示"搜索工具"选项卡，可按照文件的类型、大小、日期等属性查找。

【实训2-4】请查找今年修改过的文件名中包含"申请"两字，并且存储在D:\yy文件夹中的文件。可按图2-41的步骤进行搜索，就能看到搜索结果。

图2-40　文件的"属性"对话框

图 2-41　文件搜索

2.6　个性化定制 Windows 10

Windows 默认的系统设置不一定适合每位用户的使用习惯，本节将介绍如何对系统进行个性化设置以满足不同用户的需求。

2.6.1　在哪里可以定制系统

Windows 10 为用户提供了两个关于系统设置的服务场所：一是"设置"（Settings），二是"控制面板"（Control Panel）。

我的系统我控制

1. 设置

在"开始"菜单中单击"设置"按钮 即可打开如图 2-42 所示的"Windows 设置"窗口。

图 2-42　"Windows 设置"窗口

它主要有以下几种功能：

① 系统：更改显示、声音、通知、电源等设置。

② 账户：添加/删除账户，设置账户的权限。

③ 应用：对已安装的程序进行管理。

④ 个性化：包括改变桌面背景，操作系统风格等设置。

⑤ 网络和Internet：对计算机的网络属性进行设置。

2. 控制面板

当微软在2015年推出首个Windows 10正式版时，曾宣布要彻底放弃经典的"控制面板"，将所有选项都迁移到"设置"应用。但因用户习惯等问题，控制面板依然存在于Windows 10操作系统中，毕竟用它调整Windows设置很是得心应手。表2-3罗列了控制面板的部分功能。

表2-3 控制面板功能描述

设 置 分 类	功 能 描 述
用户账户	更改共享此计算机的用户的账户设置和密码
防火墙	防火墙可以是软件，也可以是硬件，它能够检查来自 Internet 或其他网络的信息，然后根据防火墙设置阻止或允许这些信息通过计算机
设备管理器	查看并更新硬件的驱动程序
系统	查看计算机的有关信息，远程协助设置等
区域	自定义语言、货币、数字以及时间和日期的显示格式，欢迎屏幕设置等
电源选项	定义电源计划，设置显示器和主机的睡眠、关闭时间等
设备和打印机	查看连接到计算机的所有设备，向计算机添加新的无线或网络设备或打印机，检查特定设备是否正常工作等
日期和时间	调整系统的日期和时间
索引选项	Windows 使用索引可对计算机上的大多数常见文件执行非常快速的搜索
管理工具	负责管理各项服务的启动、计算机性能监控、数据源连接、事件查看等系统功能
键盘	设置键盘的字符重复率、延迟时间、光标闪烁频率等
声音	配置音频设备，调整声音方案
备份和还原	创建系统映像，设置Windows备份，还原系统等
网络和共享中心	创建新的网络连接，启动或停用已有的网络连接，设置小型网络，资源共享设置等
程序和功能	更新或卸载安装在本机的应用程序
默认程序	设置程序访问和计算机的默认值，将文件类型或协议与特定程序关联等
字体	查看、添加和删除字体文件

打开如图2-43所示的"控制面板"窗口有以下几种方法：

① 右击"此电脑"图标进入"属性"窗口，单击左栏中的"控制面板主页"选项。

② 在"开始"菜单中依次单击"Windows系统"→"控制面板"选项。

③ 使用"开始"菜单中的搜索功能，输入"控制面板"进行搜索。

2.6.2 时间和语言设置

单击图2-42所示的"Windows设置"窗口内的"时间和语言"选项，可打开如图2-44所示的功能面板，可进行更改时区或按时区改变时间的操作。单击"立即同步"按钮，可以强制计算机与Internet标准时间服务器同步时钟。

单击"查看方式"下拉按钮，选择"小图标"或其他方式

图 2-43　"控制面板"窗口

安装中文版 Windows 时默认选择中文环境，如需更换其他区域环境，可在图 2-44 所示的面板中单击"区域"、"语言"和"语音"等选项，设置文字显示、语音沟通时的默认语言环境。

2.6.3　"系统"设置

单击"Windows 设置"窗口内的"系统"选项，可打开图 2-45 所示的面板，从左边导航栏可知其设置内容丰富，包括显示、声音、通知和操作、专注助手、电源和睡眠、存储、多任务管理、平板模式、体验共享、投影到此电脑、剪贴板和远程桌面等设置。

① 显示：可以改变显示器颜色设置，下方的"缩放与布局"中有文本大小及分辨率的设置，如图 2-45 所示。

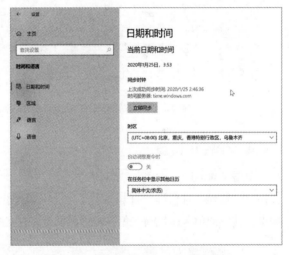

图 2-44　"日期和时间"设置窗口

② 声音：在图 2-46 所示的"声音"设置窗口内拖动音量条可以改变总音量大小，下方还有麦克风的设置选项。

③ 通知和操作：在使用计算机的过程中常会收到一些应用的推送通知，如果你觉得影响了日常工作，可在图 2-47 所示的窗口中关闭掉这些通知。单击"获取来自应用和其他发送者的通知"该项前方的按钮使其从"开"变为"关"即可关闭（注意，设置后重要的系统通知也会被阻止，请谨慎使用）。

④ 电源和睡眠：可以设置屏幕无操作自动关闭的时间和无操作自动进入睡眠状态的时间，如图 2-48 所示。

图 2-45 "显示"设置

图 2-46 "声音"设置

图 2-47 "通知和操作"设置

图 2-48 "电源和睡眠"设置

2.6.4 个性化设置

单击"Windows 设置"窗口内的"个性化"选项，或者右击桌面空白背景处呼出快捷菜单，选择"个性化"选项即可打开如图 2-49 所示的设置窗口，并默认显示左侧第一位的"背景"选项卡。其他选项卡还包括颜色、锁屏界面、主题、字体、开始、任务栏等，如图 2-50 所示。

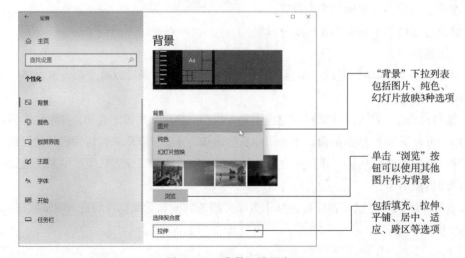

图 2-49 "背景"设置窗口

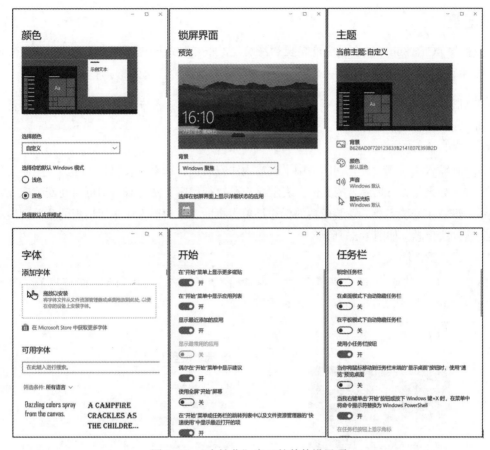

图 2-50　"个性化"窗口的其他设置项

2.6.5　输入法的设置

默认情况下，Windows 10 安装了微软拼音输入法。在输入状态下，单击任务栏右边的"中"或"英"字样，或者按下键盘的<Shift>键，或者按下<Ctrl+空格>组合键均可切换中英文输入。按下<Ctrl+Shift>组合键可以在现有的输入法中快速依次切换。右击任务栏上的"中"字样呼出如图 2-51 所示的语言快捷菜单，单击"设置"选项可打开如图 2-52 所示的对应输入法设置窗口。

图 2-51　语言快捷菜单

图 2-52　输入法"设置"窗口

⊗ 小知识

如果按 <Ctrl+Shift> 组合键没有实现切换功能，很可能是快捷键冲突造成的，即当组合键在不同的软件中重复定义，造成一个组合键代表了多种功能时，就出现了冲突。

【实训2-5】安装第三方输入法并将其设置为默认中文输入法，同时设置南方模糊音，不区分zh、ch、sh卷舌平舌音。

（1）安装输入法

以搜狗输入法为例，首先在网络中下载输入法安装包，如果安装包是压缩文件则需要先解包再安装。如果是.exe扩展名的文件，表示此为可执行程序文件，双击即可启动安装向导，根据提示一步一步安装完成。安装成功的标志是单击桌面右下角输入法按钮出现的菜单列表中出现搜狗输入法标志，如图2-53所示。

（2）设置默认输入法

依次单击"开始"→"设置"→"设备"→"输入"→"高级键盘设置"，在如图2-54所示的窗口中选择默认输入法为搜狗输入法。

图2-53　安装搜狗输入法之后的列表

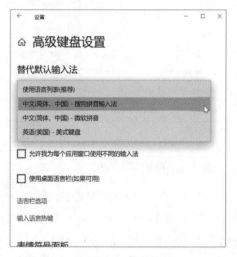

图2-54　"高级键盘设置"界面

（3）设置南方模糊音

对于南方人，通常无法区分z、c、s和zh、ch、sh的区别，目前大多数输入法都提供设置南方模糊音的功能，以搜狗输入法为例，按照如图2-55所示步骤设置即可。

中文输入法通常附带有软键盘，即显示在屏幕上的模拟键盘。它允许用鼠标点选代替键盘按键。软键盘的作用，一是为了防止木马记录键盘输入的密码，保护用户隐私；二是方便输入数学符号、希腊字母、数字序号等特殊符号。软键盘使用方法为：右击搜狗输入法的▦按钮可呼出如图2-56所示的软键盘选择菜单，罗列有多种类型的软键盘供用户选择。例如从中选择"数学符号"可打开如图2-57所示的内含多种数学符号的软键盘供用户鼠标点选。需要关闭软键盘时可再次单击▦按钮即可。

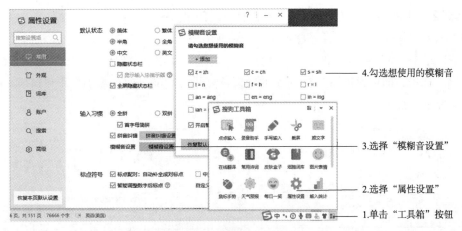

图 2-55 设置南方模糊音

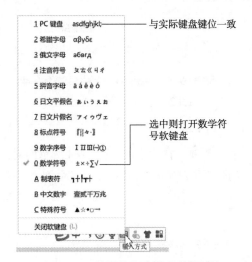

图 2-56 搜狗输入法的各种软键盘

图 2-57 "数学符号"软键盘

2.6.6 用户账户的建立和管理

Windows 10 系统支持多账户登录，使一台计算机为多个用户服务，各个账户之间可以有独立的桌面和互不干扰的系统设置。单击"开始"→"设置"→"账户"，打开如图 2-58 所示的"账户"窗口，在这里可以实现对多账户的管理。

Windows 系统提供了三类计算机账户。

① 管理员账户：可以对计算机进行最高级别的控制。

② 标准账户：适用于日常生活使用。

③ 来宾账户：为临时使用计算机的用户准备的账户。

图 2-58 "账户"窗口

【实训2-6】采用微软账号和本地账户两种方式创建新账户。

（1）如果拥有微软账号，希望根据账号创建新用户

可依次单击"Windows设置"窗口中的"账户"→"家庭和其他用户"→"将其他人添加到这台电脑"选项，即可通过图2-59所示的窗口，打开图2-60所示的添加新用户窗口，随后按提示登录并创建新账户。

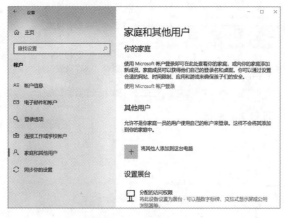

图2-59 "家庭和其他用户"设置窗口

图2-60 微软账号创建账户

（2）如果没有或不想使用微软账号，只想创建本地新用户

可以在图2-60中单击"我没有这个人的登录信息"选项，在弹出的如图2-61所示的对话框中单击"添加一个没有Microsoft账户的用户"选项，进入如图2-62所示的添加新帐户窗口，在文本框中输入用户名和密码后单击"下一步"按钮，再单击"确定"按钮，即可创建新账户。

图2-61 本地账户创建

图2-62 添加新账户窗口

如果要进一步管理账户，可右击"开始"菜单，选择"计算机管理"，弹出如图2-63所示的窗口，在左边控制台树中依次展开"本地用户和组"→"用户"，在右窗格的账户名上右击弹出快捷菜单，即可对该账户进行管理，如设置密码、删除、重命名等。

2.6.7 计算机网络设置

当下社会，网络对人们的影响越来越大。出行、购物、看新闻、聊天、游戏等都离不开网

络。计算机只有连接网络才能建立与外界的信息沟通，进而拓展计算机功能。网络连接可分为无线连接和有线连接两种方式。

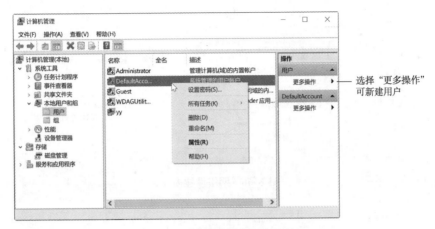

图 2-63　"计算机管理"设置窗口

选择"更多操作"可新建用户

1. 无线连接

无线连接就是计算机的 WLAN 功能。在"Windows 设置"窗口中依次单击"网络和 Internet"→"WLAN"，可依照图 2-64、图 2-65 所示步骤启用 WLAN 并连接指定的无线热点。

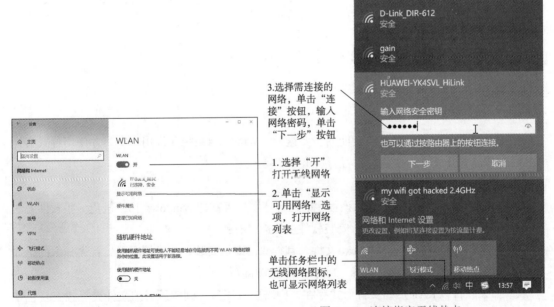

3.选择需连接的网络，单击"连接"按钮，输入网络密码，单击"下一步"按钮

1.选择"开"打开无线网络

2.单击"显示可用网络"选项，打开网络列表

单击任务栏中的无线网络图标，也可显示网络列表

图 2-64　启用 WLAN　　　　　图 2-65　连接指定无线热点

2. 有线连接

有线连接实际上是网络本地连接，在 Windows 10 中称为以太网。当把网线连接到计算机网卡之后，就可以在"Windows 设置"窗口中选择"网络和 Internet"选项，打开"网络和 Internet"设置窗口，依照图 2-66、图 2-67 所示步骤启用以太网连接。

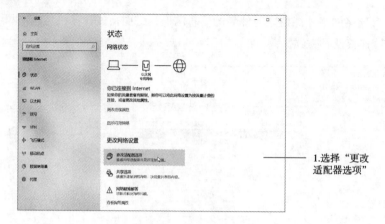

图 2-66　网络设置窗口

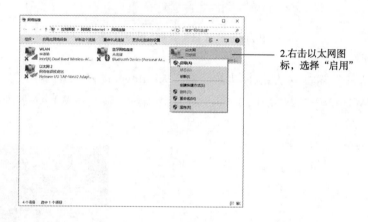

图 2-67　启用以太网连接

2.6.8　程序管理

安装软件是用户扩展计算机功能的主要途径。Windows 系统允许用户安装并使用各式各样的应用程序，用于工作、生活、学习、娱乐等需要。

1. 程序的安装

准备安装程序前，用户应注意该程序的运行环境是否支持 Windows 10，避免一些软件无法在 Windows 10 中正常运行的情况。安装软件主要途径有：

① 如果软件是从网上下载的 .exe 文件，直接双击即可安装。正常情况下，首先弹出的是如图 2-68 所示的版权说明页中，选择"I Accept"选项即可。

② 如果软件以 RAR 压缩文件形式存在，则需要解压后，到解压后的文件夹寻找安装包中带有"setup"或"install"或软件名称字样的 .exe 文件，双击即可安装。

③ 如果软件是以光盘形式提供的，则打开光盘后寻找带有"setup"或"install"字样的 .exe 文件，双击即可安装；有些光盘带有 Autorun.inf 文件，表示光盘放进光驱后会自动安装。

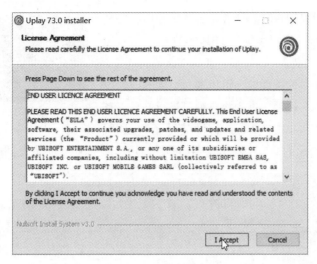

图 2-68　程序安装窗口

小知识

有些应用程序在安装时要求较高的运行权限，会在安装过程中弹出错误提示窗口显示权限不足。遇到这种情况，用户需先取消安装，然后在安装文件上右击，在弹出的快捷菜单中选择"以管理员身份运行"选项，重新安装即可。

2. 程序的运行与退出

一般程序安装好后会默认在"开始"菜单中形成一个菜单项或在桌面创建一个图标，供用户单击或双击运行程序。在想要退出程序时，单击程序窗口右上方的"关闭"按钮 ✕ 即可。部分程序退出前需要询问是否保存已打开文档，如图 2-69 所示。

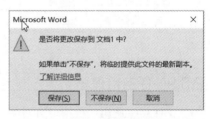

图 2-69　询问是否保存已打开文档

小知识

有时因全屏状态或卡机状态而找不到关闭程序按钮时，按下键盘左上方的 〈Esc〉 键可退出程序。

3. 将程序图标固定到任务栏

为便于程序图标的寻找，可以将常用程序图标锁定到任务栏。具体操作方法如下：

先运行程序，在任务栏对应程序按钮上右击，在弹出的如图 2-70 所示的菜单中单击"固定到任务栏"选项即可将程序固定到任务栏，方便下次直接从任务栏启动程序。

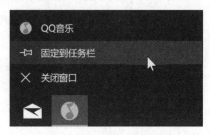

图 2-70　将程序图标固定到任务栏

4. 程序的卸载

在计算机中安装过多的应用程序，将有可能导致系统运行速度减慢，并且磁盘碎片也会越来越多。对于不再使用的应用程序，建议用户将其卸载。大多数程序在安装完成后，会在"开始"菜单中提供如图2-71所示卸载项（Uninstall），供用户卸载。

图 2-71　卸载程序项

如果程序没有提供卸载功能，可以通过"Windows设置"窗口中的"应用"选项，进入相应窗口进行卸载。具体操作方法如下：依次单击"Windows设置"→"应用"，在打开的如图2-72所示的窗口中单击想要卸载的应用程序选项，选择"卸载"按钮即可。

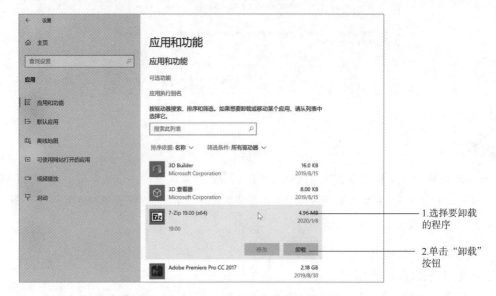

图 2-72　Windows 自带的卸载功能

2.6.9　任务管理器

在计算机使用过程中，有时会出现某些应用程序卡住无响应；有时需要优化开机启动项；有时磁盘利用率接近警戒线或CPU利用率过高，或想查看是哪一个程序占用过多的系统资源……当遇到上述问题时，可通过任务管理器解决。

1. 打开任务管理器

在"开始"按钮处右击，或在任务栏空白处右击均可出现"任务管理器"菜单项，如图2-73所示。

有时出现程序卡死，电脑无响应等非正常情况，此时可按下<Ctrl+Alt+Del>组合键打开系统界面，选择"任务管理器"选项。

图 2-73　"任务管理器"菜单项

2. 使用"任务管理器"管理程序

Windows "任务管理器"是很多用户经常使用的计算机管理工具，可以即时查看系统状态、管理性能；打开或关闭正在运行的程序、进程；启动或停止服务等，如图2-74所示。任务管理器的主要功能包括：

● 快速查看正在运行的程序状态。

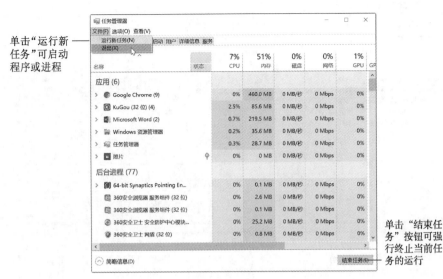

单击"运行新任务"可启动程序或进程

单击"结束任务"按钮可强行终止当前任务的运行

图 2-74　在任务管理器中启动和结束任务

- 终止未响应程序。
- 结束正在运行的程序。
- 运行程序。
- 显示计算机硬件动态信息。

小知识

使用"任务管理器"强制关闭程序可能会导致程序丢失工作内容，须慎用。例如在"任务管理器"中结束 Word 文档后会导致未保存的工作进度丢失。

3. "任务管理器"的各项功能

Windows 10 "任务管理器"的用户界面提供了进程、性能、应用历史记录、启动、用户、详细信息和服务等7个标签页，如图2-75~图2-80所示。

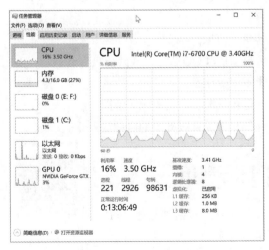

图 2-75　性能实时监控

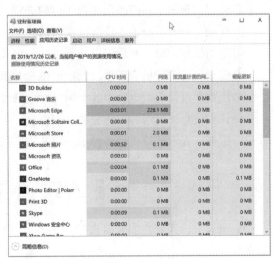

图 2-76　应用历史记录

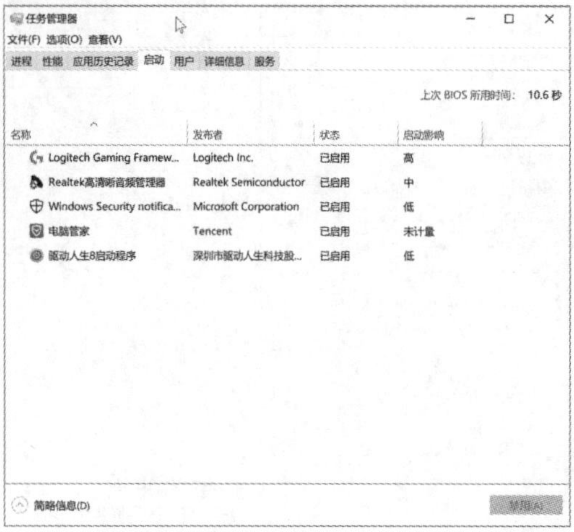

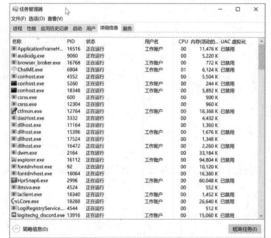

图 2-77　启动

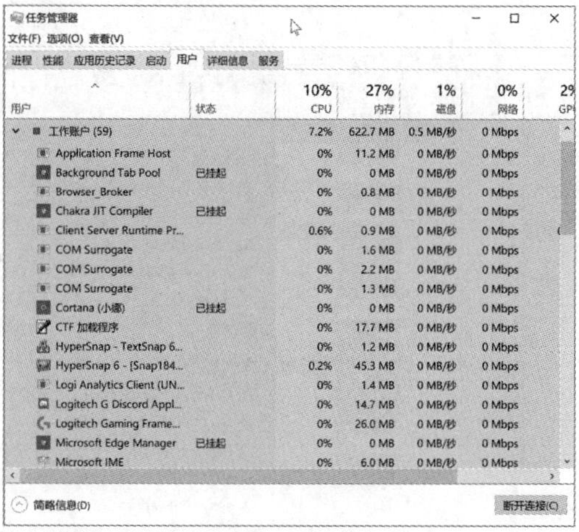

图 2-78　用户监控

图 2-79　详细信息

图 2-80　服务

① 进程：显示了所有当前正在运行的进程，包括应用程序、后台服务等。

② 性能：查看电脑的主要部件实时信息。

③ 应用历史记录：查看最近运行过的程序及其相关信息。

④ 启动：管理开机启动项，例如可设置开机后自动启动QQ软件，或禁止自启动。

⑤ 用户：可以看到电脑中各个用户对电脑性能占用的比率。

⑥ 详细信息：显示各项任务的详细信息，包括运行状态、占用资源等情况。

⑦ 服务：显示计算机中各种服务项的描述信息，允许设置服务项的启动或停止。

▌ 2.7　小工具巧利用

小工具巧
利用

Windows 10系统在安装时自带了许多实用程序和工具，包括浏览器、防火墙、磁盘管理、画图、屏幕截图、计算器、写字板等实用工具。本章着重介绍 Windows 系统自带的小工具，它们简洁的界面以及实用的功能性为大多数 Windows 系统的用户所赞赏。

2.7.1　磁盘管理

Windows 系统工具中与磁盘相关的常用工具有两个，一是磁盘清理，二是碎片整理和优化驱动器。它们可以在"开始"→"Windows管理工具"下拉列表中找到，如图2-81所示。

1. 磁盘清理

磁盘中长时间不用或用不到的文件建议定期清理，回收资源，加快计算机系统的运行速度。磁盘清理工具可以删除临时 Internet 文件、已安装程序、回收站、下载内容等。需要使用该功能时，可以依次单击"开始"→"Windows管理工具"→"磁盘清理"。在弹出的如图2-82所示对话框中选择需要清理的磁盘，即可进入如图2-83所示的对话框进行磁盘清理。

2. 碎片整理和优化驱动器

计算机在保存文件时，会优先将文件连续地保存在磁盘上，在删除文件时会空出对应存储空间，当用户再次存储新文件且磁盘无足够大的连续空间时就会将新文件拆分成数个

图 2-81　"Windows 管理工具"列表

部分存储在磁盘中，导致读取速度变慢，进而影响计算机运行速度。碎片整理工具可以将文件重新排序为连续存储的状态，提高计算机运行速度。

1.选择要清理的驱动器

2.单击"确定"按钮

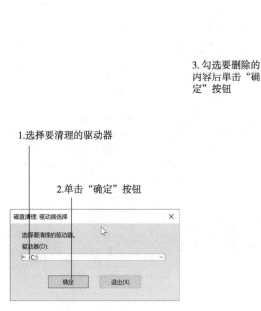

图 2-82　选择磁盘驱动器

3.勾选要删除的内容后单击"确定"按钮

图 2-83　磁盘清理对话框

需要使用该功能时，可以依次单击"开始"→"Windows管理工具"→"碎片整理和优化驱动器"。在弹出的如图2-84所示对话框中按图中操作顺序进行操作可进行碎片整理。

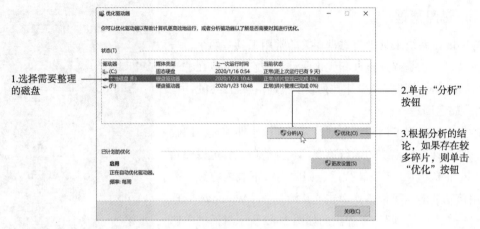

图 2-84　碎片整理和优化驱动器

2.7.2　Windows的核心——注册表

Windows操作系统使用何种硬件及驱动程序和参数？到哪里去装入硬件的驱动程序？设备可以使用哪些中断和端口？用户对资源有哪些权限？计算机上安装了哪些程序？每个程序可以创建哪些文档类型？这些问题都必须有明确的记录。Windows将其配置信息存储在一个称为注册表的数据库中。该注册表包含计算机中每个用户的配置文件、有关系统硬件的信息、安装的程序及属性设置。Windows在其运行中不断引用这些信息。实际上，无论对硬件还是软件的所有管理都可利用注册表来进行。注册表是Windows中的核心数据库。

1. 打开注册表

依次单击"开始"→"Windows管理工具"→"注册表编辑器"。在弹出的"是否允许对你的设备进行更改"提示框中单击"是"按钮，即可打开图2-85所示的注册表编辑器。或者在"开始"菜单中找到"运行"程序，输入"regedit"也可打开注册表。

图 2-85　"注册表编辑器"窗口

Windows将它的配置信息存储在以树状格式组织的注册表中。注册表由键（又称主键）、子键和键值项构成。一个键就是分支中的一个文件夹，而子键就是这个文件夹中的子文件夹。一个键值项则是一个键的当前定义，由名称、数据类型以及分配的值组成。一个键可以有一个或多个值，每个值的名称各不相同，如果一个值的名称为空，则该值为该键的默认值。

2. 注册表操作

① 打开注册表：在"开始"菜单的搜索框中输入 regedit 命令，即可搜索到 regedit.exe 程序，运行该程序后即可打开注册表。

② 更改值项：在注册表中寻找到需要更改的值项，双击打开"编辑字符串"对话框，更改相关数值数据。

③ 备份注册表：在注册表编辑器中选择"文件"→"导出"命令，将注册表以 reg 格式保存到安全位置。当注册表损坏需要恢复原状时，只需选择"文件"→"导入"命令，即可将以前保存的 reg 文件覆盖当前注册表。

还可以使用注册表控制计算机的"开机启动项"，按照以下路径依次打开文件夹即可找到开机启动项：HKEY_CURRENT_USER\Software\Microsoft\Windows\CurrentVersion\Run

右击需要关闭的选项，在弹出的快捷菜单中选择"删除"选项即可关闭该开机启动项，如图 2-86 所示。

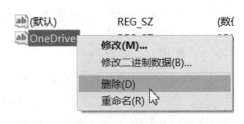

图 2-86　删除启动项

小知识

注册表是计算机中的关键数据库，各项参数不能随意删除或更改，否则将导致部分软硬件无法正常工作。

2.7.3　记事本和写字板

在如图 2-87 所示的"开始"→"Windows 附件"下拉列表中提供了一些简单的编辑小工具，如记事本、写字板、计算器、截图工具和画图等。

其中，记事本仅仅具有基本的文本编辑功能，其文件格式为 .txt 格式。记事本功能没有写字板强大，适于编写一些篇幅短小的文件，如图 2-88 所示。由于它使用方便快捷，应用也是比较多的，比如一些程序的 Readme 文件通常是以记事本的 .txt 形式存在的。一些程序源代码也是可以用记事本打开查看代码的。

写字板不仅涵盖了记事本的编辑功能，还具有其他丰富的功能，包括插入图片，对页面、字体及段落进行各种相对复杂的设置等，如图 2-89 所示。写字板文件格式默认为 .rtf 格式，同时支持 .docx、.odt 等文档格式。

图 2-87　"Windows 附件"下拉列表

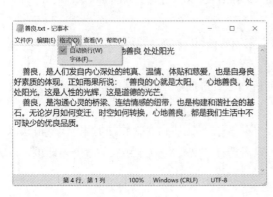

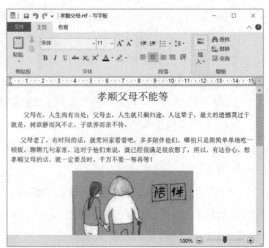

图 2-88　记事本　　　　　　　　　　　　图 2-89　写字板

2.7.4　画图和画图 3D

"Windows 附件"中提供了经典的"画图"工具用于平面图像处理，默认文件扩展名为.png，当然也可另存为常见的.jpg、.bmp、.gif、.tif 等图像格式。Windows 10 同时提供了"画图 3D"（Paint3D）工具，如图 2-90 所示。它可以看作是经典画图工具的升级演进版，带有 3D功能，拥有大量新颖的艺术工具，能制作三维模型，可保存为.glb、.3mf、.fbx 等 3D 模型格式，以及.mp4、.gif 等视频文件格式，如图 2-91 所示。

图 2-90　"开始"菜单的"画图 3D"工具　　　图 2-91　画图 3D 支持的文件格式

【实训 2-7】利用经典"画图"工具和"画图 3D"工具，创作绘图作品。

依次单击"开始"→"Windows 附件"→"画图"，在打开的新画布中，按照图 2-92~图 2-97 的步骤进行绘画。

1.利用形状工具╲
和◯绘制太阳，并
利用颜色工具▓和
填充工具🖌️进行黄
色填充

2.同理，利用其他形
状工具绘制房子并填
充颜色。

3.利用刷子工具🖌️
绘制绿色地平线，
并填充绿地

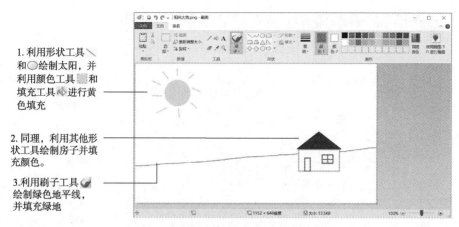

图 2-92 绘制太阳和房屋

5.单击此处切换到
"画图3D"

4.利用刷子工具🖌️
绘制云朵

图 2-93 绘制草地和白云

6.单击"3D形状"
打开右侧的对应
面板

7.选择"3D模型"
中的🧍🐶🐱
工具绘制人物和
动物，按提示旋
转并移动至合适
的位置

图 2-94 切换到 3D 画图绘制人物和动物

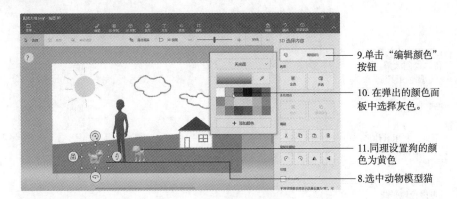

9.单击"编辑颜色"按钮

10.在弹出的颜色面板中选择灰色。

11.同理设置狗的颜色为黄色

8.选中动物模型猫

图 2-95 更换动物模型的颜色

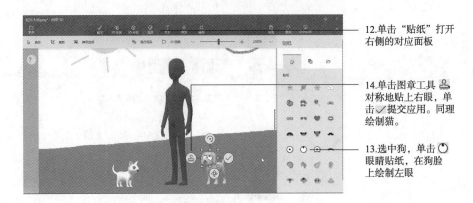

12.单击"贴纸"打开右侧的对应面板

14.单击图章工具 🖈，对称地贴上右眼，单击✔提交应用。同理绘制猫。

13.选中狗，单击 ⊙ 眼睛贴纸，在狗脸上绘制左眼

图 2-96 给动物模型贴上眼睛

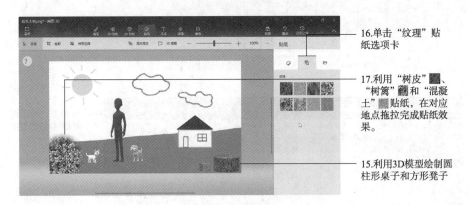

16.单击"纹理"贴纸选项卡

17.利用"树皮"■、"树篱"■和"混凝土"■贴纸，在对应地点拖拉完成贴纸效果。

15.利用3D模型绘制圆柱形桌子和方形凳子

图 2-97 绘制桌子和凳子

2.7.5 屏幕截图

平时大家经常会遇到一些需要截图的情况，下面介绍一些常用的快速截图方法。

1. Windows 截图工具

需要对当前屏幕截图时可以使用"Windows附件"中的"截图工具"功能，打开"截图工具"窗口后，单击"新建"按钮即可进入截图模式。单击菜单栏"模式"按钮，下拉

菜单中提供有任意格式截图、矩形截图、窗口截图和全屏幕截图 4 种截图模式，如图 2-98 所示。

截图时按住鼠标左键不放并拖动鼠标，放开时即可获得指定矩形区域内如图 2-99 所示截图。单击"截图工具"窗口的"编辑"→"复制"选项可将截图内容送进剪贴板，供后续粘贴。也可单击"文件"→"另存为"选项选择保存为图像文件。

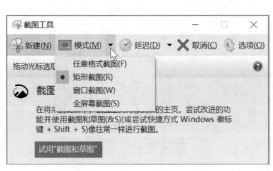
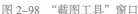

图 2-98 "截图工具"窗口   图 2-99 截图图片

2. 快捷键截图

利用键盘按键实现截图功能有 3 种常用方法。

第一种：按键盘 <PrtScrn> 键截屏，获取整个屏幕的图片，然后到想要粘贴的地方按 <Ctrl+V> 组合键进行粘贴就可以了。

第二种：按 < Alt+PrtScrn> 组合键截屏，获取当前窗口的图片，然后到想要粘贴的地方按 <Ctrl+V> 组合键进行粘贴就可以了。

第三种：启动 QQ 程序，使用 <Ctrl+Alt+A> 组合键截屏，可以在屏幕上的任何地方截屏。

小知识

在笔记本式计算机上，你可能会发现 <PrtScrn> 和其他功能键在同一个按键上。对于这类双功能的按钮，如果单按 <PrScrn> 键不起作用，则需要按 <Fn+PrtScn> 组合键才有截屏效果。

2.7.6 计算器

"Windows 附件"提供了运算功能丰富的"计算器"工具。默认是标准计算器界面，用户单击左上方按钮 ≡ 可打开如图 2-100 所示的下拉菜单，可切换为科学（见图 2-101）、程序员、日期计算等界面。还可根据当前汇率进行各国货币转换，以及容量、长度、重量和温度的相互转换计算。

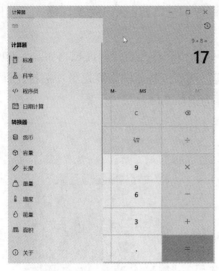

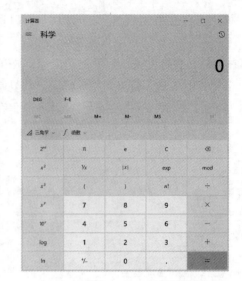

图 2-100 "计算器"功能菜单　　　　　图 2-101 科学计算器

本 章 小 结

本章介绍了操作系统的功能和分类，以及使用操作系统有两种方式：图形用户界面 GUI 和命令行界面 CLI。重点讲解了的启动与关闭；"开始"按钮、任务栏、菜单和对话框的使用；文件和文件夹的管理、个性化定制 Windows 等基本操作技能。通过实训例子的形式讲解了用户账户的建立和管理；计算机联网设置；磁盘清理和碎片整理等 Windows 高级技能。对 Windows 内置的小工具如记事本、写字板、画图、截图、计算器等的使用给出了详细操作步骤。

章 后 习 题

一、单选题

1. 下列关于操作系统的叙述，错误的是_____。

A. 操作系统是计算机系统中的一个应用软件

B. 操作系统是系统软件，可以直接运行在裸机之上

C. 操作系统负责管理计算机的资源

D. 操作系统是软件与硬件的接口，也是用户与计算机之间的"桥梁"

2. 关于操作系统，以下说法正确的是_____。

A. Android 操作系统主要使用于便携设备

B. 一台计算机不能安装多个操作系统

C. UNIX 和 Linux 都是免费系统，可以自由安装并任意修改软件的源代码

D. Windows 是运行于 Mac 系列计算机的操作系统

3. 操作系统的"多任务"是指_____。

A. 可以同时由多个人使用　　　　　B. 可以同时运行多个程序

C.　可连接多个设备运行　　　　　　D.　可以安装多种软件

4.　Windows 10 安装成功后，将生成 3 个系统文件夹，以下_____不是 3 个文件夹之一。

    A.　Windows 文件夹　　　　　　　　B.　用户文件夹

    C.　Program Files 文件夹　　　　　　D.　Drivers 文件夹

5.　下列关于快捷方式的叙述，错误的是_____。

    A.　图标的左下角带有弯弯的小箭头，则表示它是快捷方式图标

    B.　与快捷方式关联的不一定是应用程序，也可以是其他类型的文件

    C.　某对象对应的快捷方式包含了对象本身

    D.　快捷方式可以放在桌面、"开始"菜单或文件夹中

6.　从 Windows 桌面上删除一个快捷方式图标，说法正确的是_____。

    A.　该快捷方式对应的程序也被删除

    B.　该快捷方式图标对应的程序将不能正常运行

    C.仅删除桌面该快捷方式

    D.　快捷方式图标一旦删除就无法重新建立

7.　在 Windows 中，双击窗口的标题栏，操作结果是_____。

    A.　最大化窗口或还原窗口　　　　　B.　最小化窗口

    C.　关闭窗口　　　　　　　　　　　D.　移动窗口

8.　若出现鼠标故障而不能使用时，用键盘打开"开始"菜单的操作是_____。

    A.　按<Alt+Tab>组合键　　　　　　B.　按<Ctrl+Esc>组合键或<Win>键

    C.　按<Ctrl+Alt+Del>组合键　　　　D.　按<Ctrl+Shift>组合键

9.　如果设置了"任务栏"自动隐藏，在需要使用"任务栏"时，应_____。

    A.　重新安装 Windows 系统

    B.　重启 Windows 系统

    C.　只能执行取消"任务栏"的自动隐藏属性操作

    D.　将鼠标指针指向桌面的边界并停留，任务栏就会出现

10.　在 Windows 中，下列文件名中错误的是_____。

    A.　A<B.C　　　　　　　　　　　　B.　My Program Group

    C.　filefilebas　　　　　　　　　　　D.　ABC.FOR

11.　在 Windows 中，文件扩展名用来区分文件的_____。

    A.　存放位置　　　B.　建立日期　　　C.　类型　　　　D.　大小

12.　文件"路径"描述的是_____。

    A.　文件的类型　　　　　　　　　　B.　文件在外存中存储的目录位置

    C.　程序文件的执行结果　　　　　　D.　文件的存储容量

13.　一个文件的路径为"C :\ Windows \System32\back\a1.txt"，其中的 back 表示_____。

    A.　文件名　　　　B.　系统文件　　　C.　根文件夹　　　D.　文件夹

14.　下面关于"回收站"和"剪贴板"的对比，叙述错误的是_____。

    A.　"剪贴板"所占的空间由系统控制，而"回收站"所占的空间可由用户设定

  B. "回收站"和"剪贴板"都可用于暂存文件信息，"回收站"可将文件信息长期保存，
   "剪贴板"则不能

  C. "回收站"和"剪贴板"均可用于文件内部内容或文件之间的信息交换

  D. "回收站"是硬盘中的一块区域，而"剪贴板"是内存中的一块区域

15. 在"回收站"窗口中，若执行"清空回收站"操作，则_____。

  A. "回收站"中的文件或文件夹仍保留，同时被恢复到删除时的位置，硬盘可用空间缩小

  B. "回收站"被清空，其中的文件或文件夹被恢复到删除时的位置，硬盘可用空间保
   持不变

  C. "回收站"被清空，其中的文件或文件夹被从硬盘彻底清除，硬盘可用空间扩大

  D. "回收站"被清空，其中的文件或文件夹被恢复到用户指定的位置，硬盘可用空间
   保持不变

16. Windows 的"回收站"可以存放的有_____。

  A. 硬盘上被删除的文件或文件夹   B. U盘上被删除的文件或文件夹

  C. 移动存储器上被删除的文件或文件夹 D. 所有外存储器中被删除的文件或文件夹

17. 在 Windows 中，对"剪贴板"的描述中，错误的是_____。

  A. "剪贴板"是系统在硬盘上开辟的一段临时存储空间

  B. "剪贴板"可作为文件内部或文件之间进行信息交换的中转站

  C. "剪贴板"的内容是随着用户的复制、剪切等操作而动态改变的

  D. 一旦断电，"剪贴板"中的内容将不复存在

18. 若要把当前窗口截屏复制到剪贴板中，则应该使用组合键_____。

  A. <Ctrl+PrintScreen>   B. <Alt+PrintScreen>

  C. <PrintScreen>   D. <Shift +Print Screen>

19. 若要把剪贴板上的信息粘贴到某个文档窗口的插入点处，则可按组合键_____。

  A. <Ctrl+C>   B. <Ctrl+V>   C. <Ctrl+X>   D. <Ctrl+Z>

20. 所谓"磁盘碎片"，指的是_____。

  A. 磁盘上不能存放信息的存储空间

  B. 硬盘读写过程中产生的存储空间不连续的文件

  C. 磁盘上损坏的存储空间

  D. 磁盘上空闲的存储空间

二、上机操作题

1. 设置任一款拼音输入法的模糊音属性，使该输入法不再区分zh、z、sh、s、ch、c的读音。

2. 查看磁盘属性：查看C盘的文件系统类型、总容量、可用空间及卷标等信息，把C盘的
名称设置为"我的系统盘"。

3. 浏览文件（夹）：分别选用大图标、列表、详细信息等方式浏览C:\Windows 文件夹中的
内容，观察各种显示方式的区别；分别按名称、大小、类型和修改日期对C:\Windows 文件夹中
的内容进行排序，观察4种排序方式的区别。

4. 用"记事本"建立一个文件，利用数学符号软键盘输入"20÷3≈6.7"，然后以aa.txt为

文件名保存到"桌面"。

5.　分别用两种方法在桌面上创建"计算器"应用程序的快捷方式图标，名称分别为"计算器1""计算器2"，并将Windows的桌面图标按项目类型自动排列。

6.　查看"计算器1"快捷方式对应的目标，将目标对应的路径和程序名复制粘贴到aa.txt文档末尾。将"计算器2"快捷方式锁定在任务栏。删除桌面上的"计算器2"快捷方式。

7.　搜索Windows帮助和支持，将"设置无线网络"的帮助信息保存到上题的文件aa.txt末尾并保存，并设置aa.txt文本文件为只读属性。

8.　在"运行"对话框中输入"cmd"打开命令行窗口，将该窗口通过屏幕截图工具将窗口截图复制粘贴到新建的写字板文件bb.rtf中，并保存到桌面。

9.　打开设置的"个性化"窗口，更改桌面背景为图片列表中的第一张图片，图片位置为拉伸方式；设置锁屏界面背景为"幻灯片放映"。

10.　打开设置的"电源和睡眠"窗口，设置在接通电源的情况下，10分钟之后关闭屏幕。

11.　设置在桌面模式下自动隐藏任务栏，任务栏已满时合并任务栏按钮。

12.　请用画图工具设计一幅画，主题是"迎风飘扬的五星红旗"。

工匠精神 >>>>>>

中国北斗，写照自主创新的志气

人民网北京6月23日电：完美收官，星耀全球！2020年6月23日9时43分，我国在西昌卫星发射中心用长征三号乙运载火箭，成功发射北斗系统第五十五颗导航卫星，暨北斗三号最后一颗全球组网卫星，至此北斗三号全球卫星导航系统星座部署比原计划提前半年全面完成。

二十载漫漫"北斗路"，今天立下历史性的里程碑。

"北斗系统已成为中国实施改革开放40年来取得的重要成就之一。"习近平总书记在联合国全球卫星导航系统国际委员会第十三届大会的贺电中如是评价。作为中国自主建设、独立运行的全球卫星导航系统，随着应用的深入，北斗的大国重器角色日渐浓重。

作为中国自主创新的结晶，北斗导航系统的发展历程，浓缩着中国科技创新的不凡之路，写照着中国人向着星辰大海进发的不屈志气。正如北斗一号卫星总指挥李祖洪所说："北斗的研制，是中国人自己干出来的。"巨人"对我们技术封

火箭点火发射瞬间

锁，不让我们站在肩膀上，唯一的办法就是自己成为巨人。"今天，北斗导航卫星单机和关键元器件国产化率达到100%，北斗导航系统为我们带来的将不仅是更精准的定位、更精确的数据，更是充足的战略底气和安全感。

核心技术往往具有通用特点，能够深度融入社会生活，渗透到经济社会发展的各个方面。北斗导航系统正是这样。不久前，在备受瞩目的珠峰测高中，北斗导航系统就发挥了重要作用。为武汉火神山医院建设提供高精度定位、精确标绘，支持无人机实现精准喷洒等防疫作业的，也正是北斗导航系统。其实，近年来，从在地质灾害多发地区实现实时监测、及时报警，到在广袤田野上大展身手，助力劳动生产效率大幅提升，再到在7万余艘渔船、650多万辆营运车辆上守护交通运输安全，越来越"接地气"的北斗导航系统，正在为各行各业赋能，产生显著的经济效益和社会效益。而数据显示，如今在中国入网的智能手机里，也已经有70%以上提供了北斗导航系统服务。相信随着北斗导航系统广泛进入大众消费、共享经济和民生领域，它将进一步改变人们的生产生活方式，为每一个人的美好生活助力。

从当前看向长远，新冠肺炎疫情冲击加速了数字经济到来的步伐，而数字经济的发展也需要更加精准的导航系统。犹如城市运转离不开水和电一样，时间基准和空间位置基准对数字经济至关重要。许多新型基础设施建设就离不开北斗导航系统的赋能。正如北斗三号卫星总设计师陈忠贵所说，"北斗导航系统是新基建的基建，是基础的基础"。同时，在工业互联网、物联网、车联网等新兴应用领域，北斗导航系统正助力自动驾驶、自动泊车、自动物流等创新应用加速发展。相信未来，随着"北斗+""+北斗"产业体系不断丰富完善，5G、数据中心等新基建也将不断提速，从而开启数字经济与智慧社会的巨大发展空间。

"这些成就凝结着新时代奋斗者的心血和汗水，彰显了不同凡响的中国风采、中国力量。"2020年新年前夕，国家主席习近平在新年贺词中充满了对北斗的期待，暖心提气，催人奋进。北斗全球系统的按期建成，既是大国承诺，也是强国标志，再一次向全世界奏响中国的时代强音。

第 3 章

Word 的使用

本章内容提要:

- Word 基本操作
- Word 文档的美化
- Word 图文编辑
- Word 表格的制作
- Word 高级编辑技巧

本章预告

计算机的文字信息处理技术是指利用计算机对文字资料进行录入、编辑、排版、文档管理的一种先进技术。优秀的文字处理软件必须有友好的用户界面、直观的屏幕效果、丰富强大的处理功能、方便快捷的操作方式以及易学易用等特点。常用的办公自动化软件有 Microsoft 公司的 Microsoft Office 系列和金山公司的 WPS Office 系列。Microsoft 公司的 Office 系列因其办公处理能力出色、操作便捷已成为办公自动化软件的主流,而金山公司的国产优秀办公软件 WPS Office,极具中国特色,提供了一个专注中文、开放高效的办公平台,其稿纸模式和符合中文行文习惯的模板能较好地满足现代中文办公的要求。

Word 2016 是 Microsoft Office 2016 套装软件中的主要组件之一,提供了非常方便和强大的编辑排版功能,是重要的文字处理和排版工具,不但可以帮助我们制作出各类精美的文档,还可以提高工作效率,是日常办公的好帮手。

▌3.1 初识 Word 2016——基本操作

Word 是 Microsoft Office 套装软件中的主要组件之一,集编辑文本、图文排版和文档打印等功能于一体,让用户能方便地处理文字、图形和数据,可制作出专业的简历、精美的报告等文档。Office 2016 提供有 32 位和 64 位的安装包,Windows 10 操作系统也包含 32 位和 64 位操作系统,理论上来说 64 位的 Office 软件速度快一点,但 32 位的操作系统仅能安装 32 位的 Office 2016 版本,不可安装 64 位 Office 2016 版本,而 64 位操作系统系统可以装 32 位和 64 位的 Office 2016 版本。

Office 2016 办公软件提供有多个版本,有家庭与学生版、企业版和专业版等,另外,微软还推出了 Office 365。Office 365 拥有与 Office 2016 相同的应用程序,并且始终保持最新,可从任意位置访问。

Office 365 与 Office 2016 的区别如下：

① Office 365 是一个网络服务，Office 2016 是一个本地应用。

② Office 365 可以比 Office 2016 支持更多的设备。

③ Office 2016 购买后可以一直使用，后续升级需要另外付费；而 Office 365 属于订阅的方式，可以按月或按年付费。

④ Office 365 是基于网络的 Office，在使用过程中，会与网络有更紧密的联系。

本章将以 Word 2016（简称为 Word）为例，详细介绍 Word 2016 的基本操作。

Word 的基本操作包括建立新文档、保存文档、打开文档、关闭文档等基本技巧。在文档中输入文字后，学习选取文字技巧，然后再练习利用复制、移动、删除、查找、替换的功能编辑文档，以及打印文档。

3.1.1 创建第一个文档

文档的操作

使用 Word 2016 可以进行文字编辑、图文混排及制作表格等多种操作，但前提是要掌握 Word 文档的基本操作方法。因此，我们首先来学习如何新建、保存和打开文档。

1. 新建文档

新建 Word 文档前首先需要启动 Word 程序，方法为：单击屏幕左下角的"开始"按钮，在打开的"开始"菜单中单击选择"Word 2016"选项，即可启动 Word 程序。软件启动完成后，按 <Enter> 键或 <Esc> 键，或者单击"空白文档"选项，即可进入空白文档界面。

除了用上述方法新建空白 Word 文档，还可以通过下面的方法创建。

① 在 Word 环境中切换到"文件"选项卡，在左侧窗格单击选择"新建"选项，在右侧窗格中单击"空白文档"选项即可。

② 在 Word 环境下，按下 <Ctrl+N> 组合键，可直接创建一个空白 Word 文档。

③ 右击桌面空白处，在弹出的快捷菜单中依次单击选择"新建"→"Microsoft Word 文档"选项，可在桌面上创建一个名为"新建 Microsoft Word 文档"的文档，双击将该文档打开，即可直接进入空白文档的操作界面。

2. 根据模板创建新文档

Word 还提供了利用模板建立文档的方法。模板是一种特殊文档，它具有预先设置好的、最终文档的外观框架，用户不必考虑格式，只要在相应位置输入文字。利用这些模板，用户可快速创建各种专业的文档。

3. 保存文档

在 Word 中进行的各种编辑工作都是在内存中完成的，要长期保存这些操作，必须将处理过的文档存到外存上，保存文档可分为对文档进行保存、对文档进行另存两种情况。保存的文档默认扩展名为 .docx。

（1）保存文档

单击快速访问工具栏中的"保存"按钮🖫，或者切换到"文件"选项卡，单击左侧窗格中的"保存"选项或者使用 <Ctrl+S> 组合键。

（2）另存文档

将已保存过的文档以另外的名称或类型保存到其他位置的操作称为"另存文档"，这样可以不覆盖原来的文档。

方法是：单击选择"文件"选项卡→"另存为"选项，打开"另存为"对话框，设置存储位置及文件名等信息后，单击"保存"按钮即可。

【实训3-1】设置文档保存自动恢复信息时间间隔。

在编辑 Word 文档时，如果突然发生意外，比如断电的情况，可能会丢失文档，这时可以设置自动保存恢复的时间间隔，就能恢复最近时间操作后的文档。

在 Word 2016 中，后台"保存自动恢复信息的时间间隔"默认为 10 分钟，我们可以设置为 1 分钟，操作方法如下：

① 在 Word 文档窗口中，单击选择"文件"选项卡→"选项"选项，打开"Word选项"对话框。

② 在对话框中选择"保存"选项卡，选择"保存自动恢复信息时间间隔"复选框，在该框右侧的数值框中设置为"1"分钟，如图3-1所示。

图 3-1　保存自动恢复信息的时间间隔

3.1.2　打开与关闭文档

当需要对已存在的文档进行浏览或修改时，可通过打开文档来实现；而对文档的操作结束后也需要关闭它。

1. 打开文档

打开文档就是将存储在外存上的文件调入内存，供用户进行编辑。Word提供了多种打开文档的方法，可以通过下面的3种方式进行。

方法1：在"我的电脑"或"资源管理器"中，双击要打开的文档。

方法2：在打开Word的情况下，单击快速访问工具栏上的"打开"按钮。

方法3：在打开Word的情况下，单击选择"文件"选项卡→"打开"选项。或者按<Ctrl+O>组合键也可以打开文档。

2. 关闭文档

对文档进行保存后，就可以将文档关闭了。关闭文档也有多种方法。

方法1：单击Word窗口右上角的"关闭"按钮。

方法2：单击选择"文件"选项卡→"关闭"选项。

3.1.3　视图模式

单击"视图"选项卡，可以看到 Word 2016 有 5 种视图，分别是：

① 阅读视图：最大特点是便于用户阅读文档。它模仿书本阅读的方式，让人感觉在翻阅书籍。阅读视图以图书的分栏样式显示文档，"开始"按钮、功能区等窗口元素被隐藏起来。

② 页面视图：这种视图下显示的文档与打印出来的结果几乎是完全一样的，也就是"所见即所得"。文档中的页眉、页脚、分栏等显示在实际打印的位置。页面视图是文档的默认视图。

③ Web 版式视图：以网页的形式显示文档，是专门为了浏览编辑网页类型的文档而设计的视图，在此模式下可以直接看到网页文档在浏览器中显示的样子。在此视图下，文档的段落根据软件窗口的大小而调整文字的换行。

④ 大纲视图："大纲视图"主要用于设置、显示标题的层级结构，并可以方便地折叠和展开各种层级，广泛用于长文档的快速浏览和设置。

⑤ 草稿视图：这种视图可以完成大多数的录入和编辑工作。也可以设置字符和段落格式，但是只能将多栏显示为单栏格式，页眉、页脚、页号、页边距等显示不出来。在草稿视图下，页与页之间使用一条虚线表示分页符，这样更易于编辑和阅读文档。

3.1.4　编辑文档内容

在文档中输入相应的内容后，还可运用复制、粘贴、移动、查找和替换等功能对这些内容进行相应的编辑，从而使文档更加完善。

1. 输入文本内容

定位好光标插入点后，切换到自己惯用的输入法，然后输入相应的文本内容即可。

除了输入普通的文字、数字外，偶尔还需要输入一些特殊符号，下面以输入☑为例，介绍特殊符号的输入方法。

① 将光标插入点定位在需要插入符号的位置，在"插入"选项卡内单击选择"符号"组中的"符号"选项。

② 在弹出的下拉列表中单击选择"其他符号"选项，弹出"符号"对话框，展开"字体"下拉列表框，选择"Wingding2"选项，在列表框中翻查并选中需要的符号☑，如图 3-2 所示。

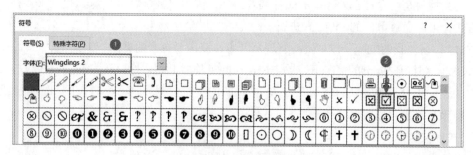

图 3-2　输入特殊符号

2. 选定文本

用户对文本进行操作之前，需要先选择文本。熟练掌握选择文本的方法，将有助于提高工作效率。利用鼠标及键盘选取文本的方法如表 3-1 所示。

表 3-1　常用的选定技巧

选 取 范 围	操 作 方 法
字/词	双击要选定的字/词
句子	按住 <Ctrl> 键，单击该句子
行	单击该行左侧的文本选定区
段落	双击该行左侧的文本选定区；或在该段的任意处三击
矩形区域	按住 <Alt> 键，拖动鼠标
一大块文字	单击所选内容的开始，然后按住 <Shift> 键在所选内容的结束处单击
一行中插入点之前的文本	定位插入点，按 <Shift + Home> 组合键
一行中插入点之后的文本	定位插入点，按 <Shift + End> 组合键
全文	鼠标左键三击左侧的文本选定区；或采用 <Ctrl + A> 组合键
多个不连续的文字	先拖动想要选取的文字，然后按住 <Ctrl> 键，继续拖动想选取的范围

3. 复制与移动文本

在编辑文档的过程中，经常会遇到需要重复输入部分内容，或者将某个词语或段落移动到其他位置的情况，此时通过复制或移动操作可以大大提高文档的编辑效率。

（1）复制文本

对于文档中内容重复部分的输入，可通过复制、粘贴操作来完成，从而提高文档编辑效率，复制文本的方法主要有两种。

① 选中要复制的文本内容，在"开始"选项卡的"剪贴板"组中单击"复制"按钮，将选中的内容复制到剪贴板中，然后将光标插入点定位在要输入相同内容的位置，单击"剪贴板"组中的"粘贴"按钮即可。

② 选中文本后按 <Ctrl+C> 组合键，或右击选中文本，弹出快捷菜单，选择"复制"命令，也可执行复制操作。复制文本后，按 <Ctrl+V> 组合键，或在光标插入点所在位置处右击，在弹出的快捷菜单中选择"粘贴"命令，也可执行粘贴操作。

（2）移动文本

在编辑文档的过程中，如果需要将某个词语、句子或段落移动到其他位置，可通过剪切、粘贴操作来完成。

操作方法为：选中要移动的文本内容，在"开始"选项卡的"剪贴板"组中单击"剪切"按钮，将选中的内容复制到剪贴板中，然后将光标插入点定位在要移动的目标位置，单击"剪贴板"组中的"粘贴"按钮，即可看到原位置中的文本内容被移动到该处。

（3）无格式粘贴

对文本进行复制操作时，往往会将文本的格式一同进行复制。如果是复制网页上的文本，不仅文本格式很多，而且还有图片等内容，采用无格式粘贴可以只保留单纯的文本内容，而去除文本格式和图片等信息。在"粘贴选项"组中选择"只保留文本"选项即可进行无格式粘贴，或者在"选择性粘贴"对话框中选择"无格式文本"，如图 3-3 所示。

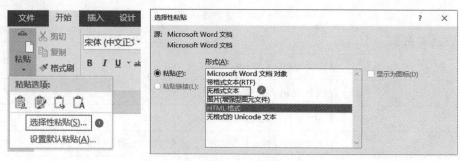

图 3-3　无格式粘贴

4. 删除文本

用 <Backspace> 键或 <Delete> 键可逐个删除字符，但如果要删除大量的文字，可先选定要删除的文字，然后按 <Backspace> 键或 <Delete> 键删除。

5. 撤销和恢复操作

在文档的处理过程中，如果进行了误操作，可以单击快速启动工具栏上的"撤销"按钮，使文本恢复为原来的状态。如果还要取消再前一次的操作，可继续单击"撤销"按钮。

快速启动工具栏上还有一个"恢复"按钮，其功能与"撤销"按钮正好相反，它可以恢复被撤销的一步或任意步的操作。

6. 查找与替换

当文档中有需要在冗长的文章中查找某个字符串，或是有大量相同的名词或字符串需要更改，就可以通过查找与替换的功能，快速完成此工作。查找与替换可以通过单击"开始"选项卡→"编辑"组中的相应按钮实现，也可以通过按 <Ctrl+F> 组合键（查找）或 <Ctrl+H> 组合键（替换）实现。

【实训 3-2】将已存在 Word 文档"范文 .docx"中的"硬盘"替换成华文彩云、红色、加粗的"硬盘驱动器"。

操作方法如下：

单击"开始"选项卡，在"编辑"组单击选择"替换"选项，弹出"查找与替换"对话框，在"查找内容"文本框中输入查找内容；在"替换为"文本框中输入替换后的内容。单击对话框的"更多"按钮，在下方展开区域中再单击"格式"→"字体"选项，打开"查找字体"对话框，在这里可以对鼠标定位器所在文本框中的文本格式进行设置，如鼠标定位在"替换为"文本框中，则设置的是替换后的文字的格式。最后单击"全部替换"按钮即可完成替换，如图 3-4 所示。

若要快速删除文本中相同的内容，可以在"查找内容"文本框中输入要删除的内容，

图 3-4　"查找与替换"对话框

在"替换为"文本框中不输入任何文字,执行替换操作即可将选定文字删除。

3.1.5　多窗口和多文档

Word 允许同时打开多个文档进行编辑,每个文档对应一个窗口,这些窗口可以快速进行切换。在"视图"选项卡"窗口"组中单击"切换窗口"按钮,在展开的列表中用编号方式列出了所有被打开的文档。其中只有一个文档名称前有√符号,表示该文档窗口是当前文档窗口。单击列表中的文档名称,可切换到相应的文档窗口。

Word 的文档窗口可以拆分为 2 个窗口,这样可以方便编辑文档。单击"视图"选项卡"窗口"组的"拆分"按钮,可看到文档窗口被分成 2 个,如图 3-5 所示。用户可以在这 2 个窗口间对文档进行各种编辑操作。将窗口进行拆分后,"拆分"按钮变成"取消拆分"按钮,单击该按钮,可以将拆分了的窗口合并为一个窗口。

图 3-5　多窗口和多文档

3.1.6　预览与打印

当文档编辑完成后,可以利用打印预览功能,查看打印效果。

1. 打印预览

Word 可以在屏幕上模拟显示打印的效果。在正式打印之前,可以利用打印预览功能先在屏幕上看一下打印的总体效果,如不满意,可以返回编辑状态进行修改,直到满意后再打印。

2. 打印

单击选择"文件"选项卡→"打印"选项,弹出"打印"对话框,这时屏幕上会显示文档的打印预览效果。设置要打印的份数、打印范围、单/双面打印、打印方向和纸张类型等参数,再单击"打印"按钮打印文件。

3.2　玩转 Word 2016——文档的美化

美化文档就是通过对文档的字体、字号、颜色和缩进,以及页面布局等进行设置,来提升文档的表现力,使其变得醒目美观,帮助读者提升阅读的效率。

字体设置

3.2.1 设置字体格式

字体格式包括字体、字号、字形、颜色、上下标、文字效果和字符间距等。

【实训3-3】打开已存在的文档"范文.docx"，将标题的文字格式设置为方正姚体、加粗、四号、红色并加波浪下画线，设置字符间距为加宽，磅值为1磅，文字效果为发光，发光预设为"发光，5pt发光，个性色2"。

操作方法如下：

① 打开文档"范文.docx"。

② 选定标题，右击弹出快捷菜单，选择"字体"选项，弹出"字体"对话框。

③ 单击选择"字体"对话框的"字体"选项卡，按照图3-6所示设置字体格式。

④ 单击选择"字体"对话框的"高级"选项卡，按照图3-7所示设置字符间距、文字效果。

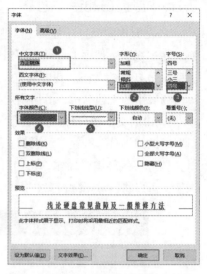

图 3-6 设置文字字体

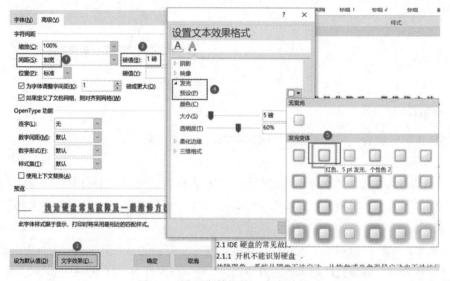

图 3-7 设置字符间距、文字效果

3.2.2 设置段落格式

使用Word编辑文档时，可以对段落的对齐方式、缩进方式、段落间距、行距等进行设置。文档中的回车符是段落的结束标记。

1. 设置对齐方式

在Word中，段落的对齐方式有左对齐、居中、右对齐、两端对齐和分散对齐5种。Word 2016默认的段落对齐方式为两端对齐，若要更改为其他对齐方式，在"开始"选项卡"段落"组中单击需要的对齐方式按钮即可，如图3-8所示。

段落设置

图 3-8　设置对齐方式

2. 设置段落缩进

段落缩进是指文本和文档页边距之间的距离，有左缩进、右缩进、首行缩进和悬挂缩进 4 种类型。Word 中通常默认段落的左右缩进量都是零。设置段落的缩进可以通过 Word 窗口中的标尺，或使用"开始"选项卡"段落"组中的按钮进行设置，或单击"段落"组右下角的对话框启动器按钮，打开"段落"对话框来设置。

① 左缩进：指整个段落向右缩进一定的距离。

② 右缩进：指整个段落的右边整体向左缩进一定的距离。

③ 首行缩进：指文本的每一段第一行的第一个字符的缩进空格位，中文普遍采用的是首行缩进两个字符的格式。

④ 悬挂缩进：指段落的首行起始位置不变，其余各行都缩进一定的距离，常用于项目列表等内容中。

3. 设置行间距和段落间距

行间距是指段落中各行文字间的垂直距离，段落间距是段落与段落之间的距离。设置行间距和段落间距可通过在"开始"选项卡"段落"组中单击"行和段落间距"按钮

进行设置，或者在"段落"对话框中进行设置。

【实训 3-4】打开已存在的文档"范文 .docx"，将"摘要"段落的格式设置为首行缩进 2 字符，左、右各缩进 5 个字符，段前间距为 1 行，行距为固定值 20 磅。

操作方法如下：

① 打开文档"范文 .docx"。

② 选择"摘要"的全部内容，右击弹出快捷菜单，选择"段落"选项，打开"段落"对话框。

③ 按照图 3-9 所示的对话框中的步骤进行操作。

3.2.3　使用样式

样式是指系统预定义或者用户自定义的一系列排版格式，包括字体和段落等设置内容。使用样式不仅可以很方便地编排具有统一格式的段落，而且可以使文

样式设置

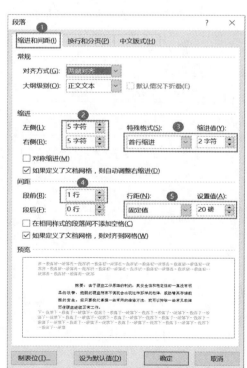

图 3-9　"段落"对话框

档整体保持格式一致。Word不仅预定义了标准样式，还允许用户自定义以及修改样式。

Word中的样式分为字符样式和段落样式两种。字符样式保存了字符的格式化信息，包括字体、字号、粗体、斜体以及其他效果等；段落样式保存了字符和段落的格式，如段落中文本的字体和字号、对齐方式、行间距及段间距等。

1. 使用样式

首先选定要使用样式的文字，然后在"开始"选项卡"样式"组中选择相应的样式，例如标题1、标题2样式，如图3-10所示。单击"样式"组右侧的"其他"按钮，可打开"样式"列表，有更多的样式选择。如果列表中没有想要的样式，可以新建样式。

图3-10 "样式"组

2. 新建样式

用户可以自定义所需样式，下面通过例子来介绍这种方法。

【实训3-5】打开已存在的文档"范文.docx"，新建样式"练习标题"，将文字的格式设为华文行楷、红色、三号，对齐方式为居中，将"练习标题"样式应用在该文档的标题上。

操作方法如下：

① 打开文档"范文.docx"，将光标定位在文档的标题处，单击"开始"选项卡→"样式"组右下角的对话框启动器按钮，在弹出的"样式"窗格中单击"新建样式"按钮，如图3-11所示，打开"根据格式化创建新样式"对话框。

② 按照如图3-12所示的对话框进行操作。单击"格式"按钮，在列表中选择"字体"选项可以设置字体格式，选择"段落"可以设置段落格式，"对齐方式"在"段落"中设置。

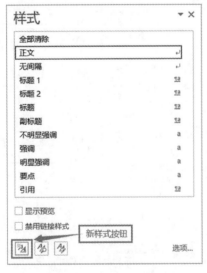

图3-11 "样式"窗格

图3-12 "根据格式设置创建新样式"对话框

③ 选定文档标题，然后在"样式"窗格中单击"练习标题"样式，将它应用于本文的标题。注意：新建样式时，Word默认光标所在的那段文字会自动应用新建的样式。

3. 修改、删除样式

若样式的某些格式设置不合理，可根据需要进行修改。修改样式后，所有应用了该样式的文本都会发生相应的格式变化，提高了排版效率。在"样式"窗格中选择需要修改或删除的样式名称，再单击其右侧的下拉按钮，在打开的下拉列表中根据需要选择相应的选项，即可修改或删除样式。

3.2.4　应用文档主题

Word 的主题是一套具有统一设计的包括颜色、字体和效果在内的格式选项。为文档应用主题后，所有的文档都有统一的格式。

1. Word 内置主题

Word 内置了很多主题，文档可以直接应用这些主题。

【实训 3-6】在"范文.docx"文档中应用 Word 内置的"平面"主题样式。

操作方法如下：

① 打开"范文.docx"文档，在"设计"选项卡→"文档格式"组中单击"主题"按钮。

② 在弹出的下拉列表中以图示的方式罗列了"Office""环保""回顾""平面"等三十几种内置的主题样式，这里选择"平面"选项，如图 3-13 所示，即可为文档中的文字和图形应用该主题样式。

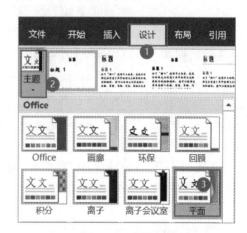

图 3-13　应用主题

2. 自定义主题

在日常使用 Word 的时候，我们经常会使用各种 Word 主题进行文档的编辑，但这些 Word 自带的主题往往不能够满足我们的要求，可以根据实际需要新建主题，让自己的主题更具有个性化，更加绚丽多彩。创建自定义的主题主要是对主题的颜色、字体进行设置。

① 自定义主题颜色：在"设计"选项卡→"文档格式"组中单击"颜色"按钮，在弹出的下拉列表中显示了所有内置的主题颜色样式，可以对已经设定的主题和样式集进行颜色样式集的更改。

② 自定义主题字体：在"设计"选项卡→"文档格式"组中单击"字体"按钮，在弹出的下拉列表中显示了所有内置的主题字体样式，选择"自定义字体"选项，打开"新建主题字体"对话框，可以设置各种字体格式。

3.2.5　设置项目符号和编号

在 Word 中可以方便地为各级标题添加项目符号或编号，使文档条理清晰，层次清楚。设置方法如下：

选定要设置项目符号或编号的文字，然后单击"开始"选项卡→"段落"组的项目符号 按钮右侧的下拉按钮，弹出图 3-14 所示项目符号下拉列表或图 3-15 所示的编号格下拉列表，选择相应的项目符号或编号即可。若下拉列表中没有需要的项目符号或者编号格式，可单击"定义新项目符号"或"定义新编号格式"选项进行自定义设置。

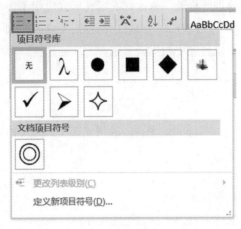

图 3-14　设置项目符号　　　　　　　　　图 3-15　设置编号

3.2.6　设置页眉、页脚和页码

页眉页脚的设置

页眉和页脚是指在每一页的顶部和底部加入的信息，可以是文字或图形。页眉文字内容一般是书名、章节等信息，页脚通常是页码信息。Word 文档默认是没有页码的，单击"插入"选项卡→"页眉和页脚"组→"页码"按钮，可以根据需要设置页码。

【实训 3-7】打开已存在的文档"范文.docx"，在页眉处插入"科技论文"，页脚处插入"2020 年第 1 期"，居中显示。

操作方法如下：

① 打开文档"范文.docx"。

② 单击"插入"选项卡→"页眉和页脚"组→"页眉"按钮，在下拉列表中选择"空白"，文档页眉处变为可编辑状态，输入"科技论文"。光标移到窗口底部，在页脚处输入"2020 年第 1 期"，如图 3-16 所示。

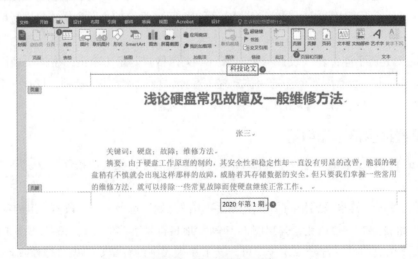

图 3-16　设置页眉和页脚

在页眉和页脚输入文字后，下次修改页眉和页脚文字时，直接在页眉和页脚文字上双击就可以快速进入页眉和页脚模式，在文档编辑区中双击就可以快速回到文档编辑模式。

根据文档的性质，有时需要设置首页不同、奇偶数页眉页脚。

（1）设置首页不同

一般来说文档的封面是不需要设置页眉页脚的，"首页不同"是指在文档首页使用与其他页面不同的页眉页脚。操作方法如下：

① 打开文档，将光标放置在首页（封面），单击"插入"选项卡→"页眉和页脚"组→"页眉"或"页脚"按钮，选择"编辑页眉"或"编辑页脚"命令。

② 在打开的"页眉和页脚工具"→"设计"选项卡→"选项"组中选中"首页不同"复选框，然后在首页输入页眉或页脚，在其他页输入不同于首页的页眉或页脚。

（2）设置奇偶数页眉页脚

先设置奇偶页不同，然后再分别设置奇偶页的页眉页脚。操作方法如下：

打开文档，单击"插入"选项卡→"页眉和页脚"组→"页眉"或"页脚"按钮，选择"编辑页眉"或"编辑页脚"命令。在打开的"页眉和页脚工具"→"设计"选项卡→"选项"组中单击选中"奇偶页不同"复选框，然后在奇数页输入页眉或页脚，在偶数页输入不同于奇数页的页眉或页脚，如图3-17所示。

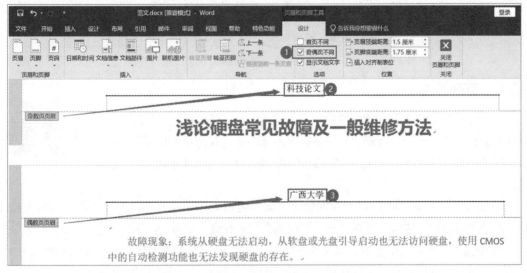

图 3-17　设置奇偶数页不同的页眉页脚

（3）设置文档不同部分的页眉页脚

要为文档的不同部分创建不同的页眉或页脚，首先需要对文档不同部分进行分节，插入分节符。默认情况下，当前节的页眉页脚和上一节的是相同的，此时，"导航"功能组的"链接到前一条页眉"按钮是可用的，且为高显。若需要为不同的节设置不同的页眉页脚，则需单击"链接到前一条页眉"按钮，断开当前节和前一节中页眉或页脚间的连接，再编辑不同的页眉页脚。

3.2.7 分栏排版

在 Word 中为了提高阅读兴趣、创建不同风格的文档或节约纸张，可进行分栏排版。

【实训3-8】打开已存在的文档"范文.docx"，将"目前主流硬盘的接口主要有三种…"那一自然段分成等宽两栏，加分隔线。

操作方法如下：

① 打开文档"范文.docx"。

② 选定要分栏的自然段，单击选择"布局"选项卡→"页面设置"组→"栏"→"更多栏"选项，按照如图3-18所示步骤进行操作。

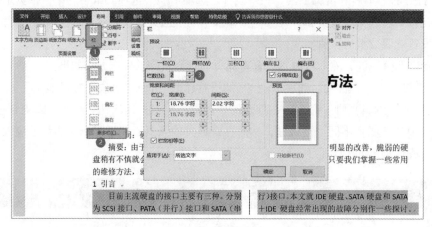

图 3-18　设置分栏

3.2.8 页面设置

编辑好一篇文章后，如果需要将文章打印出来。在执行打印操作前，应对页面进行设置。页面的设置主要包括设置页边距、纸张大小和纸张方向等。切换到"布局"选项卡，然后在"页面设置"组中通过单击相应的按钮进行设置即可。

页面设置

① 页边距：是指文档内容与页面边沿之间的距离，用于控制页面中文档内容的宽度和长度。单击"页边距"按钮，可在弹出的下拉列表中选择页边距方案。

② 纸张方向：默认情况下，纸张的方向为"纵向"。若要更改其方向，可单击"纸张方向"按钮，在弹出的下拉列表中进行选择。

③ 纸张大小：默认情况下，纸张的大小为"A4"。若要更改其大小，可单击"纸张大小"按钮，在弹出的下拉列表中进行选择。

【实训3-9】打开已存在的文档"范文.docx"并进行页面设置，设置页边距上、下为2.5厘米，左、右为2.0厘米，纸张大小为A4，每页42行，每行40个字符。

操作方法如下：

① 打开文档"范文.docx"，单击"布局"选项卡→"页面设置"组中的对话框启动器按钮，打开"页面设置"对话框。

② 切换到"页边距"选项卡，设置上、下为2.5厘米，左、右为2.0厘米。

③ 切换到"纸张"选项卡，设置纸张大小为A4。

④ 切换到"文档网格"选项卡，设置每页42行，每行40个字符，如图3-19所示，然后单击"确定"按钮，完成设置。

图 3-19　页面设置

3.2.9　分页和分节

1. 页的概念

"页"是Word为打印文档而引入的一个概念。为使文档打印的内容在宽度和长度上与打印纸张尺寸相匹配，将整个文档分为若干"页"，每一页占据一个打印页面。

"页"用页分隔符作标识。在不同的视图中呈现出不同的标识。在草稿视图下，呈现的是虚线。在页面视图或在打印预览时会显示出实际分隔效果。

Word提供了两种分页方法：自动分页和人工分页。

① 自动分页是在录入文本时，Word 根据当前页面大小及有关段落的设置，自动地在文档的合适位置进行分页处理，在页面视图下显示出实际分隔效果，在草稿视图下可以看到页与页之间用一条横贯编辑文档的虚线将它们分隔开来。

② 人工分页是当一页未写满时，希望重新开始新的一页，此时可手工插入分页符进行人工分页（又称强行分页）。将光标放在需要分页的位置，按<Ctrl+Enter>组合键即可，也可以通过单击"插入"选项卡"页面"组中的"分页"按钮实现。

2. 节的概念

如果文档内容比较丰富，不同的部分要求不同的页面设置、页眉页脚设置等，则可以将具有相同设置的若干段落定为"节"。分节后可把不同的节作为一个整体看待，可以为它单独设置页面、页边距、页眉、页脚和分栏等。插入分节符的操作方法为：单击"布局"选项卡→"页面设置"组→"分隔符"按钮，在下拉列表中选择所要的分节符，如图3-20所示。分节符标记在页面视图下不显示，在草稿视图方式下呈现双虚线。

说明：几种分隔符号标记中，由系统自动产生的分页符标记是不可删除的，人工分页符和分节符标记可以在草稿视图中采用删除一般符号的方法删除。

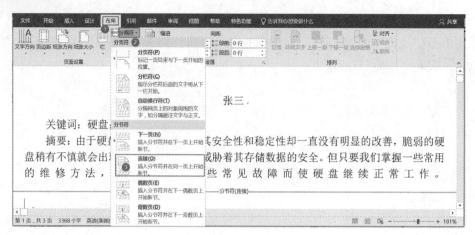

图 3-20　插入分节符

3.2.10　边框和底纹

在 Word 中可以为文字加上边框和底纹，为文档添加修饰效果，使文档看起来更加美观。

【实训 3-10】打开已存在的文档"范文.docx"，对标题加上浅绿色底纹，对"摘要"一段加上 3 磅边框，效果如图 3-21 所示。

操作方法如下：

① 打开文档"范文.docx"，选中标题段文字，单击"开始"选项卡→"段落"组→"边框"按钮右侧的下拉按钮 ，打开下拉列表，选择"边框和底纹"选项，如图 3-21 所示，弹出"边框和底纹"对话框，选择"底纹"选项卡，设置浅绿色，应用于"文字"，单击"确定"按钮。

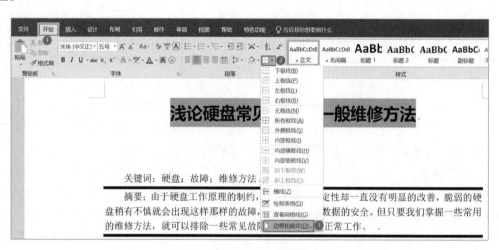

图 3-21　选择"边框和底纹"选项

② 选中"摘要"一段文字，在"边框和底纹"对话框中选择"边框"选项卡，设置线宽为 3 磅，选择"自定义"选项，在"预览"处单击左、右竖线使之删除，保留上、下横线，应用于"段落"。如图 3-22 所示，单击"确定"按钮。

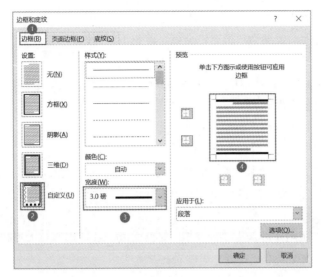

图 3-22　"边框和底纹"对话框

3.2.11　文档页面背景设置

在文档编写的过程中，给文档添加背景可以使文档更好看。在"设计"选项卡的"页面背景"组中单击"页面颜色"按钮，在弹出的下拉列表中可以为文档设置背景颜色或填充效果，如图 3-23 所示。

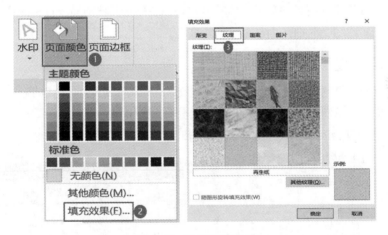

图 3-23　设置页面背景

3.2.12　课堂练习

制作关于巧克力知识的宣传页，操作方法如下：

① 打开"Word 素材 1.docx"文件，另存为"巧克力.docx"，之后所有的操作均基于此文件。

② 设置纸张大小为 A4，页边距上下各为 2.5 厘米，左右各为 3 厘米。

③ 将文档标题下方以"巧克力（英语：chocolat，港澳译为：朱古力）…"开头的那一段文字设置左右各缩进 2 个字符，段前段后间距 1.5 行，字体设置为楷体小五号，浅绿色底纹。

④ 按照如下要求修改文档各级标题的格式：

为文档标题设置文本效果为"填充：金色，着色4；软棱台"，并将其字号设置为28，字体为微软雅黑，居中对齐。

在样式中为标题1的所有文本所在段落添加颜色为"黑色，文字1，淡色35%"的底纹，并修改文本颜色为"白色，背景1"。

在样式中为标题2的所有文本所在段落添加宽度为6磅，颜色为"黑色，文字1，淡色35%"的左边框，并将此左边框左侧缩进值设置为1字符。

⑤ 将标题"关于误解"及其所属内容置于独立一页并设置纸张方向为横向（只能是这一页横向）。将"关于误解"所属内容为分三栏，加分隔线，每个标题2及其所属内容位于独立的栏中。

⑥ 将文档中的三张图片设置为"紧密型"环绕方式，并适当调整大小和位置。

⑦ 为文档插入"X/Y"格式页码，居中对齐。

⑧ 最后效果参考"巧克力.PDF"。

‖ 3.3 图文并茂——Word 2016 图文编辑

Word让文档制作进入了图文编辑的新境界，可以在文档中任意插入图片，调整图片的位置、大小和方向，还可以设置图文环绕的方式等。对文档进行排版时，仅仅会设置文字格式是远远不够的。要制作出一篇具有吸引力的精美文档，需要在文档中插入自选图形、艺术字和图片等对象，从而实现图文混排，达到赏心悦目的效果。

3.3.1 插入自选图形

通过Word 2016提供的绘制图形功能，可在文档中"画"出各种样式的形状，如线条、矩形、心形和旗帜等。下面练习在文档中插入自选图形，操作方法如下：

① 打开文档，切换到"插入"选项卡，单击"插图"组中的"形状"按钮。

② 在弹出的下拉列表中选择需要的绘图工具，如绘制心形图案，如图3-24所示。

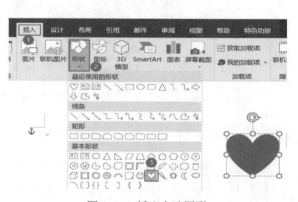

在绘制图形的过程中，若配合<Shift>键的使用可绘制出特殊图形。例如，绘制"矩形"图形时，同时按住<Shift>键不放，可绘制出一个正方形。

右击所绘制的图形，在弹出的快捷菜单中选择"添加文字"选项可以

图 3-24 插入自选图形

为图形加上文字，选择"设置形状格式"选项可以为图形设置填充颜色、线条颜色。修改了填充、线条颜色后，再右击所绘制的图形，选择"设置为默认形状"选项，以后画出的图形都具有相同的填充、线条颜色。

对于所绘制的形状图形，可以将其更改成其他图形。更改形状图形的操作方法为：双击形状图形，在"绘图工具"→"格式"选项卡→"插入形状"组中单击选择"编辑形状"→"更改形状"选项，然后在弹出的列表中选择需要的图形即可。

3.3.2　插入与编辑图片

在制作产品说明书及公司宣传册之类的文档时，往往需要插图配合文字解说，这就需要使用 Word 的图片编辑功能。通过该功能，我们可以制作出图文并茂的文档，从而给阅读者带来精美、直观的视觉冲击。

插入与编辑
图片

1. 插入联机图片

互联网上有海量图片，Word 2016 提供了方便的功能，可以根据输入的关键字快速搜索用户需要的图片。插入联机图片的操作方法如下：

① 将光标定位到需要插入图片的位置，单击选择"插入"选项卡→"插图"组→"图片"→"联机图片"选项，打开"插入图片"对话框。

② 在"必应图像搜索"栏右侧的框中输入所需图片的关键字，例如"花边"，单击"搜索"按钮。在搜索结果中选中需要的联机图片，然后单击"插入"按钮。

2. 插入本机图片

根据操作需要，还可在文档中插入电脑中收藏的图片，以配合文档内容或美化文档。插入图片的操作方法如下：

① 将光标插入点定位在需要插入图片的位置，在"插入"选项卡的"插图"组中单击"图片"按钮。

② 弹出"插入图片"对话框，找到并选择需要插入的图片。单击"插入"按钮，即可看到光标插入点处插入了所选的图片，拖动图片四周的控制点可以调整图片大小。

3. 调整插入的图片

插入图片之后，可对当前选中的图片进行调整颜色、设置图片样式和环绕方式等操作。下面学习如何调整插入的图片。操作方法如下：

（1）精确设置图片大小

① 右击插入的图片，在弹出的快捷菜单中选择"大小和位置"选项，弹出"布局"对话框。

② 在"布局"对话框中单击"大小"选项卡，在"高度"和"宽度"框中分别输入需要的数值。如果输入数值自动调整，则取消选定"锁定纵横比"复选框。

（2）选择颜色更正方案

在 Word 中可以对图片重新进行颜色更正，包括调整颜色饱和度、色调、重新着色、锐化/柔化、亮度/对比度等。操作方法如下：

① 选中插入的图片，单击"图片工具"→"格式"选项卡"调整"组中的"更正"或"颜色"按钮。

② 在打开的下拉列表中选择颜色更正方案。

（3）选择图片样式

选中插入的图片，在"图片工具"→"格式"选项卡"图片样式"组提供的快速样式中选择需要的图片样式。Word提供了多种图片样式，每种样式使得图片有不同的外观。

（4）裁剪图片

有时候插入的图片并不符合使用要求，这时就需要对图片进行裁剪，使图片看起来更加美观。操作方法如下：

① 右击要裁剪的图片，在出现的快捷菜单上单击"裁剪"按钮。图片四周出现裁剪框，拖动裁剪框上的控制柄调整裁剪框包围住图像的范围，如图3-25所示。

② 按回车键，可以见到裁剪框外的图像被删除。

图 3-25　裁剪图片

3.3.3　插入SmartArt图形

SmartArt图形是信息的可视表示形式，Word内置了多种SmartArt图形，可以从中选择适合的，从而快速轻松地创建所需的各种形状和结构。插入SmartArt图形的操作方法如下：

① 打开文档，将光标插入点定位在要插入SmartArt图形的位置，在"插入"选项卡的"插图"组中单击"SmartArt"按钮。

② 弹出"选择SmartArt图形"对话框，在左侧列表框中选择图形类型。在中间的列表框中选择具体的图形布局。

③ 单击"确定"按钮完成插入。

如果内置的SmartArt图形中的形状不够或者有剩余，我们可根据实际情况添加或删除形状。右击某个形状，在弹出的快捷菜单中选择"添加形状"。选中某个要删除的形状，按<Delete>键即可删除。

【实训3-11】采用SmartArt图形绘制如图3-26所示层次结构图。

3.3.4　插入文本框

若要在文档的任意位置插入文本，可通过文本框实现。文本框是一个可以显示文字的矩形框，在文本框中不仅可以输入文字，还可以插入图片和图形，同时还能根据需要在文档中移动位置和设置边框的填充颜色等。

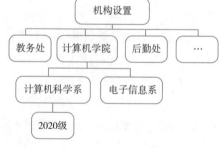

图 3-26　层次结构图

使用文本框，用户可以在一页上不同的位置放置不同文字块，或使文字可以在文档中有不同的排列方向。

文本框分为横排和竖排两种，可以根据需要选择相应的文本框样式并应用到文档中。操作方法为：单击选择"插入"选项卡→"文本"组→"文本框"选项，在打开的下拉菜单中选择需要的文本框样式，然后在需要的位置拖动鼠标画出一个矩形框。如果文本框遮盖其他文字，可以通过右击文本框，在弹出的快捷菜单中单击选择"环绕文字"→"四周型"或"紧密型环绕"选项。

插入文本框后，若要对其进行美化操作，例如设置填充、线条、效果等，可以右击文本框，在弹出的快捷菜单中选择"设置形状格式"选项。

3.3.5　插入艺术字

艺术字是具有特殊效果的文字，用来输入和编辑带有彩色、阴影和发光等效果的文字，多用于广告宣传、文档标题，以达到强烈、醒目的外观效果。它可以作为图形对象放置在页面上，并可以进行移动、复制、旋转和调整大小等操作，增强文档的视觉效果，突出主题。

如果要在文档中插入艺术字，操作方法如下：

① 打开文档，切换到"插入"选项卡，单击"文本"组中的"艺术字"按钮。

② 在弹出的下拉列表中选择需要的艺术字样式。

③ 此时文档中将出现一个艺术字文本框，占位符"请在此放置您的文字"为选中状态，直接输入艺术字内容，或者将原本的内容删除后再输入需要的文字，如图 3–27 所示。

若要对艺术字文本设置填充、文本效果等格式，可通过"绘图工具"→"格式"选项卡→"艺术字样式"组中的选项实现；若要对艺术字文本设置文字方向等格式，可通过"绘图工具"→"格式"选项卡→"文本"组选项实现。

图 3–27　插入艺术字

3.3.6　设置环绕文字方式

现在的文章都要求图文并茂，因此文章中免不了要插入图片，如何随意调整图片与文字的相对位置呢？Word 提供了 7 种图片环绕文字方式，分别为：嵌入型、四周型、紧密型环绕、穿越型环绕、上下型环绕、衬于文字下方、浮于文字上方。设置图片环绕文字方式的操作方法为：右击图片，弹出快捷菜单，选择"环绕文字"选项，在打开的列表中选择相应选项，如图 3–28 所示。

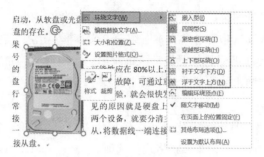

图 3-28　设置环绕文字方式

3.3.7　课堂练习

制作一份关于为祖国点赞的宣传页，宣传页中包含文字、表格、图片和文本框等诸多元素。具体要求为：

① 纸张大小为A4，纸张方向为横向。

② 为文档中各级标题和正文设置适当的样式。

③ 在适当的位置添加表格、图片和文本框，并进行格式化设置。

完成后的参考效果如图3-29所示。

制作图文混排展示页

图 3-29　为祖国点赞宣传页效果

操作步骤如下：

（1）设置纸张大小和纸张方向等

新建一个名为"为祖国点赞"的Word文档，单击"布局"选项卡→"页面设置"组右下角的对话框启动器按钮，打开"页面设置"对话框，将"纸张方向"更改为横向，将上、下页边距设置为1.25厘米，将左侧页边距设置为2.5厘米，右侧页边距设置为10厘米，并单击

"确定"按钮，然后弹出对话框，单击"忽略"按钮。

（2）为文档中各级标题和正文设置适当的样式

① 将素材"为祖国点赞介绍.txt"文本内容复制到"为祖国点赞介绍.docx"文档中，选中所有要分栏的文本（从"墨子号量子科学实验卫星"到表格结束为止的文本"广昆通道"），单击"布局"选项卡→"页面设置"组→"栏"下拉按钮，在下拉菜单中单击"两栏"，完成分栏设置。

② 选中文档的标题文字"为祖国点赞"，将字体设置为"微软雅黑"，字号设置为"一号"，字体颜色设置为"深蓝,文字2"，并设置为加粗。

③ 保持文档标题"为祖国点赞"为选中状态，单击"设计"选项卡→"页面背景"组→"页面边框"按钮，打开"边框和底纹"对话框，切换到"边框"选项卡，选择边框类型为"方框"，边框的样式选择实线，颜色选择"深蓝,文字2"，宽度选择2.25磅，并将边框应用于"段落"，并且仅保留下边框，最后单击"确定"按钮。

④ 选定设置好的文档标题"为祖国点赞"，在"开始"选项卡→"样式"组中右击"标题"样式，在弹出的快捷菜单中选择"更新标题以匹配所选内容"选项，将"为祖国点赞"设置为"标题"样式。

⑤ 按住<Ctrl>键，同时选中文档正文中的标题文本"墨子号量子科学实验卫星""港珠澳大桥""超级杂交水稻""5G""高铁"等，将其字号设置为三号，字体设置为"微软雅黑"，字体颜色设置为"蓝色,个性色1"，并应用加粗效果；完成格式设置后，在"开始"选项卡→"样式"组中右击"标题1"样式，在快捷菜单中选择"更新标题1以匹配所选内容"选项。

⑥ 在"开始"选项卡→"样式"组中右击"正文"样式，在弹出的快捷菜单中选择"全选（无数据）"选项，选中所有样式为正文的文本。将选中的文本字号设置为"小四"，然后右击弹出快捷菜单，选择"段落"选项，在弹出的"段落"对话框中，将段前和段后间距都设置为"0.5行"。

⑦ 选中需要添加项目符号列表的文本（参考样张），单击"开始"选项卡→"段落"组"项目符号"按钮 右侧的下拉按钮，在下拉菜单中选择"定义新项目符号"选项，在弹出的"定义新项目符号"对话框中单击"图片"按钮，在接着打开的"图片项目符号"对话框中，单击"导入"按钮，从素材文件夹中将"为祖国点赞"图片导入。

⑧ 选定导入的项目符号图片"为祖国点赞"，单击"确定"按钮；此时项目符号已经显示为自定义的图片，单击"开始"选项卡→"段落"组的"增加缩进量"按钮，将项目符号列表向右缩进。将光标定位在标题"超级杂交水稻"段落，然后右击弹出快捷菜单，选择"段落"，在弹出的"段落"对话框中，切换到"换行和分页"选项卡，选中"与下段同页"复选框，然后单击"确定"按钮完成设置。

（3）在适当的位置添加表格、图片和文本框，并进行格式化设置

① 选定文档中应显示为表格的文本（参考样张），单击"插入"选项卡→"表格"组→"表格"下拉按钮，在下拉菜单中选择"文本转换成表格"选项，在弹出的"将文字转换成表格"对话框中，直接单击"确定"按钮，完成表格的转换。

② 保持表格为选定状态，单击"开始"选项卡→"样式"组→"正文"样式，将表格内容

改为正文样式；单击选择"表格工具"→"设计"选项卡→"表格样式"组→"网格表4–着色2"样式，完成表格样式的设定。

③ 选定表格的标题行，单击"表格工具"→"布局"选项卡→"对齐方式"组→"水平居中"按钮，将标题行文本垂直和水平方向都居中对齐。

④ 选定表格中除标题行外的其余文本，单击"表格工具"→"布局"选项卡→"对齐方式"组→"中部两端对齐"按钮，将文本垂直居中水平靠左对齐。

⑤ 单击"插入"选项卡→"插图"组→"图片"按钮，在素材文件夹中，选定"为祖国点赞"图片，将其插入到文档中；右击图片弹出快捷菜单，选择"环绕文字"→"四周型"环绕。

⑥ 右击图片，在弹出的快捷菜单中选择"大小和位置"；在弹出的"布局"对话框中，切换到"位置"选项卡，将水平位置设置为"相对位置：相对于右边距10%"，垂直位置设置为"对齐方式：相对于页边距顶端对齐"。

⑦ 单击"插入"选项卡→"文本"组→"文本框"下拉按钮，在下拉菜单中选择"绘制文本框"选项，此时光标会变为"+"型，在"为祖国点赞"图片下方拖动画出一个文本框。

⑧ 在文档中将文本从"关于'国庆'的来源"及以后的文字移动到文本框中，将标题"关于'国庆'的来源"设置为小四号字，居中对齐，并添加下画线，将其余文本的段落间距设置为段前和段后各0.5行。

⑨ 在文本框为选中状态下，单击"绘图工具"→"格式"选项卡→"形状样式"组→"形状填充"下拉按钮，在下拉菜单中选择"纹理"，在级联菜单中选择"纸莎草纸"填充纹理。文档最终效果如样张所示。

‖3.4 合并与拆分——Word 表格的制作

使用表格可以分门别类地存放数据，从而使数据更清晰和易于理解。表格是由水平的行和垂直的列组成的，行列交叉形成的每一格称为单元格，在单元格中可以输入文字、数字、图形等信息。表格的结构如图3-30所示。

创建表格

表格布局和格式化

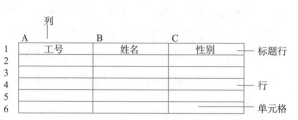

图 3-30 表格的结构

3.4.1 插入表格

制作表格时，首先要插入表格，然后再编辑表格中的数据。常用的插入表格的方法有下面三种。

① 将光标移动到要插入表格的位置，然后单击"插入"选项卡→"表格"组→"表格"按

钮⊞，在"插入表格"下按下鼠标左键拖动选择行、列数后，放开鼠标左键即可，如图 3-31
所示，右侧为插入的一个 3 行 5 列表格。

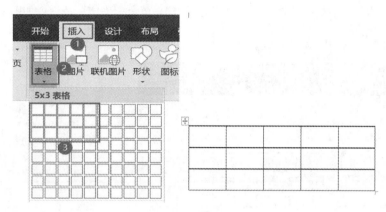

图 3-31　插入表格

② 将光标移动到要插入表格的位置，然后单击"插入"选项卡→"表格"组→"表
格"→"插入表格"选项，在打开的"插入表格"对话框中输入行数和列数，再单击"确定"
按钮。

③ 手动绘制表格。将光标移动到要插入表格的位置，然后单击选择"插入"选项卡→"表
格"组→"表格"→"绘制表格"选项，鼠标指针会变为铅笔形状，在文档中拖动鼠标即可任
意绘制表格。

3.4.2　文本与表格的转换

可以将用段落标记、逗号、制表符、空格等其他指定字符分隔的文本转换成表格。

1. 文本转换为表格

选中要转换成表格的文本，单击"插入"选项卡→"表格"组中的"表格"下拉按钮，在
下拉菜单中选择"文本转换成表格"选项，弹出"将文字转换成表格"对话框进行设置，如
图 3-32 所示。

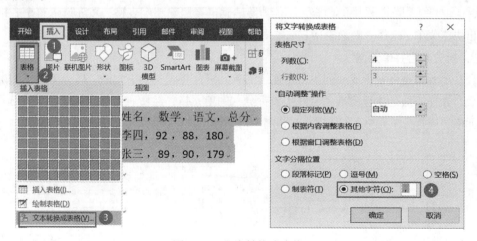

图 3-32　文本转换成表格

2. 表格转换为文本

在"表格工具"→"布局"选项卡→"数据"组中，单击"转换为文本"按钮，在弹出的"表格转换成文本"对话框中选择一种"文字分隔符"，单击"确定"按钮，如图3-33所示。

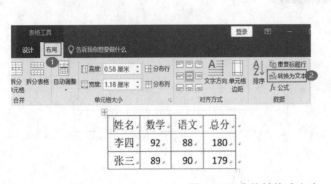

图3-33　表格转换成文本

3.4.3　编辑与美化表格

1. 行、列的插入和删除

将光标移至要插入的行或列，右击弹出快捷菜单，选择"插入"选项，然后选择在左（右）侧插入列，在上（下）方插入行，如图3-34所示。如果要插入多行多列，例如插入5行，可先选定5行，然后选择"在上方插入行"命令，则在选定行的上方插入了5个新行。插入多列的方法同插入多行的方法一样。

如果要删除表格中的行或列，可先选定行或列，右击弹出快捷菜单，选择"删除单元格"→"删除整行（列）"选项。注意，

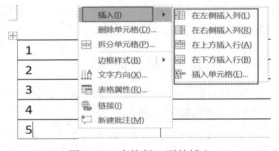

图3-34　表格行、列的插入

<Delete>键只能删除表格中的内容，不能删除表格。要删除整个表格，可先选定整个表格，右击弹出快捷菜单，选择"删除表格"选项。

2. 拆分与合并单元格

合并单元格是将一行或一列中多个连续的单元格合并成一个单元格。拆分单元格的操作正好相反。操作方法是先选定准备合并（或拆分）的单元格，然后右击弹出快捷菜单，选择"合并单元格（或拆分单元格）"选项，在弹出的对话框中进行设置即可，如图3-35所示。

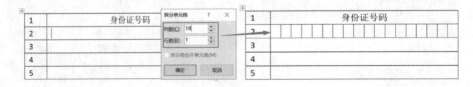

图3-35　拆分单元格

3. 调整表格尺寸

所谓调整表格尺寸，是指调整表格中单元格的宽度和高度。在文档中插入表格时，默认值是行与行之间、列与列之间完全等值。但实际表格中行与行、列与列之间通常是不等的，因此，有必要调整表格的尺寸。

调整整个表格的大小：将鼠标指针定位到表格右下方的表格控点□上，按下鼠标左键并拖动鼠标即可调整表格大小。

调整行高：将鼠标指针指向行与行之间，待指针呈 ÷ 状时，按下鼠标左键并拖动，表格中将出现虚线，待虚线到达合适位置时释放鼠标键即可。

调整列宽：将鼠标指针指向列与列之间，待指针呈 +∥+ 状时，按下鼠标左键并拖动，当出现的虚线到达合适位置时释放鼠标键即可。

也可以通过右击表格，在弹出的快捷菜单中选择"表格属性"选项，在"表格属性"对话框中修改行高和列宽。

4. 单元格内容的对齐设置

单元格中的文字有靠上两端对齐、靠上居中对齐等 9 种对齐方式。默认情况下，表格中文字的对齐方式为"靠上两端对齐"，根据操作需要，可对其进行更改。要设置文字在单元格中的对齐方式，首先选中这些单元格，功能区中将显示"表格工具"→"设计"和"表格工具"→"布局"两个选项卡。选择"布局"选项卡，在"对齐方式"组中选择一种对齐方式，例如"水平居中"，如图 3-36 所示。

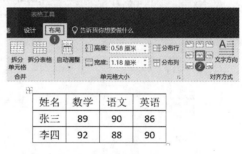

图 3-36　单元格内容的对齐

5. 设置表格的边框和底纹

首先选择要设置边框或底纹的单元格，然后右击弹出快捷菜单，选择"表格属性"选项，弹出"表格属性"对话框，通过"边框"和"底纹"选项卡可设置表格的边框和底纹，如图 3-37 所示。

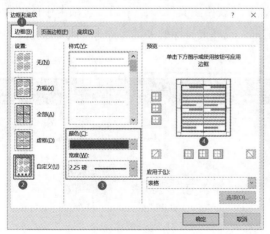

图 3-37　设置边框和底纹

3.4.4 表格的计算和排序

Word可以实现对表格中的数据进行排序，可以对表格中的数据进行加、减、乘、除、求和、求平均值、最大值、最小值等计算。但同Excel相比，Word在这方面不占优势。如果要对数据做较复杂的计算统计，或者生成图表，可以利用电子表格处理软件Excel来处理，然后将得到的结果用剪贴板复制到Word文档中。

表格数据的
统计和排序

1. 表格的计算

把光标移动到要计算的单元格，在"表格工具"→"布局"选项卡中的"数据"组单击"公式"按钮 *fx*，出现"公式"对话框，选择所要的公式计算即可。

常用的计算有求和函数SUM、求平均值函数AVERAGE、计数函数COUNT、最大值函数MAX、最小值函数MIN、乘积函数PRODUCT等。这些函数可以使用位置参数分别是左侧（LEFT）、右侧（RIGHT）、上面（ABOVE）和下面（BELOW）。例如图3-38所示为计算张三的总分。

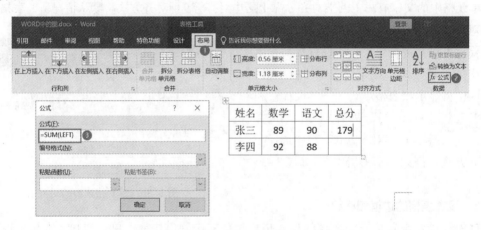

图3-38 表格的计算——计算张三的总分

2. 表格的排序

把光标移动到要排序的单元格，在"表格工具"→"布局"选项卡中的"数据"组单击"排序"按钮，出现"排序"对话框，选择要排序的关键字按升序或降序排序。例如图3-39所示为按总分降序排序。

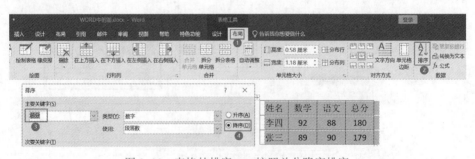

图3-39 表格的排序——按照总分降序排序

3.4.5　课堂练习

创建一个"学生成绩表"的 Word 文档，如图 3-40 所示。操作方法为：

① 创建一个 9 行 6 列的表格。

② 设置行高列宽：表格第 1 行高度为"1.3 厘米"，其余行高度均为"0.6 厘米"。各列宽度为"2.2 厘米"。

③ 合并和拆分单元格：参照"样表.pdf"合并拆分单元格。

④ 插入斜线：在表格左上角的单元格中插入斜下框线，具体样式见"样表.pdf"。

⑤ 对齐方式：除斜线单元格外，其余单元格文字对齐方式为"文字在单元格内水平和垂直均居中"；"电子系"和"物理系"所在单元格的文字方向为"垂直文本"，具体样式参照文件"样表.pdf"。

⑥ 设置边框：表格外框线为"实线、深蓝、2.25 磅"；表格内框线为"实线、深蓝、1.0 磅"；第 1 行下框线为"双实线、深蓝、1.5 磅"。

⑦ 设置底纹：第 1 行底纹为"橙色"；第 2 至 4 行底纹为"浅绿"；第 5 至 7 行底纹为"黄色"。

⑧ 设置表标题格式："宋体、小二、加粗、深蓝、居中"。

⑨ 设置字体：第 1 行单元格文字格式为"宋体、小四、加粗、'白色、背景 1'"；其余单元格文字格式为"宋体、五号、'黑色、文字 1'"；"电子系"和"物理系"文字格式为"字符间距加宽 1.3 磅"；最后两行的"最低分"和"最高分"为"加粗"。

成绩汇总及批量生成成绩表（1）

成绩汇总及批量生成成绩表（2）

学生成绩表

姓名\课程		英语	物理	数学	平均分
物理系	陈小春	80	90	75	81.67
	张三水	75	86	92	84.33
	王强	90	75	83	82.67
电子系	刘东高	65	80	88	77.67
	马志刚	88	85	78	83.67
	邓兰	78	87	80	81.67
最高分		90	90	92	84.33
最低分		65	75	75	77.67

图 3-40　学生成绩表

3.5　高手进阶——Word 2016 高级编辑技巧

3.5.1　插入数学公式

在 Word 2016 中，从内置的公式库中可以直接选择并插入所需公式。操作方法如下：

① 将插入点移到需要插入公式的文档位置，切换至"插入"选项卡，在"符号"组中单击"公式"下三角按钮，在弹出的下拉列表中显示了若干种公式，以便用户快速根据个人需要进

行选择并插入。

② 在当前插入点已经插入了公式，用户可以在方框内对公式进行修改，以得到所需的公式。

③ 如果"公式"下拉列表中没有所需的公式，可在"符号"选项组中单击"公式"图标按钮 π，然后在出现的内置公式库中选择所需的公式。

注意：在键盘上按<Alt+=>组合键也可插入公式。

【实训3-12】在新建的文档中输入公式$s(t) = \sum_{i=1}^{\infty} x_i^2(t)$。

操作方法如下：

① 新建空白文档，将光标移动到想要插入公式的位置，选择"插入"→"公式"命令，出现"在此处建立公式"方框，在方框内用键盘输入"s(t)="。

② 如图3-41所示，选择大型运算符中的求和符第1行第1个。

③ 选中公式中的 ▢，然后选择上下标运算符中的第1行第3个，如图3-42所示。

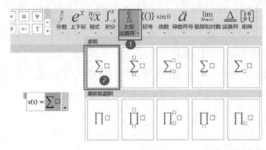

图 3-41　插入公式 1

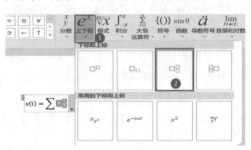

图 3-42　插入公式 2

④公式模板选好后，从键盘中输入如下公式：

$$s(t) = \sum x_i^2(t)$$

3.5.2　插入目录

创建和更新
目录

目录通常是长文档中不可缺少的一项内容，它列出了文档中的各级标题及其所在的页码，方便读者快速查找所需内容。Word具有自动生成目录的功能，用户不必手工输入目录。自动生成目录有一定条件，利用标题或者大纲级别来创建目录，并且在文档发生改变以后，通过用目录的更新功能来自动调整目录。

在创建目录之前，首先要对目录中的各章各节标题应用内置的标题样式（标题1到标题9）或者是应用包含大纲级别的自定义样式。

1. 自动生成目录

如果用户为每个标题设置了相应的"标题"样式，例如"标题1""标题2""标题3"等，或者设置了大纲级别（1~9级），则可以使用Word的目录功能自动生成目录。

【实训3-13】打开已存在的文档"范文.docx"，在文档的开头插入目录。

操作方法如下：

① 打开文档"范文.docx"，将文档中的一级标题设置为样式中的"标题1"，二级标题设置

为样式中的"标题 2",三级标题设置为样式中的"标题 3"。

　　② 将光标移动定位到文档的开头,单击选择"引用"→"目录"→"目录"按钮"自动目录 1"选项,产生如图 3-43 所示目录。

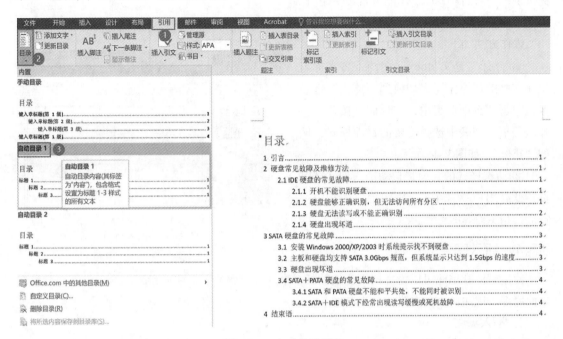

图 3-43　自动生成目录

　　默认情况下,目录是以链接的形式插入的,此时可按 <Ctrl> 键,同时单击某条目录项,即可访问对应的目标位置。或者在导航窗格中单击某条目录项,也可快速访问目录对应的内容。

　　2. 编辑目录

　　插入目录后,可对其进行相应的编辑操作,比如更新目录、删除目录等。

　　(1)更新目录

　　若文档中的标题有改动(如更改了标题内容、添加了新标题等),或者标题对应的页码发生了变化,可对目录进行更新操作,以避免手动更改的麻烦。更新目录的操作步骤如下。

　　将光标定位在目录列表中,切换到"引用"选项卡,单击"目录"组中的"更新目录"按钮,在弹出的"更新目录"对话框中根据实际情况进行选择,例如选择"更新整个目录",如图 3-44 所示。

　　(2)删除目录

　　插入目录后,如果要将其删除,可按下面的操作步骤实现。将光标定位在目录列表中,切换到"引用"选项卡,然后单击"目录"组中的"目录"按钮,在弹出的下拉列表中单击"删除目录"选项可删除当前目录。

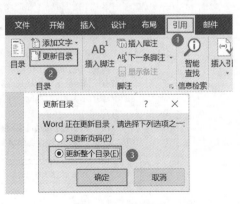

图 3-44　更新目录

3.5.3 插入封面

在编辑论文或报告等文档时，为了使文档更加完整，可在文档中插入封面。Word 2016 中提供了一个封面样式库，用户可直接使用。

【实训3-14】打开已存在的文档"范文.docx"，在文档的开头插入封面。

操作方法如下：

① 打开"范文.docx"文档，将光标定位在文档的任意位置，切换到"插入"选项卡，单击"页面"组中的"封面"按钮，在弹出的下拉列表中选择需要的封面样式，例如"花丝"，如图3-45所示。

② 所选样式的封面将自动插入到文档首页，此时用户只需在提示输入信息的相应位置输入相关内容即可。

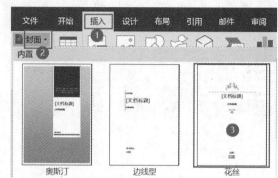

图 3-45 插入封面

3.5.4 插入脚注、尾注

使用脚注和尾注可以为文档中所述的某个事项提供解释、批注或参考。通常，脚注显示在页面底部，尾注显示在文档或小节末尾。

1. 插入脚注

【实训3-15】打开已存在的文档"范文.docx"，在页脚插入作者的简介。

操作方法如下：

① 打开文档"范文.docx"，选定作者的姓名"张三"。

② 单击选择"引用"选项卡→"脚注"组→"插入脚注"选项，在脚注编辑框中输入脚注文本，即"作者简介：张华 广西大学计算机学院"，如图3-46所示。

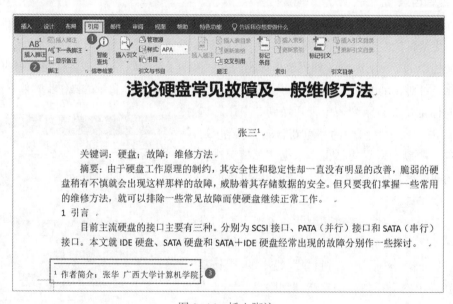

图 3-46 插入脚注

2. 插入尾脚注

尾注一般位于文档末尾。单击"引用"选项卡→"脚注"组→"插入尾注"选项，即可在文档尾部插入尾注。

3. 设置脚注与尾注的编号格式

插入脚注时默认是按照数字"1、2……"进行编号，插入尾注时默认情况是按照罗马数字"ⅰ、ⅱ……"编号，读者可以根据需要设置脚注与尾注的编号格式。操作方法如下：

① 单击"引用"选项卡→"脚注"组中的对话框启动器按钮 。

② 弹出"脚注和尾注"对话框，在对话框里可以设置脚注和尾注的编号格式。

3.5.5　审阅文档

在一些正式场合中，文档由作者编辑完成后，一般还需要通过审阅者进行审阅。在审阅文档时，通过修订和批注功能，可在文档的原基础上修改和添加批注。

1. 修订

启用修订功能时，用户的每一次插入、删除或格式更改都会被标记出来，用户在查看修订时可以接受或拒绝每处更改。

【实训3-16】打开已存在的文档"范文.docx"，当对文档进行删除时显示修订内容提示。

操作方法如下：

① 打开文档"范文.docx"，切换到"审阅"选项卡，在"修订"组中单击"修订"按钮，"修订"按钮将呈高亮状态显示，表示文档呈修订状态。

② 选中要删除的文字，按<Delete>键，在修订文本框中右击，在弹出的快捷菜单中选择"接受删除"命令，即可将选中的内容删除，如图3-47所示。

图 3-47　修订

对于修订过的文档，作者可对修订做出接受或拒绝操作。若接受修订，文档会保存为审阅者修改后的状态；若拒绝修订，文档会保存为修改前的状态。

若要取消修订功能，再次单击"修订"按钮即可。此外，按下<Ctrl+Shift+E>组合键，可快速启动或取消修订功能。

2. 批注

用户在修改别人的文档，且需要在文档中加上自己的修改意见，但又不能影响原有文章的排版时，可以插入批注。

插入批注的操作方法为：选中要添加批注的文本，切换到"审阅"选项卡，然后单击"批注"组中的"新建批注"按钮，窗口右侧将建立一个标记区，且标记区中会为选定的文本添加批注框，并通过连线将文本与批注框连接起来，此时可在批注框中输入批注内容。

添加批注后，若要将其删除掉，应先将其选中，右击弹出快捷菜单，选择"删除批注"选项即可。

3.5.6 邮件合并

在办公文档处理过程中，用户经常要处理一些邀请函、工资条、成绩单等大批量的文档，这些文档主要内容基本都是相同的，只是其中的一部分内容不同。例如，一般的邀请函除了邀请人姓名、称谓不相同外，其他标题、主体、落款的内容都是一样的，通过"邮件"功能可以快速实现文档的制作。

邮件合并

批量文档的制作包括：准备包括变化信息的数据源；建立 Word 主文档；通过"邮件"选项卡将数据源合并到主文档中，合并生成新文档。

1. 数据源

数据源可以通过多种格式文件提供，常见的有 Word 表格文件、文本文件、Excel 表格文件、数据库文件等。需要注意的是，数据源文件中的第 1 行必须是标题行。

2. 主文档

主文档是指批量文档中固定不变的内容，如邀请信函中的标题、主体、落款等。用户可以像建立普通文档一样建立主文档，只需要留出"插入合并域"的位置，如邀请函的"称谓"部分留空。

3. 将数据源合并到主文档中

利用"邮件"选项卡的按钮，用户可以将数据源合并到主文档中，预览结果，合并成新文档。通常情况下数据源中的一条记录就会生成一张页面。

下面介绍一个批量文档的操作案例。

【实训 3-17】打开"邮件合并练习 .docx"文档，完成以下操作。具体要求如下：

① "优秀学员名单 .docx"文档中有一表格，利用该表格作为数据源进行邮件合并。

② 主文档"邮件合并练习 .docx"采用信函类型，把"优秀学员名单 .docx"的内容插入到主文档相应位置，如图 3-48 所示，保存文档。

③ 单击合并全部记录并保存为新文档"优秀学员证书 .docx"。

操作方法如下：

① 打开"邮件合并练习 .docx"文档作为主文档，在该文档中，单击"邮件"选项卡→"开始邮件合并"组→"开始邮件合并"按钮，选择要创建的文档类型为"信函"。

② 单击"开始邮件合并"组→"选择收件人"列表中的"使用现有列表"，打开"选择数据源"对话框，选择"优秀学员名单 .docx"文档作为数据源，单击"打开"按钮。

学号	姓名	性别	专业
20190001	王晓阳	男	会计
20190002	王郁琦	女	计算机
20190003	李 楠	男	人力资源

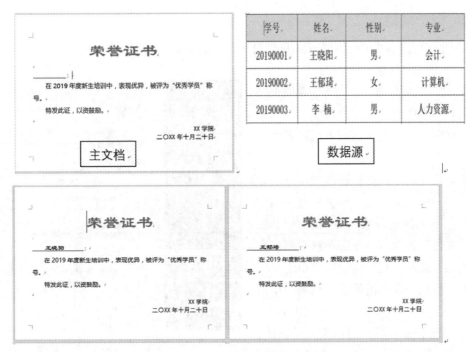

图 3-48　邮件合并 1

③ 插入合并域到主文档相应的位置。将插入点放置到主文档下画线 "＿＿＿" 中间，单击 "邮件" 选项卡→ "编写和插入域" 组→ "插入合并域" 按钮，选择 "姓名"。插入完成后，效果如图3-49所示。

④ 完成合并。单击 "邮件" 选项卡→ "完成" 组→ "完成并合并" 按钮，选择 "编辑单个文档"，弹出 "合并到新文档" 对话框，在该对话框中选择合并的记录，然后单击 "确定" 按钮，保存合并文档，文件名为 "优秀学员证书.docx"，合并完成。

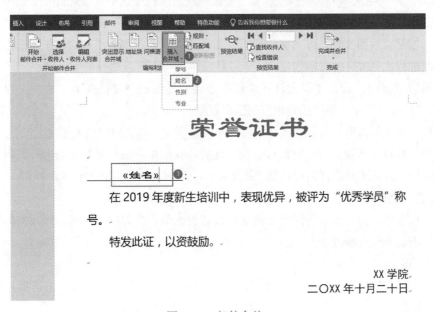

图 3-49　邮件合并 2

3.5.7 保护文档

为了保护重要文档内容的安全，可以对其设置相关权限及密码。

1. 标记为最终状态

"标记为最终状态"并不是一项安全功能，只是用来提醒其他用户该文档为已完成的最终版本，以防止审阅者或读者无意中更改文档。

将文档标记为最终状态的操作方法如下：

① 打开要标记为最终状态的文档，切换到"文件"选项卡，单击选择左侧窗格的"信息"选项，在中间窗格中单击"保护文档"按钮，在弹出的下拉列表中单击"标记为最终状态"选项，如图3-50所示。

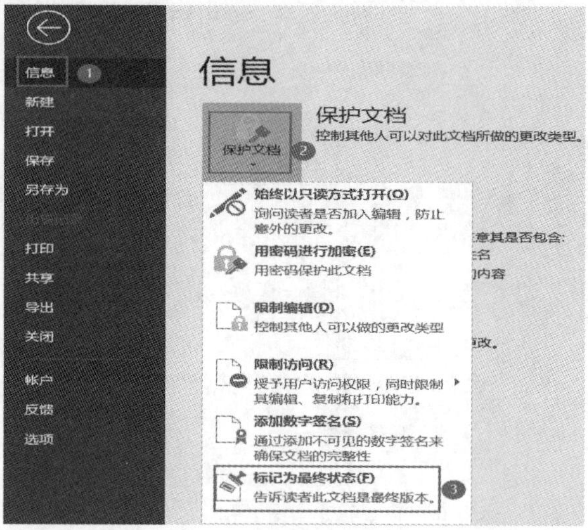

② 单击任意选项卡返回文档编辑区，此时可看见相关操作命令已禁用或关闭，且标题栏中含有"只读"字样，表明该文档为只读。

图 3-50　标记为最终状态

2. 设置编辑权限

若需要限制其他用户编辑文档，可对其设置编辑权限。

设置编辑权限的操作方法如下：

① 打开需要设置编辑权限的文档，切换到"文件"选项卡，单击选择左侧窗格的"信息"选项，在中间窗格中单击"保护文档"按钮，在弹出的下拉列表中单击"限制编辑"选项。

② 打开"限制格式和编辑"窗格，在"2.编辑权限"栏中选中"仅允许在文档中进行此类编辑"复选框，在下拉列表中选择"不允许任何人更改（只读）"选项，然后单击"是，启动强制保护"按钮。返回文档，此后无论进行什么操作，状态栏都会出现"由于所选内容已被锁定，您无法进行此更改"的提示信息。

设置编辑权限时，若在"仅允许在文档中进行此类编辑"复选框下方的下拉列表中选择"批注"或"修订"选项，还可设置相应的编辑权限。

若选择"批注"选项，可设置批注权限，即仅允许用户在文档中插入批注。

若选择"修订"选项，可设置修订权限，此后，其他用户虽然能对文档进行编辑，但都会做出修订标记，且无法对修订进行接受或拒绝操作，从而对文档内容起到保护作用。

3. 设置文档密码

在办公过程中，办公人员应对重要的文档设置密码保护，如打开密码、修改密码等，以防止其他用户随意查看或修改。

设置文档密码的操作方法如下：

① 打开需要设置打开或修改密码的文档，切换到"文件"选项卡，单击选择左侧窗格的"另存为"选项。

② 在弹出的"另存为"对话框中单击"工具"按钮，在弹出的下拉列表中选择"常规选项"选项，如图 3-51 所示。

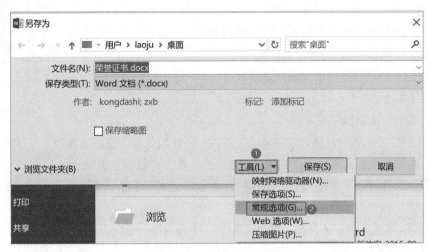

图 3-51　"另存为"对话框

③ 弹出"常规选项"对话框，在对话框中可以设置打开或修改密码，如图 3-52 所示。

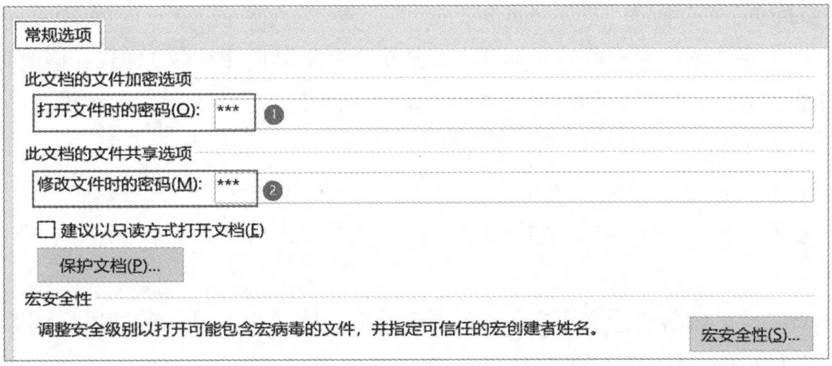

图 3-52　在"常规选项"对话框中设置文档密码

④ 单击"确定"按钮返回"另存为"对话框，单击"保存"按钮保存设置即可。

通过上述设置后，再次打开该文档时会弹出"密码"对话框。在"密码"文本框中输入正确的密码，然后单击"确定"按钮才能将文档打开并编辑。

4. 取消文档密码

如果要取消对文档设置的密码，可先打开该文档，切换到"文件"选项卡，单击选择左侧窗格的"另存为"选项，在弹出的"另存为"对话框中单击"工具"按钮，在弹出的下拉列表中选择"常规选项"选项，打开"常规选项"对话框，将文本框中的密码删除掉即可。

3.5.8　课堂练习

本练习要求对一篇论文进行排版，以便正文、各级标题和各章都能以统一的格式有序排列，并增加页眉页脚等元素，效果参考"互联网营销研

应用样式
排版论文
（1）

究 .PDF"。具体要求如下：

应用样式
排版论文
（2）

① 为各级标题应用相应的标题样式和自动编号。

② 将论文的各个部分分为独立的节，并添加目录。

③ 为论文添加可显示本章节内容的页眉和页码。

④ 将论文中的数据表格修改为图表。

⑤ 删除论文中空行等多余元素并更新目录。

操作方法如下：

（1）为各级标题添加样式

① 打开素材"互联网营销研究 .docx"。文档中字体颜色为红色的文本为一级标题，使用标题 1 样式；首先选中正文第一页中的文本"绪论"，单击"开始"选项卡→"编辑"组→"选择"下拉按钮，在列表中单击选择"选择格式相似的文本"选项，选中所有要设为标题 1 样式的文本。

修改标题 1 样式，将字体设置为黑体，加粗，字号为小三号。段前和段后间距都设置为 0.5 行，行距设置为单倍行距。

② 将文档中字体颜色为蓝色的文本一次性选中，并对其应用标题 2 样式。修改标题 2 样式，将其字体调整为黑体，四号，加粗，段前和段后间距设置为 0.5 行，行距设置为单倍行距，并设置为与下段同页。

③ 将文档中字体颜色为绿色的文本一次性选中，并对其应用标题 3 样式，修改标题 3 样式，将其字体调整为黑体，加粗，小四号，段前和段后间距设置为 0.5 行，行距设置为单倍行距，并设置为与下段同页；至此就完成了对于文档中一级到三级标题的样式设置。

④ 选中任意一段正文文本，例如标题"绪论"下方的首段，单击"开始"选项卡→"编辑"组→"选择"下拉按钮，在列表中单击选择"选择格式相似的文本"命令，选中所有正文文本。

新建一个样式，取名"论文正文"，格式设置为宋体，小四号，前和段后间距调整为 0.5 行，行距设置为单倍行距，首行缩进 2 字符。所有正文应用该样式。

（2）为各级标题添加自动编号

① 单击"开始"选项卡→"段落"组→"多级列表"下拉按钮，在下拉列表中单击选择"定义新的多级列表"选项。

② 在弹出的"定义新多级列表"对话框中，"单击要修改的级别"选 1，此时可以看到在"输入编号的格式"文本框中，默认显示的数值为 1，在该数值的前后分别输入文本"第"和"章"；单击左下角的"更多"按钮，以显示扩展功能，将"编号之后"分隔字符设置为空格；然后在"将级别链接到样式"列表框中选择"标题 1"。

③ 选中级别 2，可以看到此时编号格式变为了"1.1"，保持此默认的编号格式不变，在"对齐位置"数值框中，将值调整为 0 厘米，将"编号之后"分隔字符设置为空格，然后在"将级别链接到样式"列表框中选择"标题 2"。

④ 选中级别 3，可以看到此时编号格式变为了"1.1.1"，保持此默认的编号格式不变，在"对齐位置"数值框中将值调整为 0 厘米，将"编号之后"分隔字符设置为空格，然后在"将级

别链接到样式"列表框中选择"标题3"。

（3）为论文分节并添加目录

① 将光标定位到正文第1页标题文字"绪论"前，单击"页面布局"选项卡→"页面设置"组→"分隔符"下拉按钮，在下拉列表中选择"分节符"中的"下一页"选项，以便将目录置于一个单独的节中。

在第2章~第5章的标题前，以及论文最后的"参考文献"标题前都通过"下一页"的分节符进行分节，从而将论文的各章以及参考文献都置于单独的节中。

② 将论文最后一页的标题"参考文献"以及下方的文献内容一起选中，然后单击选择"开始"选项卡→"样式"组→样式库中的"正文"样式，将其样式转换为"正文"。

选中标题文本"参考文献"，设置为黑体，小三号字，加粗，将其大纲级别设置为1级。

③ 选中目录页中的"目录"文本，对其应用"正文"样式，并将字体设置为黑体，小三号字，加粗，然后按<Enter>键另起一行。

在标题"目录"下方的空行中，单击"引用"选项卡→"目录"组→"目录"下拉按钮，插入目录，完成目录的创建。

（4）为论文添加页眉和页脚

① 双击文档页眉区域，进入页眉/页脚编辑状态，在页眉正中央输入文本"目录"。

② 单击"页眉和页脚工具"→"设计"选项卡→"导航"组→"下一节"按钮，插入点会自动跳转到论文正文第一页，取消"链接到前一条页眉"的突出显示，然后单击"插入"组→"文档部件"下拉按钮，在列表中单击选择"域"选项。

③ 在弹出的"域"对话框中，选中"StyleRef"域，在中间"样式名"列表框中选中"标题1"，在右侧勾选"插入段落编号"复选框，单击"确定"按钮。可以看到，刚刚插入的只是标题1的编号，再次插入"StyleRef"域，与之前的差别是这一次不勾选"插入段落编号"复选框，单击"确定"按钮，完成标题1内容的插入。

④ 将插入点转到论文最后一页的页眉，取消"链接到前一条页眉"的突出显示，删除之前的页眉文字"第5章结论"，重新输入文字"参考文献"。

⑤ 将插入点转到目录节第一页的页脚，取消"链接到前一条页眉"的突出显示，单击"页眉和页脚工具"→"设计"选项卡→"页眉和页脚"组→"页码"下拉按钮，在列表中单击"设置页码格式"命令。

⑥ 在弹出的"页码格式"对话框中，将编号格式设置为"Ⅰ,Ⅱ,Ⅲ,…"，不要勾选"包含章节号"复选框，选中起始页码为"Ⅰ"选项，单击"确定"按钮。

⑦ 再次单击"页眉和页脚工具"→"设计"选项卡→"页眉和页脚"组→"页码"下拉按钮，在菜单中选择"页面底端"，在级联菜单中单击"普通数字2"样式，为目录页插入页码。

⑧ 将插入点转到论文正文（绪论节）首页的页脚，将页码格式设置为"1，2，3，…"不勾选"包含章节号"复选框，选中起始页码为"1"选项，单击"确定"按钮。

⑨ 将插入点转到下一节首页的页脚，将其页码格式设置为"1，2，3，…"，不勾选"包含章节号"复选框，选中"续前节"选项，单击"确定"按钮；依此方法，对后面的各节进行相同的设置；最后双击文档的正文区域，退出页眉/页脚编辑状态。

（5）修改论文中的表格为图表

① 将光标转到第3章的表格上方的空行，单击"插入"选项卡→"插图"组→"图表"按钮，打开"插入图表"对话框，在其中选择"柱形图"，然后在右侧选择"簇状柱形图"，单击"确定"按钮。

② 此时Word会自动开启Excel工作表，复制表格中的数据，将其粘贴到Excel工作表的A1:C5单元格区域（删除工作表中多余的原始数据），然后关闭Excel文档。可以看到图表已经插入，删除原先的表格。

（6）删除空行并更新目录

① 单击"开始"选项卡→"编辑"组→"替换"按钮，打开"查找和替换"对话框，单击"更多"按钮，开启扩展功能；将插入点定位到"查找内容"文本框，单击"特殊格式"按钮，在弹出的菜单中单击"段落标记"。

② 可以看到已经输入了一个段落标记代码，然后重复之前操作，再次输入一个段落标记代码（两个连续的段落标记意味着一个空行），在"替换为"文本框插入一个段落标记代码，然后反复单击"全部替换"按钮，直到文档中所有空行都被删除。

至此，完成了论文的排版，效果参考"互联网营销研究.PDF"。

本 章 小 结

通过本章的学习，我们掌握了文档的新建、保存和打开等基本操作，以及如何输入与编辑文档内容，如何将编辑好的文档打印出来。还掌握了Word文档的格式设置方法，包括如何设置文本格式和段落格式，如何插入页码、页眉、页脚、项目符号与编号，如何设置特殊版式，如何设置文档背景等内容，以及如何在Word文档中插入文本框、艺术字、自选图形、剪贴画、图片、SmartArt图形和表格等对象，以实现图文混排，从而使文档更加美观。

最后我们还掌握了Word的一些高级应用，包括公式的输入、样式的使用、插入目录与封面、邮件合并、审阅文档及重要文档的保护。

章 节 习 题

一、单选题

1. Word有多种文档视图可适应不同的编辑需要，其中页与页之间只显示一条虚线分隔，用于快速输入的视图是_____视图。

    A. 草稿   B. 页面   C. 大纲   D. Web版式

2. 有关Word的说法中，不正确的是_____。

    A. Word功能区中的命令按钮不可以增加或减少

    B. 使用Word可以另存为多种格式文件，并不仅限于docx格式

    C. Word具有中、英文拼写检查功能

    D. 使用Word能建立表格、修改表格，也能对表格数值进行求和、求平均值等简单运算

3. 将 Word 表格中两个单元格合并成一个单元格后，单元格中的内容_____。

    A. 只保留第 1 个单元格内容   B. 2 个单元格内容均保留

    C. 只保留第 2 个单元格内容   D. 2 个单元格内容全部丢失

4. 关于 Word 的状态栏，下列说法错误的是_____。

    A. 通过 Word 的状态栏可以修改文字的字体字号

    B. 通过 Word 的状态栏可以切换文档视图

    C. 文档的字数统计可在状态栏中显示出来

    D. 用户可通过状态栏来了解文档的总页数及当前插入点所在的页

5. 用 Windows 中的记事本不能打开 Word 文档，是因为_____。

    A. Word 文件中含有特殊控制符

    B. Word 文件中含有汉字

    C. Word 文件比较长

    D. Word 文件中的西文有 "全角" 和 "半角" 之分

6. 在 Word 中，要调节行距，则应在_____中进行设置。

    A. "字体" 对话框   B. "段落" 对话框

    C. "页面设置" 对话框   D. "边框和底纹" 对话框

7. 使用 "文件" 选项卡的 "另存为" 命令保存文件时，不可以_____。

    A. 保存为新文件后，自动删除原文件   B. 将文件存放到另一驱动器中

    C. 将文件保存为网页文件   D. 修改原文件的文件名而形成新文件

8. 选定表格的一行，再按 <Delete> 键，结果是_____。

    A. 删除该行，表格减少一行   B. 将该行各单元格的内容清除

    C. 该行的右边拆分表格   D. 该行边框删除，保留文字内容

9. 在 Word 的_____方式下，可以显示页眉页脚。

    A. 草稿视图   B. 页面视图   C. 大纲视图   D. Web 视图

10. 在 Word 中要打印文本的第 6~10 页和第 20 页，应该在 "打印" 对话框的 "页数" 框内输入_____。

    A. 6‐10，20   B. 6~10，20   C. 6~10:20   D. 6‐10:20

11. 在 Word 中如果要给每位家长发送一份《期末成绩通知单》，用_____命令最简便。

    A. 复制   B. 邮件合并   C. 信封   D. 标签

12. 当选定的文本中含有多种字体时，"字体" 功能区中的字体框中会呈现_____。

    A. 首字符的字体   B. 空白

    C. 排在前面字体   D. 使用最多的字体

13. 在 Word 中，下述关于分栏操作的说法，正确的是_____。

    A. 可以将指定的段落分成指定宽度的两栏

    B. 任何视图下均可看到分栏效果

    C. 栏与栏之间不可以设置分隔线

    D. 设置的各栏宽度和间距与页面宽度无关

大学计算机基础（慕课版）

14. Word有关文档分页的叙述中，不正确的是_____。

    A. 分页符也能打印出来

    B. 分页符标志着新一页的开始

    C. 人工分页符可删除

    D. 可以由系统自动分页，也可以在任何位置人工分页

15. 关于样式，下列说法错误的是_____。

    A. 用户可以自己创建样式

    B. 由Word本身自带的样式是不能修改的

    C. 使用样式前应事先选定要应用样式的段落或字符

    D. 样式是多个格式排版命令的组合

16. 关于Word文本框，下列说法正确的是_____。

    A. 在文本框中不可以插入图片

    B. Word中提供有横排和竖排文本框供用户选择

    C. 在文本框中不可以使用项目符号

    D. 通过改变文本框的文字方向不可以实现横排和竖排的转换

17. Word的替换功能可以完成一些有规律的操作，但不包括_____。

    A. 把第2页的内容替换到第5页

    B. 把多处出现的"计算机"全部改成"电脑"

    C. 把多处出现的某个单词全部删除

    D. 对分布在文档多处的某个单词设置相同格式

18. 在Word文档中，使用"格式刷"功能不能实现_____。

    A. 复制段落格式   B. 复制页面设置

    C. 复制项目符号   D. 复制文本格式

19. 在Word中，要对某一段进行段落设置，下列说法正确的是_____。

    A. 只要将插入点置于该段内任意处就可以进行段落设置

    B. 只有将插入点置于该段首才能进行段落设置

    C. 只有选定该段才能进行段落设置

    D. 只有将插入点置于该段尾才能进行段落设置

20. Word中可以在文档的每页上将图片或文字作为页面背景，这种特殊的文本效果被称为_____。

    A. 水印   B. 图形   C. 图片   D. 艺术字

二、操作题

1. 打开文件"Word 1.docx"，在该文档中完成如下操作：

① 调整文档纸张大小为A4，纸张方向为纵向，并调整上、下页边距为2.5厘米，左、右页边距为3.2厘米。

② 打开"Word样式.docx"文件（该文件只有格式，没有文字），将其文档样式库中的"标题样式一"和"标题样式二"复制到Word 1.docx文档样式库中。（提示：打开Word样

130

式.docx，单击选择“文件”选项卡→“选项”→“加载项”→“管理”→“模板”→“转到”→“管理器”→单击右侧的“关闭文件按钮”→“打开文件”选项，在弹出的“打开”对话框中，首先在文件类型下拉列表框中选择“Word文档（*.docx）”选项，然后选择要打开的文件“Word 1.docx”，选择“标题1，标题样式一”和“标题2，标题样式二”，单击“复制”按钮，则所选的样式复制到Word 1.docx。）

③ 将文档中的所有红色文字段落应用为“标题样式一”样式。

④ 将文档中的所有绿色文字段落应用为“标题样式二”样式。

⑤ 将文档中出现的全部“软回车”符号（手动换行符）更改为“硬回车”符号（段落标记）。

⑥ 修改文档样式库中的“正文”样式，使得所有正文段落首行缩进2个字符。

⑦为文档添加页眉，并将当前页中样式为“标题样式一”的文字自动显示在页眉区域中（如果“标题样式一”的文字修改了，则页眉会自动显示修改后的文字。提示：进入“页眉”→“文档部件”→“域”→StyleRef-标题1，标题样式一）。

⑧用文档里的表格制作一个折线图图表，将图表的标题命名为“公司业务指标”。完成后效果如图3-53所示。

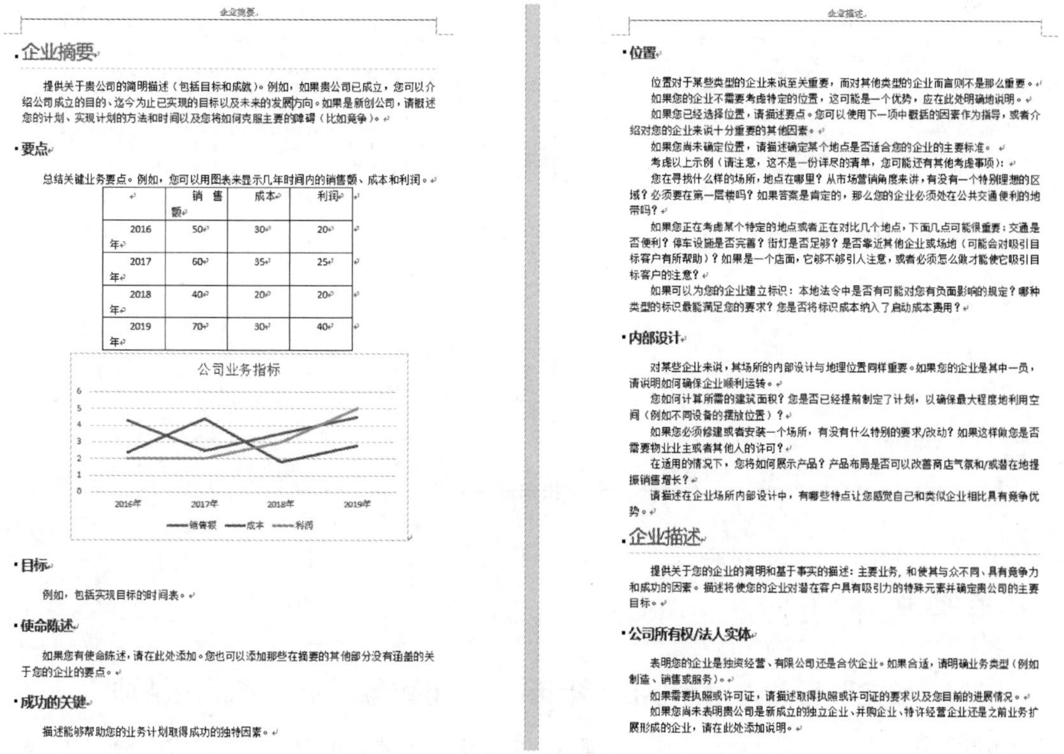

企业摘要

企业摘要

提供关于贵公司的简明描述（包括目标和成就）。例如，如果贵公司已成立，您可以介绍公司成立的目的、迄今为止已实现的目标以及未来的发展方向。如果是新创公司，请概述您的计划、实现计划的方法和时间以及您将如何克服主要的障碍（比如竞争）。

要点

总结关键业务要点。例如，您可以用图表来显示几年时间内的销售额、成本和利润。

	销售额	成本	利润
2016年	50	30	20
2017年	60	35	25
2018年	40	20	20
2019年	70	30	40

目标

例如，包括实现目标的时间表。

使命陈述

如果您有使命陈述，请在此处添加。您也可以添加那些在摘要的其他部分没有涵盖的关于您的企业的要点。

成功的关键

描述能够帮助您的业务计划取得成功的独特因素。

企业描述

位置

位置对于某些类型的企业来说至关重要，而对其他类型的企业而言则不是那么重要。

如果您的企业不需要考虑特定的位置，这可能是一个优势，应在此处明确地说明。

如果您已经选择位置，请描述要点。您可以使用下一项中概括的因素作为指导，或者介绍对您的企业来说十分重要的其他因素。

如果您尚未确定位置，请描述确定某个地点是否适合您的企业的主要标准。

考虑以上示例（请注意，这不是一份详尽的清单，您可能还有其他考虑事项）：

您在寻找什么样的场所，地点在哪里？从市场营销角度来讲，有没有一个特别理想的区域？必须要在第一层楼吗？如果答案是肯定的，那么您的企业必须处在公共交通便利的地带吗？

如果您正在考虑某个特定的地点或者正在对比几个地点，下面几点可能很重要：交通是否便利？停车设施是否完善？街灯是否足够？是否靠近其他企业或场地（可能会对吸引目标客户有所帮助）？如果是一个店面，它够不够引人注意，或者必须怎么做才能使它吸引目标客户的注意？

如果可以为您的企业建立标识：本地法令中是否有可能对您有负面影响的规定？哪种类型的标识最能满足您的要求？您是否将标识成本纳入了启动成本费用？

内部设计

对某些企业来说，其场所的内部设计与地理位置同样重要。如果您的企业是其中一员，请说明如何确保企业顺利运转。

您如何计算所需的建筑面积？您是否已经提前制定了计划，以确保最大程度地利用空间（例如不同设备的摆放位置）？

如果您必须修建或者安装一个场所，有没有什么特别的要求/改动？如果这样做您是否需要物业业主或者其他人的许可？

在适用的情况下，您将如何展示产品？产品布局是否可以改善商店气氛和/或潜在地提振销售增长？

请描述在企业场所内部设计中，有哪些特点让您感觉自己和类似企业相比具有竞争优势。

企业描述

提供关于您的企业的简明和基于事实的描述：主要业务，和使其与众不同、具有竞争力和成功的因素。描述将使您的企业对潜在客户具有吸引力的特殊元素并确定贵公司的主要目标。

公司所有权/法人实体

表明您的企业是独资经营、有限公司还是合伙企业。如果合适，请明确业务类型（例如制造、销售或服务）。

如果需要执照或许可证，请描述取得执照或许可证的要求以及您目前的进展情况。

如果您尚未表明贵公司是新成立的独立企业、并购企业、特许经营企业还是之前业务扩展形成的企业，请在此处添加说明。

图 3–53　操作题 1 效果图

2. 为召开云计算技术交流大会，需制作一批邀请函，要邀请的人员名单见“Word人员名单.xlsx”，邀请函的样式参见“请函参考样式docx”。打开“Word2.docx”文档，进行如下操作：

① 修改标题“邀请函”文字的字体为华文新魏、字号为二号，并设置为加粗、字的颜色为红色、黄色阴影、居中。

② 设置正文各段为1.25倍行距，段后间距为0.5行。设置正文首行缩进2字符。

③ 落款和日期位置为右对齐右侧缩进3字符。

④ 将文档中"xxx大会"替换为"云计算技术交流大会"。

⑤ 设置纸张高度27厘米，宽度27厘米，页边距（上、下）为3厘米，页边距（左、右）为3厘米。

⑥ 设置页面边框为红色★。

⑦ 将电子表格"Word人员名单.xlsx"中的姓名信息自动填写到邀请函中"尊敬的"三字后面，并根据性别信息，在姓名后添加"先生"（性别为男）、"女士"（性别为女）。

⑧ 在正文第2段的第一句话"进行深入而广泛的交流"后插入脚注"参见http://www.cloudcomputing.com网站"。

⑨ 将设计的主文档以文件名"Word2.docx"保存，合并生成的最终文档以文件名"邀请函.docx"保存。完成后效果如图3-54所示。

图 3-54　操作题2效果图

工匠精神 >>>>>>

"蛟龙"号载人潜水器深潜团队——用智慧汗水诠释深潜精神

中国是继美、法、俄、日之后世界上第5个掌握大深度载人深潜技术的国家。"蛟龙"号又称"海吸"1号，是一艘由中国自行设计、自主集成研制的7000米级载人潜水器。蛟龙号由七○二所研制，是世界上最的大潜深载人潜水器，可探索占世界海洋面积99.8%的海域。深海高新技术是海洋开发和海洋技术发展的最前沿与制高点，也是目前世界高科技发展的方向之一。

"十五"期间，"海极"1号被列为国家863计划重大专项。自2011年深海潜水器技术与装备重大项目实施以来，"蛟龙"号载人深潜器成功完成5 000~7 000 m海试并投入试验性应用，研制成功 4 500 m 深海作业系统以及突破 4 500 m 载人球壳关键技术等一系列重要研究成果。

　　"蛟龙"号构造参数：

　　尺寸：长 8.2 m，宽 3.0 m，高 3.4 m

　　质量：22 t（空气中）

　　有效负载：220kg（不包括乘员重量）

　　最大下潜深度：7062.68 m

　　最大速度：46.3 km/h，1.852 km/h（巡航）

　　可载人数：3 人（1 名潜航员，2 名科学家）

"蛟龙"号出海

　　"蛟龙"号载人潜水器海试工作涉及到潜水器布放与回收、水声通信、母船配合、气象保障等十几个部门、众多岗位。

　　2012 年 6 月 3 日，"蛟龙"号载人潜水器 7 000 m 级海试队第四次从江阴出征。这一次的任务是突破 7 000 m 深度。

　　6 月 24 日，马里亚纳海沟试验区风雨交加。北京时间 9 时 07 分，中国"蛟龙"号载人潜水器在 3 名潜航员的驾驶下，顺利到达马里亚纳海沟 7 020 m 深的海底，在世界载人深潜的榜首刻下了中国人的名字。

"蛟龙"号深潜器准备下水作业

　　7 000 m 级海试实现了目标：对潜水器 313 项功能和性能指标进行了逐一验证，对关键指标进行了多次充分验证。试验取得了宝贵的地质样品、生物样品、沉积物样品和水样，摄录了大量海底影像资料，是目前世界科学家利用载人潜水器首次在马里亚纳海沟 7 000 m 深度海底获得的第一手宝贵资料，创造了我国载人深潜的新纪录，实现了我国深海技术发展的新突破和重大跨越，标志着我国深海载人技术达到国际领先水平，使我国具备了在全球 99.8% 的海洋深处开展科学研究、资源勘探的能力。

　　志之所向，一往无前；愈挫愈勇，再接再厉。"蛟龙"号海试成功为科学家研究和揭示深海奥秘提供了重要的技术手段，充分展示了"蛟龙"号广阔的应用前景，为人类和平开发利用海洋探索了一条集成创新之路，也为中国培养和锻炼了一支能打硬仗的团队和第一批潜航员队伍，形成了"严谨求实、团结协作、拼搏奉献、勇攀高峰"的中国载人深潜精神。

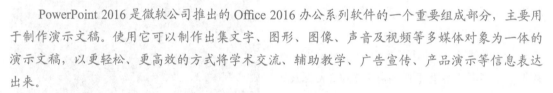
高大上 PPT 这样做

第4章

本章内容提要：

- PowerPoint 2016 的基本操作
- 幻灯片的灵魂——文字
- 幻灯片配色设计
- 设计图文型幻灯片
- 使用图形和表格让幻灯片更直观
- 使用动画和交互让幻灯片生动起来
- 幻灯片母版设计
- 幻灯片放映

PowerPoint 2016 是微软公司推出的 Office 2016 办公系列软件的一个重要组成部分，主要用于制作演示文稿。使用它可以制作出集文字、图形、图像、声音及视频等多媒体对象为一体的演示文稿，以更轻松、更高效的方式将学术交流、辅助教学、广告宣传、产品演示等信息表达出来。

一般来说可以通过"开始"菜单和桌面快捷方式两种方法启动 PowerPoint 2016。

4.1　PowerPoint 2016 的基本操作

4.1.1　创建演示文稿

用户既可以使用 PowerPoint 2016 新建一个空白演示文稿，也可以使用内置的模板新建演示文稿，还可以通过搜索使用联机模板新建演示文稿。

1. 创建空白演示文稿

启动 PowerPoint 2016 软件，弹出 PowerPoint 界面，单击界面右侧的"空白演示文稿"选项，系统即可创建一个空白演示文稿；打开 PowerPoint 2016 后，既可以通过按 <Ctrl+N> 组合键，也可以通过功能区的"文件"选项卡创建新的空白演示文稿，如【实训 4-1】。

【实训 4-1】如何创建新的空白演示文稿？

操作方法见图 4-1 中的步骤。

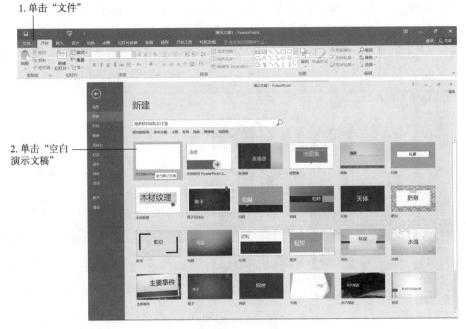

图 4-1　创建新的空白演示文稿

2. 使用已有的模板创建演示文稿

一份精彩的演示文稿，不仅要有好的内容，还要有合适的模板。模板是幻灯片的框架，是已经为用户设置好了幻灯片的整体设计风格（如幻灯片布局、色调、图形图片等设计元素）、封面页、目录页、过渡页、内页和封底的演示文稿。用户可以在新建的模板上，根据实际需求添加文本、图片等内容即可快速地制作出一个精美演示文稿。

在日常工作中，我们可以根据不同的文稿内容、演示环境和工作用途选择不同类型的模板。启动 PowerPoint 2016，在 PowerPoint 界面右侧区域显示了多种 PowerPoint 2016 的模板样式，选择其中一个模板，比如"引用"模板，即可新建一张基于该模板的幻灯片，如【实训 4-2】。

【实训 4-2】如何根据模板创建演示文稿？

操作方法见图 4-2 中的步骤。

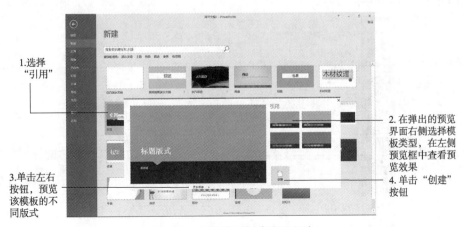

图 4-2　根据模板创建演示文稿

如果系统提供的模板不能满足需求，可以使用联机模板新建演示文稿。启动 PowerPoint 2016 后，在 PowerPoint 界面的搜索框中输入"教育"，在右侧弹出的子菜单中选择"教育"选项，单击"搜索"按钮搜索出与教育相关的模板，如图 4-3 所示。选择其中一种模板，即可创建。

图 4-3　使用联机模板新建演示文稿

4.1.2　保存和输出演示文稿

制作演示文稿过程中要时刻记得保存。保存 PowerPoint 时，整个 PowerPoint 的任何文字、图片、图表和其他元素都整合到一个文件之中。PowerPoint 保存方式分为直接保存演示文稿和另存为演示文稿两种方式。

1. 直接保存演示文稿

直接保存演示文稿既可以通过按 <Ctrl+S> 组合键，也可以通过单击"文件"选项卡来完成。

第一次保存演示文稿时，PowerPoint 会打开"另存为"对话框，提示输入"文件名"，选择保存位置和保存类型，如【实训4-3】。如果对已有演示文稿进行修改后再保存，则保存在原文件中，不会再提示输入名称和位置。

【实训4-3】如何保存演示文稿？

操作方法见图4-4中的步骤。

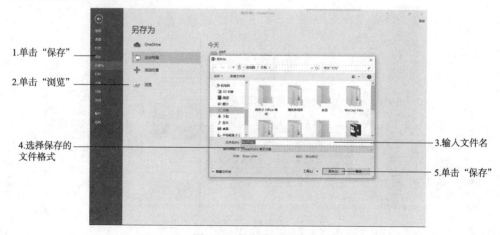

图 4-4　保存演示文稿

默认情况下，PowerPoint将文件保存为 PowerPoint演示文稿（.pptx）文件格式。若要将演示文稿保存为其他格式，可以单击"保存类型"下拉列表，从中选择所需的文件格式即可。比如要将演示文稿保存为一种图形格式，可在"保存类型"下拉列表中选择"PNG可移植网络图形格式"，如图 4-5 所示，则单击"保存"按钮后，文件将保存为一系列彼此独立的图形文件，每张幻灯片保存为一个文件。

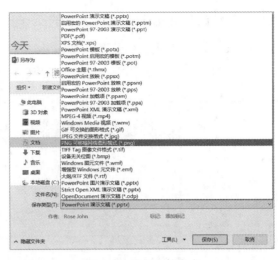

图 4-5　选择文件格式

2. 将演示文稿另存为新的演示文稿

如果需要将文件另存为一个新的文件，可以通过单击选择"文件"选项卡中的"另存为"选项，后面的操作步骤与【实训4-3】相同。

3. 输出演示文稿

PowerPoint还可以输出PDF/XPS、创建为视频、打包为CD和创建讲义等，如【实训4-4】。

【实训4-4】如何输出为PDF文件？

操作方法见图4-6所示的步骤。

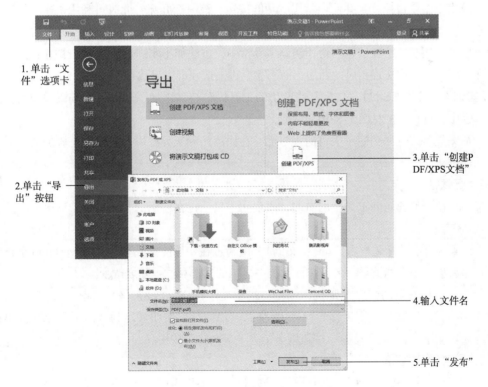

图 4-6　将演示文稿输出为 PDF 文件

4.1.3 初识 PowerPoint 2016 的工作界面

PowerPoint 2016的工作界面由快速访问工具栏、标题栏、"文件"选项卡、功能区、"帮助"按钮、工作区、"幻灯片/大纲"窗格、状态栏和视图栏等组成，如图4-7所示。

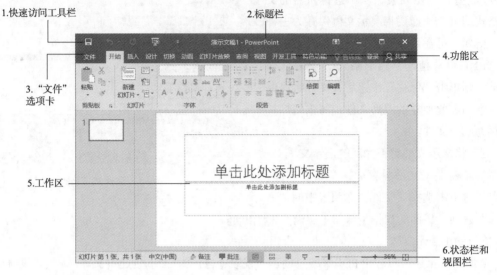

图 4-7　PowerPoint 2016 的工作界面

1. 快速访问工具栏

如果用户想要快速找到并使用常用的功能按钮，该怎么办呢？此时可利用快速访问工具栏来实现。快速访问工具栏位于PowerPoint 2016工作界面的左上角，由最常用的工具按钮组成。用户可以把常用功能按钮放置在快速访问工具栏中，方法如【实训4-5】。单击快速访问工具栏的按钮，就可以快速实现相应的功能，而不需要再去选项卡中寻找功能按钮了。

【实训4-5】如何通过"自定义快速访问工具栏"将"添加图片"功能按钮添加到快速访问工具栏中？操作方法见图4-8中的步骤。

添加完成后，返回到演示文稿的主界面，在快速访问工具栏中，可以看见添加的"插入图片"功能按钮。

2. 标题栏

标题栏位于快速访问工具栏的右侧，主要用于显示正在使用的文档名称、程序名称及窗口控制按钮等。

在图4-8所示的标题栏中，"演示文稿1"即为正在使用的文档名称，PowerPoint是正在使用的程序名称。当文档被重命名后，标题栏中显示的文档名称也随之改变。

位于标题栏右侧的窗口控制按钮包括"最小化"按钮、"最大化"按钮（或"向下还原"按钮）和"关闭"按钮。当工作界面最大化时，"最大化"按钮显示为"向下还原"按钮；当工作界面被缩小时，"向下还原"按钮则显示为"最大化"按钮。

3. "文件"选项卡

"文件"选项卡位于快速访问工具栏下方左侧，单击该按钮打开如图4-9所示界面。

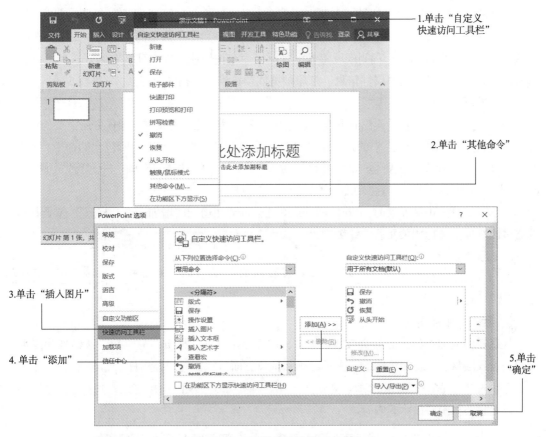

图 4-8 自定义快速访问工具栏

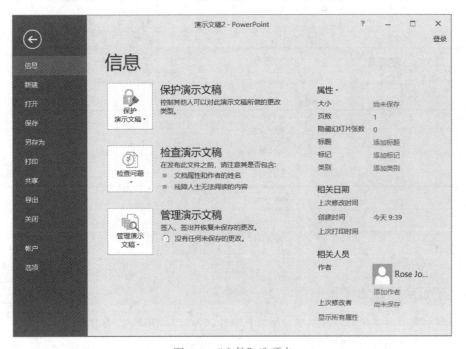

图 4-9 "文件"选项卡

"文件"选项卡分为3个区域。左侧区域为命令选项区，该区域列出了与文档有关的操作命令选项。在这个区域选择某个选项后，中间区域将显示该类命令选项的可用命令按钮。在中间区域选择某个命令选项后，右侧区域将显示其下级命令按钮或操作选项。右侧区域也可以显示与文档有关的信息，如文档属性信息、打印预览或预览模板文档内容等。

4. 功能区

功能区位于快速访问工具栏的下方，通过功能区可以快速找到完成某项任务所需要的命令。

功能区主要包括功能区中的选项卡、各选项卡所包含的组及各组中所包含的命令或按钮。除了"文件"选项卡，主要包括"开始""插入""设计""转换""动画""幻灯片放映""审阅""视图""开发工具""特色功能"等选项卡。

当单击幻灯片中某元素时，PowerPoint 2016会自动在功能区增加一个"格式"选项卡，可以通过该选项卡进行相关元素的编辑。

5. 工作区

PowerPoint 2016的中间区域为工作区，包括位于左侧的"幻灯片浏览"窗格、位于右侧的"幻灯片"窗格和"备注"窗格。

6. 状态栏和视图栏

状态栏和视图栏位于当前窗口的最下方，用于显示当前文档页、总页数、该幻灯片使用的主题、输入法状态、视图按钮组、显示比例和调节页面显示比例的控制杆等。

在状态栏上右击，弹出"自定义状态栏"快捷菜单，如图4-10所示。通过该快捷菜单，可以设置状态栏中要显示的内容。

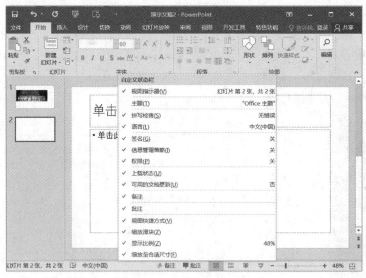

图 4-10　自定义状态栏

4.1.4　幻灯片的基本操作

一份演示文稿由多张幻灯片组成，所以在制作演示文稿的时候，掌握幻灯片的基本操作是相当重要的。幻灯片的基本操作一般包括插入或删除幻灯

幻灯片的基本操作

片、移动或复制幻灯片、编辑或隐藏幻灯片等。

1. 新建幻灯片

新建的演示文稿中，默认只包含一张幻灯片，因此新建幻灯片就是一项必不可少的操作。PowerPoint 为用户提供了多种幻灯片，用户可以通过右击"幻灯片浏览"窗格弹出快捷菜单，选择相关选项，或者使用 <Ctrl+M> 组合键来新建幻灯片，也可以根据需要，通过"新建幻灯片"功能按钮进行任意选择，如【实训4-6】。

【实训4-6】如何新建包含两栏内容的幻灯片？

操作方法见图4-11中的步骤。

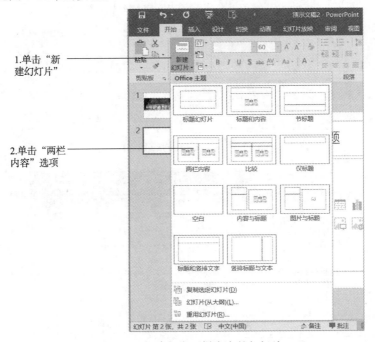

图 4-11　新建包含两栏内容的幻灯片

2. 删除幻灯片

如果演示文稿中有多余的幻灯片，用户可以在幻灯片左侧窗格中选中需要删除的幻灯片。操作方法为：单击选中想要删除的幻灯片，右击弹出快捷菜单，选择"删除幻灯片"选项，即可删除选中的幻灯片。

3. 复制幻灯片

复制幻灯片是指可以新建一个和已有幻灯片一模一样的幻灯片。该操作主要用于利用已有幻灯片的版式和布局快速编辑生成一张新的幻灯片，如【实训4-7】。选择"复制幻灯片"选项后，系统将自动添加一个与被复制幻灯片相同布局的新幻灯片，新复制的幻灯片的缩略图位于所复制幻灯片的下方。

【实训4-7】如何复制一张幻灯片？

操作方法见图4-12中的步骤。

可以在当前幻灯片后直接复制一张相同的幻灯片，如果要将当前幻灯片复制到其他位置，则可以使用 <Ctrl+C> 组合键，或者在"开始"选项卡的"剪贴板"组中单击"复制"功能按钮，如图4-13所示，先复制幻灯片，然后将鼠标移到演示文稿中需要粘贴该幻灯片的地方，单击"粘贴"按钮或者使用<Ctrl+C>组合键，即可将复制的幻灯片粘贴到指定的位置。

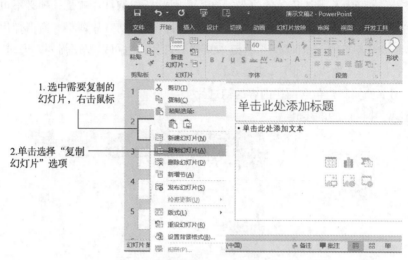

图4-12　复制一张幻灯片

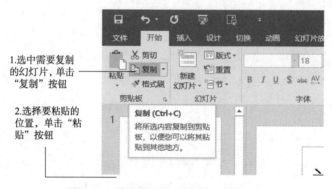

图4-13　将当前幻灯片复制到其他位置

4. 移动幻灯片

移动幻灯片主要用于调整幻灯片的播放顺序，该操作在幻灯片浏览窗格中可以实现。用户如果想移动幻灯片，可以单击需要移动的幻灯片，按住鼠标左键不放，将其拖至目标位置后，释放鼠标即可。

▎4.2　幻灯片的灵魂——文字

如果要创建出精美的演示文稿，首先需要了解一些关于文本的基础操作，包括输入、编辑文本，设置文本和段落格式，插入艺术字和文本框等。掌握了这些操作后，用户才能创建出专业的文本型幻灯片。

4.2.1　使用文本框添加文本

在普通视图中，当创建了一张幻灯片后，幻灯片会出现"单击此处添加标题"或"单击此处添加文本"等提示文本框。这种文本框统称为"文本占位符"。在"文本占位符"中输入文本是最基本、最方便的一种输入方式。在"文本占位符"上单击即可输入文本。幻灯片中"文本占位符"的位置是固定的，如果想在幻灯片的其他位置输入文本，可以通过绘制一个新的文本框来实现。在插入和设置文本框后，就可以在文本框中进行文本的输入了，如【实训4-8】。

【实训4-8】如何在幻灯片中新建文本框？

操作方法见图4-14中的步骤。

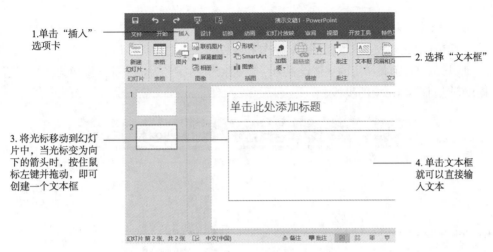

图 4-14　在幻灯片中新建文本框

4.2.2　特殊文字与符号的输入

在制作幻灯片时，有时需要在文本中输入一些比较有个性或是专业用的符号，这可以利用"插入"功能插入符号或公式文本，如【实训4-9】。

【实训4-9】如何在文本框中输入字符"√"？

操作方法见图4-15中的步骤。

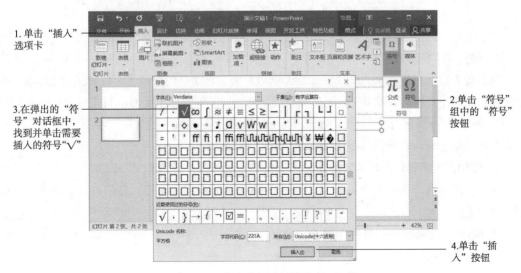

图 4-15　在文本框中输入字符"√"

如果需要插入公式，则可在"符号"组中单击"公式"按钮，即可在弹出的下拉列表中选择所需要公式进行录入。

4.2.3　文字的美化

设置字体的大小、样式以及字符间距等可以使制作完成的幻灯片字体大小适中、间距合理，不仅看起来美观，还方便观众阅读，同时使用艺术字更能起到美化幻灯片页面的作用。

1. 字体设置

设置字体主要包括设置文字的字体、字号和颜色等，如【实训4-10】。

【实训4-10】如何将文字的字体设置为"微软雅黑"，字号为60号字，颜色为"深蓝色"？

操作方法见图4-16中的步骤。

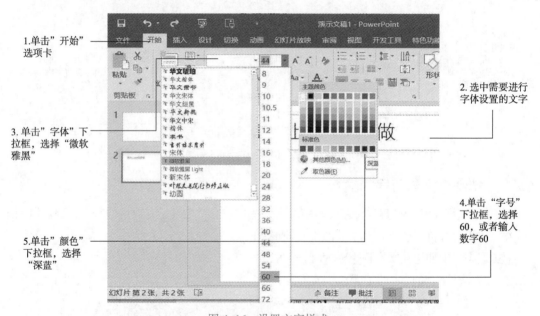

图4-16　设置文字样式

2. 设置文本特殊效果

当对文本做了一些常规的设置后，如果仍然无法满足用户的需求，可以尝试对文本做一些特殊的效果设置，包括设置字符的阴影效果或字符的间距等，如【实训4-11】。

【实训4-11】如何为文字添加阴影效果，并将字符间距变宽？

操作步骤见图4-17中的步骤。

3. 使用艺术字美化幻灯片

可以在幻灯片中为幻灯片标题、表格或图表等标题应用艺术字，使幻灯片非常美观，如【实训4-12】。

【实训4-12】如何在幻灯片中插入艺术字？

操作方法见图4-18中的步骤。

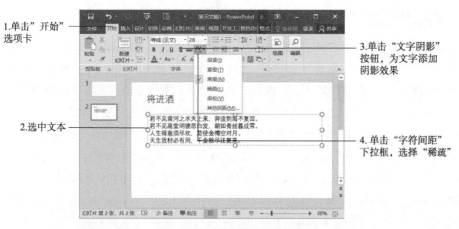

1.单击"开始"选项卡

2.选中文本

3.单击"文字阴影"按钮，为文字添加阴影效果

4.单击"字符间距"下拉框，选择"稀疏"

图 4-17　设置文本特殊效果

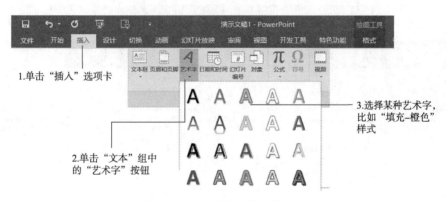

1.单击"插入"选项卡

2.单击"文本"组中的"艺术字"按钮

3.选择某种艺术字，比如"填充-橙色"样式

图 4-18　在幻灯片中插入艺术字

【实训4-12】操作完毕后，即可在幻灯片页面中插入"请在此放置您的文字"艺术字文本框，删除文本框中的文字，输入要设置艺术字的文本，在空白位置处单击即可完成艺术字的插入。如果想要设置艺术字样式，则选中文本，会显示"绘图工具"→"格式"选项卡，如图4-19所示，在"艺术字样式"选项组中，用户可以根据需要设置艺术字的样式。

选择某种艺术字样式

图 4-19　设置艺术字样式

　　在演示文稿中，我们可以只使用一种字体，比如宋体、微软雅黑等。不过更常见的情况是为标题选择一种醒目的字体，而为正文选择一种易读的字体。

4.2.4 设置段落格式

设置段落格式包括对齐方式、段落缩进、段间距、行距、添加项目符号或编号以及文字方向等。段落对齐方式包括左对齐、右对齐、居中对齐、两端对齐和分散对齐等。段落缩进指的是段落中的行相对于页面左边界或右边界的位置，段落文本缩进的方式有首行缩进和悬挂缩进2种。段落行距包括段前距、段后距和行距等。段前距和段后距指的是当前段与上一段或下一段之间的间距，行距指的是段内各行之间的距离。添加项目符号或编号是美化幻灯片的一个重要手段，精美的项目符号、统一的编号样式可以使单调的文本内容变得更生动、专业。

通过对段落格式进行设置，可以使段落布局合理、美观，如【实训4-13】。

【实训4-13】如何将段落设置为首行缩进，行距为1.5倍，段前间距为12磅，并为每段设置项目编号？

操作方法见图4-20中的步骤。

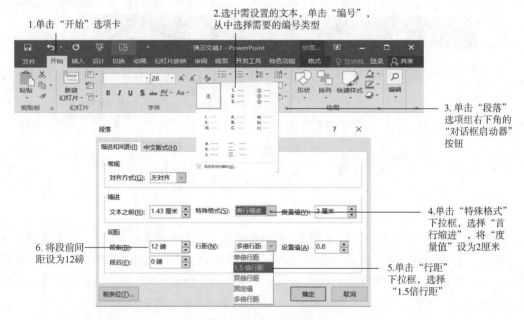

图 4-20　设置段落格式

由于每张幻灯片所表达的内容不同，因此每张幻灯片上各种不同文字效果的组合一定要符合整篇演示文稿的风格，形成整体的格调和感情倾向。从总体上来说，应该整体协调一致，在局部突出对比，于统一之中有灵动的变化，从而产生对比和谐的效果，这样整篇演示文稿才会给人视觉上的美感。除了以统一文字个性作为设计基调外，也可以从文字方向性形成统一的基调，以及从色彩方面达到统一基调。

▌ 4.3　幻灯片配色设计

观众对幻灯片的感觉首先是色，而后才是形。好的配色不仅能给观众愉悦的感受，提起观众继续观看的兴趣，还能帮助他们区分重点。选好配色是幻灯片成功的一半。

幻灯片主题
和背景设置

4.3.1　调色板之旅

PowerPoint 中最常用、也是最重要的配色工具是调色板。

PowerPoint 默认的文字颜色为黑色，我们可以根据需要将文本设置为其他各种颜色。如果需要设定字体的颜色，可以先选中文本，单击"开始"选项卡"字体"组中的"字体颜色"按钮，弹出"字体颜色"下拉列表，在"字体颜色"下拉列表中包括"主题颜色"、"标准色"、"其他颜色"和取色器 4 个区域的选项，如图 4-21 所示。

单击"主题颜色"和"标准色"区域的颜色块可以直接选择所需要的颜色。单击"其他颜色"选项，弹出"颜色"对话框。该对话框包括"标准"和"自定义"两个选项卡。在"标准"选项卡下可以直接单击颜色球指定颜色。"自定义"选项卡主要分为调色板和颜色赋值区（有些对象的窗口上还有透明度设置），如图 4-22 所示。

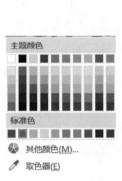

图 4-21　调色板　　　图 4-22　"颜色"对话框中的"自定义"选项卡

在调色板上，同一水平高度的颜色具有不同的色相，经过任意色相的竖线上的颜色具有不同的饱和度。调色板右侧为亮度调节区，在此区域内可以设置颜色的亮度。

4.3.2　常用的美化文字色彩

颜色的视觉度就是颜色的注目程度，视觉度高的颜色比视觉度低的颜色更容易吸引读者的注意。一般来说，在白色背景上，视觉度与色调、饱和度以及亮度的关系近似。但颜色的视觉度与其背景色有很大关系。比如在较暗的背景下，黄色与白色视觉度较高；而在较亮的背景下，黑色的视觉度则较高。

在幻灯片中，不同的色彩在文字上的应用效果也不同。常用的美化文字色彩有五种。分别是黑白色、暖色、冷色、渐变色、灰色。一般情况下，黑白色是万能搭配色。冷色调给人感觉沉稳，暖色调更加醒目。灰色能起到降噪的效果，渐变色可以丰富文字的层次感。值得一提的是，灰色是最容易被忽略的一种文字配色，灰色可以弱化次要信息，突出主要信息，让观众将视线集中到重要信息上。

纯色类幻灯片中仅使用一种颜色编辑内容（包括文字、图表和图像），背景也常常为均一的纯色。这种配色方案虽然简单，但画面纯粹，效果震撼。不过使用这种配色大大限制了素材的选择，仅有一种颜色的素材一般也只有剪影，因此常常需要手绘完成大部分图像。比较经典的搭配是蓝色背景＋白色内容，如图 4-23 所示。

单色类幻灯片的配色方案是使用单色组。单色组是由同一色调下的一系列亮色、暗色及灰色调构成的。单色类幻灯片给人一种谨慎、专业的感觉，在商务咨询报告以及商务图表中经常见到。

双色类幻灯片一般使用一个暖色相和一个冷色相构成配色方案。这种配色方案很好掌握，不易出错，对比明显，效果比单色和纯色更丰富，是非常适合幻灯片的一类配色。在双色类的幻灯片中，商业周刊的蓝红图表堪称经典。

图 4-23　经典蓝色背景＋白色内容幻灯片样式

4.4　设计图文型幻灯片

插入图片、
SmartArt图
形和图像

在制作幻灯片时，适当插入一些图片，可以使制作的幻灯片更生动、形象、美观，从而增强了演示文稿的表现力。插入合适的图片，能起到画龙点睛的作用，让观众轻松理解演讲的内容。

4.4.1　插入图片

在 PowerPoint 2016 中有多种插入图片的方式，如插入本地图片、联机图片、使用占位符中的"图片"按钮插入图片，也可以直接复制图片将其粘贴至幻灯片页面中来插入图片，如【实训4-14】。

【实训4-14】如何插入本地图片？

操作方法见图4-24中的步骤。

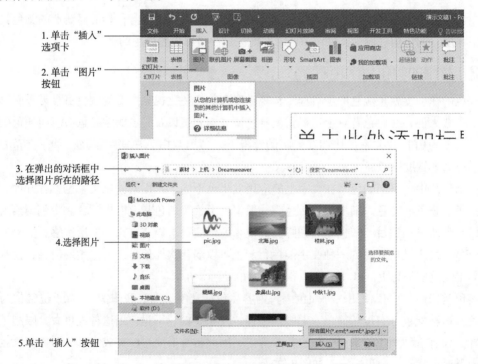

图 4-24　插入本地图片

4.4.2　常用的图片处理技术

在PowerPoint 2016中插入图片后，如果图片不能满足演讲者要表达内容的需求，或者希望插图更漂亮，可以在PowerPoint 2016中对图片进行简单的处理，包括调整图片大小、裁剪图片、旋转图片以及为图片设置样式等。

1．调整图片的大小

插入的图片大小可以根据当前幻灯片的情况进行调整，如【实训4-15】，也可以在"图片工具"→"格式"选项卡"大小"组中的"形状高度"和"形状宽度"文本框中直接输入精确的数值来更改图片的大小。

【实训4-15】如何调整图片的大小？

操作方法见图4-25中的步骤。

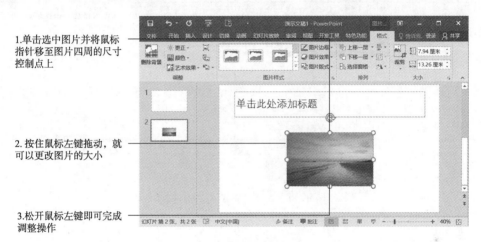

图 4-25　调整图片的大小

2．裁剪图片

如果要隐藏或修整部分图片，可以通过裁剪图片来完成。裁剪图片时先选中图片，一旦选中图片，则在功能菜单中会出现"图片工具"→"格式"选项卡，如图4-26所示，然后在"图片工具"→"格式"选项卡"大小"组中单击"裁剪"按钮直接进行裁剪。

图 4-26　裁剪图片功能区

此时即可看到图片变为可编辑模式，并在图片的四周显示8个裁剪控制柄，将鼠标光标放置在右上角的裁剪柄上，鼠标光标变为⌐形状时，按下鼠标左键拖动即可对图片进行相应裁剪，确定要裁剪掉的范围。如果要同时均匀地裁剪两侧，可按住<Ctrl>键的同时，将任一侧的中心裁剪控点向里拖动。

除此之外，还可以将图片裁剪为特定形状、裁剪为通用纵横比、通过裁剪来填充形状，如【实训4-16】。

【实训4-16】如何将图片裁剪为心形形状？

操作方法见图4-27中的步骤。

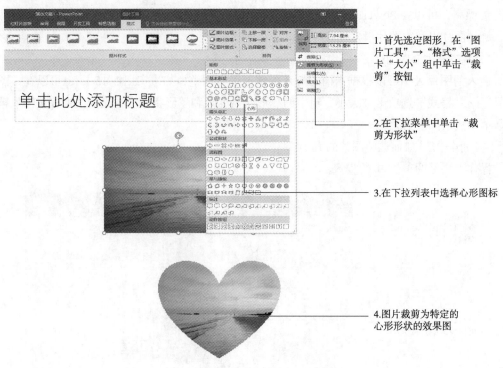

1. 首先选定图形，在"图片工具"→"格式"选项卡"大小"组中单击"裁剪"按钮

2. 在下拉菜单中单击"裁剪为形状"

3. 在下拉列表中选择心形图标

4. 图片裁剪为特定的心形形状的效果图

图 4-27   将图片裁剪为心形形状

3. 旋转图片

如果对图片的角度不满意，还可以通过旋转控制点旋转图片，如图4-28所示。

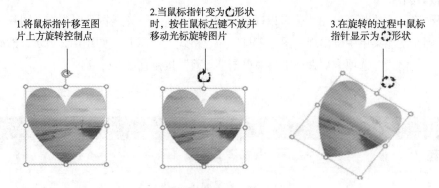

1. 将鼠标指针移至图片上方旋转控制点

2. 当鼠标指针变为 ↻ 形状时，按住鼠标左键不放并移动光标旋转图片

3. 在旋转的过程中鼠标指针显示为 ↻ 形状

图 4-28   通过旋转控制点旋转图片

如果旋转的角度固定，也可以通过设定旋转角度旋转，如【实训4-17】。

【实训4-17】如何将图片旋转60度？

操作方法见图4-29中的步骤。

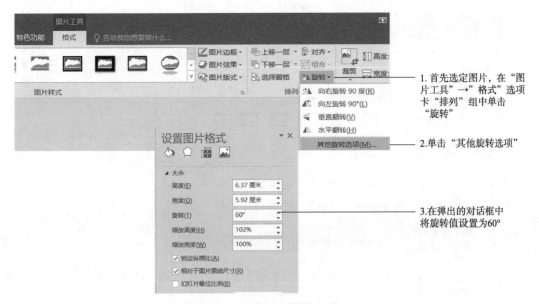

图 4-29 将图片旋转 60 度

4. 为图片设置样式

插入图片后，可以通过添加阴影、发光、映像、柔化边缘、凹凸和三维（3-D）旋转等效果来增强图片的感染力，也可以为图片设置样式来更改图片的亮度、对比度或模糊度等，如【实训4-18】。

【实训4-18】如何将图片羽化，并设置图片效果为半映像，将柔化边缘更改为25磅，并进行平行旋转？

操作方法见图4-30中的步骤。

5. 为图片设置艺术效果

图片的风格有时会和幻灯片风格不一致，可以调整图片的艺术效果使其与幻灯片风格协调。但是一次只能将一种艺术效果应用于图片，因此，应用其他的艺术效果会删除以前应用的艺术效果，如【实训4-19】。

【实训4-19】如何调整图片的艺术效果？

操作方法见图4-31中的步骤。

4.4.3 图片与背景的融合

插入幻灯片中的图片，除了要符合主题以外，最重要的是要和背景保持统一。要想让图片与幻灯片主题背景保持统一，就要将图片融于背景中，使画面形成一个整体，不要让图片产生突兀感。

1. 更改幻灯片背景

幻灯片背景是美化演示文稿的另一种方法。用户可以使用内置的背景样式或自定义设置幻灯片的背景样式，根据实际需要可以呈现多种背景填充效果，如统一的纯色背景、渐变背景、图案背景等，如【实训4-20】。

【实训4-20】如何为幻灯片添加"渐变"背景？

操作方法见图4-32中的步骤。

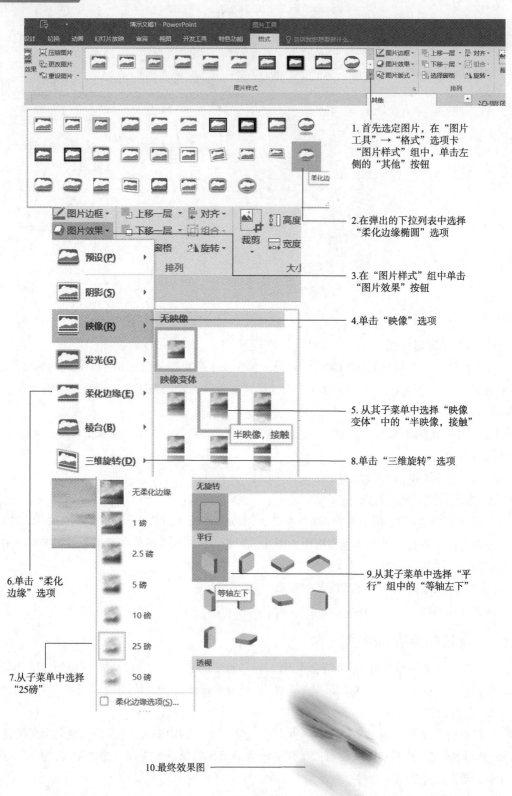

1. 首先选定图片，在"图片工具"→"格式"选项卡"图片样式"组中，单击左侧的"其他"按钮

2. 在弹出的下拉列表中选择"柔化边缘椭圆"选项

3. 在"图片样式"组中单击"图片效果"按钮

4. 单击"映像"选项

5. 从其子菜单中选择"映像变体"中的"半映像，接触"

8. 单击"三维旋转"选项

6. 单击"柔化边缘"选项

9. 从其子菜单中选择"平行"组中的"等轴左下"

7. 从子菜单中选择"25磅"

10. 最终效果图

图 4-30 为图片设置样式

1. 首先选定图片，单击"艺术效果"按钮

2. 在子菜单中选择"发光散射"选项

3. 最终效果图

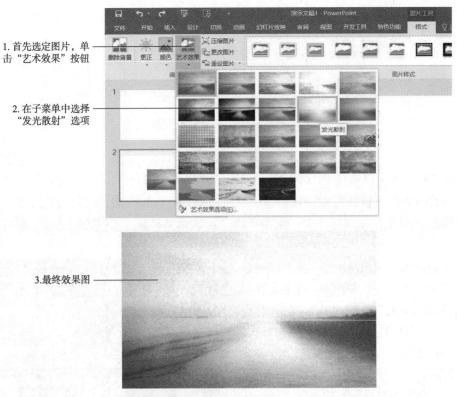

图 4-31　调整图片的艺术效果

1. 单击"设计"选项卡

2. 单击"自定义"组的"设置背景格式"按钮

3. 在子菜单中，单击"渐变填充"选项

4. 单击"预设渐变"下拉框

5. 选择"浅色渐变-个性色4"选项

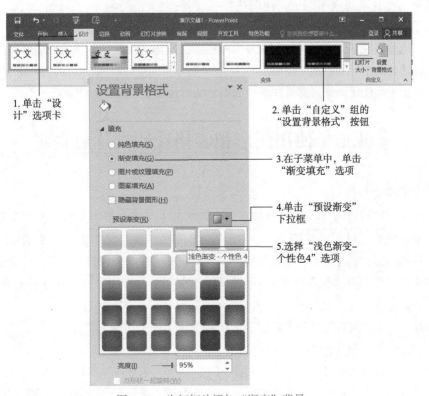

图 4-32　为幻灯片添加"渐变"背景

6.最终效果图

图 4-32　为幻灯片添加"渐变"背景（续）

除此之外，还可以选择"图片或纹理填充"或"图案填充"，并且选择后都会包含一些细致的设置参数，可以按需要设置。由于设置的背景默认只应用于当前幻灯片中，如果想将设置效果应用于所有幻灯片中，则需要在"设置背景格式"子菜单中单击"全部应用"按钮。

2. 将图片融于背景

在幻灯片中插入图片时，可以根据背景颜色调整图片颜色，使图片与背景相融合。同时也可以对图片的亮度与对比度进行调整，使得光感更加强烈，如图 4-33 所示。

为素材图片添加边框，可以使图片产生立体效果，同时也有助于对图片的修整，让原本不规则的图片变得规则，进而让图片与幻灯片的背景更好地融合在一起。

图 4-33　将图片融于背景

图片的边缘往往不能很好地与幻灯片背景融合。所以，柔化图片边缘也能够使图片更好地融入到幻灯片背景中。

总之，无论做任何调整，都要注意当前图片的特性以及幻灯片的背景。

4.5　使用图形和表格让幻灯片更直观

4.5.1　绘制图形

在幻灯片中可以通过点、线、面等平面设计的基本元素来装饰页面。点元素可以集中视线，线元素和面元素可以活跃版面，而图形则在幻灯片版面布局中发挥着顶梁柱的作用，在幻灯片中添加图形元素作为文字信息的底衬，既能让文字在复杂背景中成为幻灯片画面中的主题，又能让观众视线更容易集中在文字信息上，起到提醒注意的作用，更有利于信息的传递，如【实训 4-21】。

【实训 4-21】如何在幻灯片上绘制带文字的心形？

操作方法见图 4-34 中的步骤。

在幻灯片中插入图形之后，还可以对图形进行调整，包括调整图形大小和位置。如果要调整图形的位置，只需要在幻灯片中选中图形，就可以按下鼠标左键拖动进行调整；如果要调整形状的大小，则需要将鼠标指针移至图形四周的尺寸控制点上，然后进行按下鼠标左键拖动进行调整。

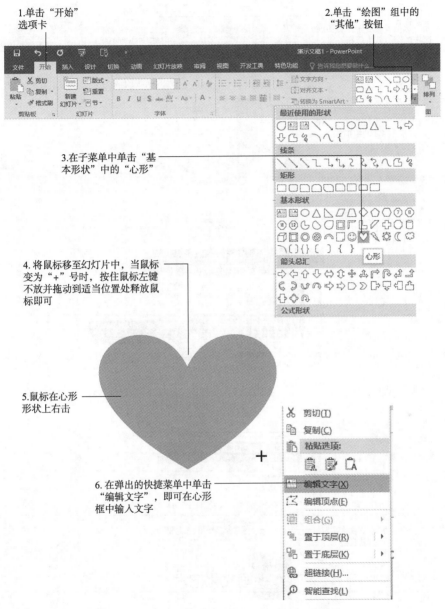

图 4-34　在幻灯片上绘制带文字的心形

4.5.2　设置图形的样式

插入图形后，我们可以为图形添加边框进行装饰，也可以根据实际需要设置图形的颜色、填充形状轮廓的颜色和形状的效果等属性，以便更好地美化页面，如【实训4-22】。

【实训4-22】如何制作醒目标题"中国文化艺术"？

操作方法见图4-35中的步骤。

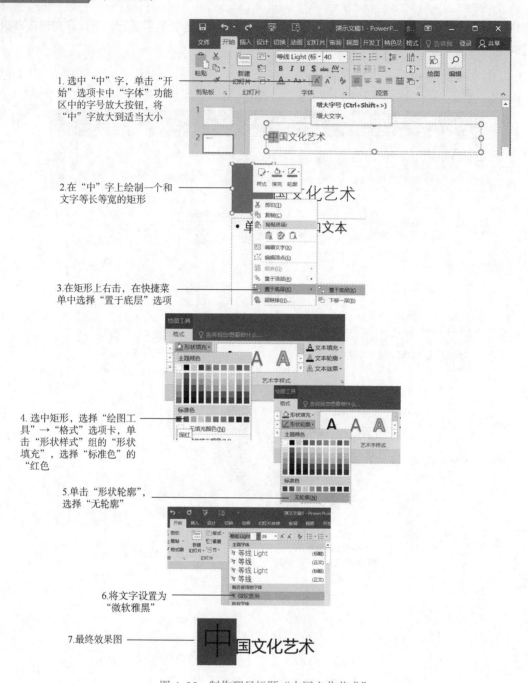

1. 选中"中"字，单击"开始"选项卡中"字体"功能区中的字号放大按钮，将"中"字放大到适当大小

2. 在"中"字上绘制一个和文字等长等宽的矩形

3. 在矩形上右击，在快捷菜单中选择"置于底层"选项

4. 选中矩形，选择"绘图工具"→"格式"选项卡，单击"形状样式"组的"形状填充"，选择"标准色"的"红色"

5. 单击"形状轮廓"，选择"无轮廓"

6. 将文字设置为"微软雅黑"

7. 最终效果图

图 4-35 制作醒目标题"中国文化艺术"

4.5.3 图形的组合与排列

如果想在同一张幻灯片中同时选中多个图形，可以按住<Ctrl>键，逐个单击图形；如果想将多个图形组合成一个整体，则可以同时选中多个图形后右击，弹出快捷菜单，通过"组合"功能使多个形状通过重新组合创建出新的形状，如图4-36所示。这是一项非常实用的功能，组合后的图形可以作为一个整体进行移动和调整大小。

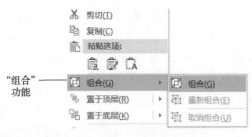

图 4-36　图形的组合

还可以对选中的多个图形使用"绘图工具"→"格式"选项卡下"排列"组中的各个命令选项，包括上移一层、下移一层、对齐、组合和旋转，其中对齐包括左对齐、右对齐、横向分布、纵向分布等，如图 4-37 所示。

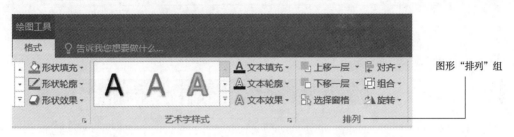

图 4-37　图形的排列

【实训 4-23】如何对齐图形？

操作方法见图 4-38 中的步骤。

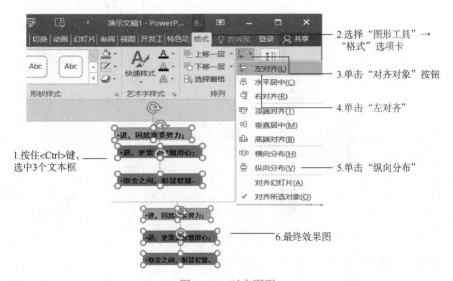

图 4-38　对齐图形

4.5.4　特殊的图形——SmartArt 图形

SmartArt 图形是提供了可以表现多种关系的图示，使用这种图示既可以直观地表达数据关系，也可以增强版面的感染力与表现力，让幻灯片整体更加活跃。SmartArt 图形的种类非常多，有表示列表关系、流程关系、层次结构关系的，等等。用户可以通过多种不同布局进行选择来创建SmartArt图形，从而快速、轻松和有效地传达信息，如【实训4-24】。

【实训4-24】如何使用SmartArt图形描述文字"性格分解为态度特征、意志特征、情绪特征和理智特征四个组成成分"？

制作方法见图4-39中的步骤。

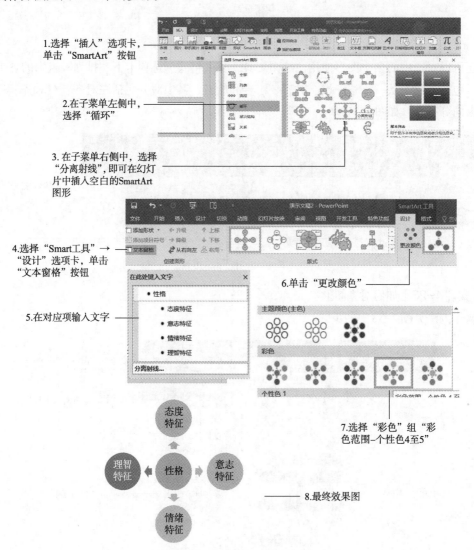

图 4-39　使用 SmartArt 图形

4.5.5　图表的魔力

图表在幻灯片中起了很大的作用，它能使大量的统计资料系统化、条理化，因而能更加清晰地表述统计资料的内容；利用图表便于比较各项目（指标）之间的关系，而且也便于计算（如有些计算表比公式更简易、明了）；利用统计表易于检查数字的完整性（是否有遗漏）和正确性；生动、形象、直观的图表与文字数据相比更容易让人理解，在幻灯片中插入图表可以使幻灯片的显示效果更加清晰，使阅读者一目了然。

图表通常由图表标题、数据系列、图例、类别、类别轴、数值轴、数据点等组成，如图4-40所示。

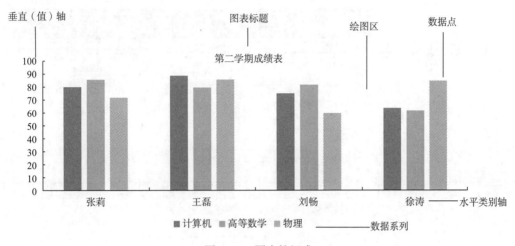

图 4-40　图表的组成

在 PowerPoint 2016 中，可以插入到幻灯片中的图表包括柱形图、折线图、饼图、条形图、面积图、XY图（散点图）、股价图、曲面图、雷达图、树状图、旭日图、直方图、箱形图、瀑布图和组合图等。单击"插入"选项卡中的"图表"选项，在"插入图表"对话框中可以看到图表的分类，如图4-41所示。

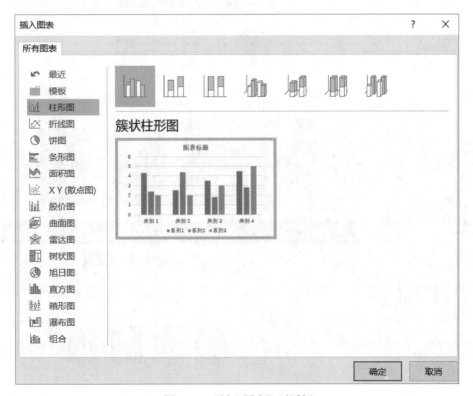

图 4-41　"插入图表"对话框

【实训4-25】如何插入图表？

操作方法见图4-42中的步骤。

1.选择"插入"选项卡，单击"图表"按钮

2.选择"柱形图"选项，单击"三维簇状柱形图"

3.单击"确定"按钮

4.在自动弹出Excel的界面的单元格中输入所需要显示的数据

5.输入完毕后关闭Excel表格即可在幻灯片中插入一个柱形图

6.单击"图表样式"，可以更改柱形图的布局样式和颜色

7.单击"快速布局"，可以改变显示图表的布局方式

8.单击幻灯片中的"图表标题"占位符，输入文字"成绩图表"，即可得到最终的图表

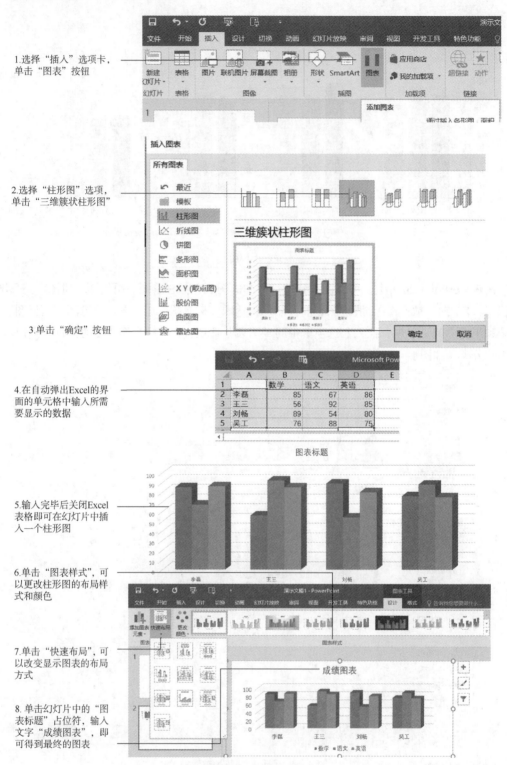

图4-42　插入图表

4.6　使用动画和交互让幻灯片生动起来

在幻灯片中添加适当的动画，给文本或对象添加特殊视觉或声音效果，可以使演示文稿的播放效果更加生动形象，也可以通过动画使一些复杂内容逐步显示以便观众理解。

添加动画
效果

4.6.1　在幻灯片中创建动画

在制作幻灯片的时候，通过使用动画效果可以大大提高幻灯片的表现力，在动画展示的过程中可以起到画龙点睛的作用。例如，动画可以使文本项目符号逐行浮现，或在显示图片时播放掌声。

在使用动画的时候，要遵循动画的醒目、自然、适当、简化及创意原则。

① 醒目原则：使用动画比如变大、旋转或者颜色变深等方式使重点内容更加醒目。

② 自然原则：无论是使用的动画样式，还是设置文字、图形元素出现的顺序，都要在设计时遵循自然的原则。既要考虑对象本身的变化，也要考虑周围的环境、前后关系的影响，还要考虑与幻灯片背景和演示环境的协调。

③ 适当原则：适当使用动画，要避免动画满天飞、滥用动画、错用动画和不用动画。

滥用动画容易分散观众的注意力，打乱正常的演示过程。如果不使用任何动画，也会使观众觉得枯燥无味，同时有些问题也不容易解释清楚。因此，在幻灯片中使用动画要适当，要结合演示文稿传达的意思来使用动画。

④ 简化原则：使用恰当的动画可以将大型的图表化繁为简，运用逐步出现、讲解、再出现、再讲解的方法，可以将观众的注意力随动画和讲解集中在一起。

⑤ 创意原则：如果动画使用不当，观众只会疲于应付，会分散他们对幻灯片内容的关注。因此，使用幻灯片动画的时候，要有创意。

4.6.2　设置动画

1. 创建进入动画

文字是幻灯片中主要的信息载体，如果文字内容过多，使用过多的动画效果会分散观众的注意力。对于标题类的文字则可以适当使用淡出、缩放、脉冲及变色等动画达到从无到有效果。

常用的效果有百叶窗、飞入、棋盘、随即线条、旋转、上浮、弹跳及字幕式等。进入动画可以分为4类，分别是基本型、细微型、温和型和华丽型。

① 基本型：在动作过程中，对象所占版面大小、位置等不会发生太大变化。

② 细微型：在动作过程中，对象所占版面大小、位置等发生变化，但效果不明显。

③ 温和型：在动作过程中，对象所占版面大小、位置等发生变化，但效果适中。

④ 华丽型：在动作过程中，动作较夸张，动作幅度较大，效果明显。

【实训4-26】如何为幻灯片添加进入动画，使得标题文字逐字进入？

操作方法见图4-43中的步骤。

如果在演示的过程中，需要强调某些内容，可以为该对象创建强调动画；同样，如果在演示过程中，想要某个对象消失，则可以为该对象创建退出动画，操作方法如图4-44所示。

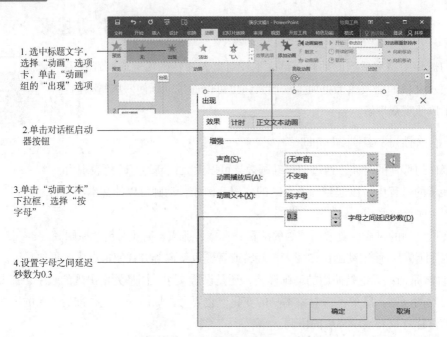

1. 选中标题文字，选择"动画"选项卡，单击"动画"组的"出现"选项

2. 单击对话框启动器按钮

3. 单击"动画文本"下拉框，选择"按字母"

4. 设置字母之间延迟秒数为0.3

图 4-43　为幻灯片添加进入动画

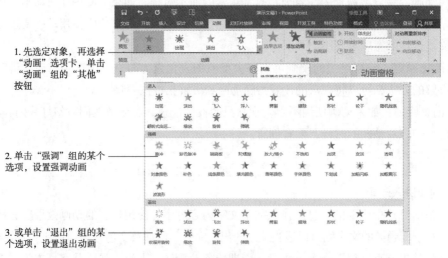

1. 先选定对象，再选择"动画"选项卡，单击"动画"组的"其他"按钮

2. 单击"强调"组的某个选项，设置强调动画

3. 或单击"退出"组的某个选项，设置退出动画

图 4-44　为对象创建强调动画或退出动画

　　当用户为一个对象设置了满意的动画效果后，如果要在其他对象上也设置同样的动画效果，用户可以使用动画刷来复制一个对象的动画效果，然后将其用于另一个对象，使用动画刷可以节省很多时间，操作方法如图4-45所示。

　　2. 创建路径动画

　　可以为对象创建动作路径动画，使得某一对象按照设计的运动路径进行运动，比如使对象上下、左右移动或者沿着星形、圆形图案移动，如【实训4-27】。

　　【实训4-27】如何为幻灯片创建自定义路径动画？

　　操作方法见图4-46中的步骤。

1. 选中已设置好动画的对象，切换到"动画"选项卡，双击"高级动画"组中的"动画刷"按钮

2. 光标呈刷子形状，单击要复制动画的对象

图 4-45 动画刷的应用

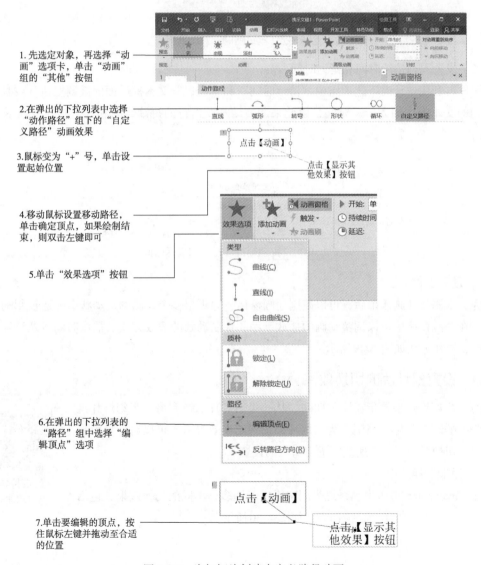

1. 先选定对象，再选择"动画"选项卡，单击"动画"组的"其他"按钮

2. 在弹出的下拉列表中选择"动作路径"组下的"自定义路径"动画效果

3. 鼠标变为"+"号，单击设置起始位置

4. 移动鼠标设置移动路径，单击确定顶点，如果绘制结束，则双击左键即可

5. 单击"效果选项"按钮

6. 在弹出的下拉列表的"路径"组中选择"编辑顶点"选项

7. 单击要编辑的顶点，按住鼠标左键并拖动至合适的位置

图 4-46 为幻灯片创建自定义路径动画

3. 设置动画时间

创建动画之后，可以在"动画"选项卡的"计时"组为动画指定开始、持续时间或者延迟计时。

（1）设置动画开始时间

若要为动画设置开始计时，可以在"动画"选项卡下"计时"组中单击"开始"选项右侧的下拉箭头，然后从弹出的下拉列表中选择所需的计时。该下拉列表包括"单击时"、"与上一动画同时"和"上一动画之后"3个选项，如图4-47所示。

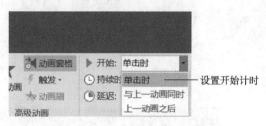

图4-47　为动画设置开始计时

（2）设置动画持续时间和延迟时间

用户可利用"计时"选项组中"持续时间"和"延迟"文本框后面的微调按钮，或者直接在它们的文本框中输入所需时间，以此来调整动画要运行的持续时间和延迟时间，如图4-48所示。

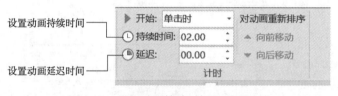

图4-48　设置动画持续时间和延迟时间

4. 动画窗格

为文本添加动画效果后，可以使用动画窗格一边观察多个动画的运动状态一边控制动画的播放，在动画窗格中可以调整动画的播放顺序、控制动画的播放方式、播放时间以及清除多余动画等，操作方法如图4-49所示。

4.6.3　设置幻灯片的切换效果

幻灯片切换效果是指在演示期间，从一张幻灯片切换到另一张幻灯片这个过程中的动态效果。当用户为幻灯片添加了切换效果后，可以对切换效果的方向、切换时的声音、速度等进行适当的设置。

1. 添加切换效果

在PowerPoint 2016中，系统为用户提供了许多种不同的切换效果，包括细微型和华丽型两大类型，操作方法如图4-50所示。

幻灯片切换效果

1.单击"动画窗格"

2. 在幻灯片右边弹出"动画窗格"界面

3.在第3个动画上，按住左键，将第3个动画向上拖动到第2个动画之前则调换了第2个动画和第3个动画的播放顺序

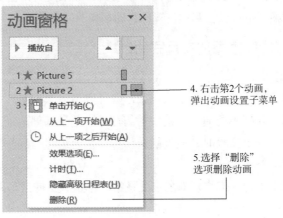

4. 右击第2个动画，弹出动画设置子菜单

5.选择"删除"选项删除动画

图 4-49　动画窗格

1.单击"切换"选项卡

2.单击"切换到此幻灯片"组的"其他"按钮

3.显示系统提供的切换效果

图 4-50　切换效果类型

2. 添加切换方式

可以在"切换"选项卡"计时"组的"换片方式"区域设置幻灯片的切换方式，使得在放映演示文稿时按照设置的方式进行切换。切换演示文稿中的幻灯片包括"单击鼠标时"切换和"设置自动换片时间"两种切换方式，如图4-51所示。

图 4-51 切换方式

如果单击选中"单击鼠标时"复选框，则可设置在每张幻灯片中单击鼠标时切换至下一张幻灯片；如果单击选中"设置自动换片时间"复选框，在"设置自动换片时间"文本框中输入自动换片的时间，则可以实现幻灯片的自动切换；如果同时单击选中两个复选框，则切换时既可以单击鼠标切换，也可以在到达设置的自动切换时间后切换。

4.6.4 为幻灯片对象添加交互式动作

1. 创建超链接

超链接可以是同一演示文稿中从一张幻灯片到另一张幻灯片的链接，也可以是从一张幻灯片到不同演示文稿中的幻灯片、电子邮件地址、网页或文件的链接。在播放演示文稿时，通过超链接可以快速地将幻灯片转至需要的页面，如【实训4-28】。

设置超链接
和动作

【实训4-28】如何为幻灯片对象创建链接，单击或指向这个对象时，将跳转到另一张幻灯片中？

操作方法见图4-52中的步骤。

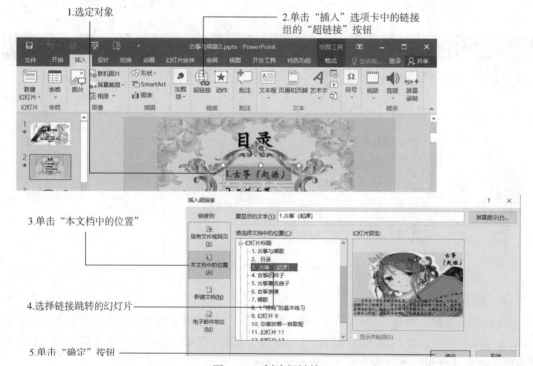

图 4-52 创建超链接

添加超链接后的文本以不同的颜色、下画线显示。放映幻灯片时，单击添加过超链接的文本即可跳转到相应的位置。

2. 创建动作

动作和超链接有着异曲同工之妙。用户既可以为一个已有的对象添加动作，也可以直接添加形状中的动作按钮，都能实现超链接的一些功能。

【实训4-29】如何为幻灯片对象创建指向"最近观看的幻灯片"的动作按钮？

操作方法见图4-53中的步骤。

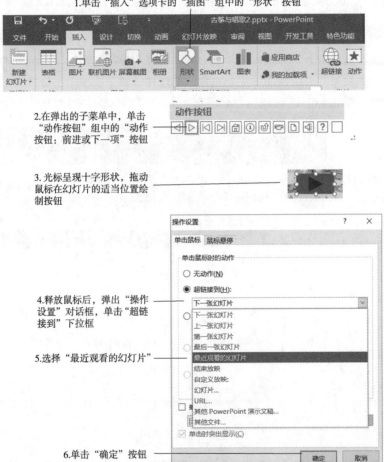

图 4-53 创建动作按钮

用户放映幻灯片时，只需要单击该交互按钮，就能跳转到最近观看的幻灯片。

下面通过两个案例来演示之前所讲演示文稿的操作。

添加音频文件　　　案例：制作培训演示文稿　　　案例：制作教学课件

4.7 幻灯片母版设计

幻灯片母版是幻灯片层次结构中的顶层幻灯片，用于存储有关演示文稿的主题和幻灯片版式的信息，包括背景、颜色、字体、效果、占位符大小和位置。

每个演示文稿至少包含一个幻灯片母版。修改和使用幻灯片母版的主要优点是可以对演示文稿中的每张幻灯片内容、背景、配色和文字格式设置等统一化（包括以后添加到演示文稿中的幻灯片）。使用幻灯片母版时，无须在多张幻灯片上重复键入相同的信息，可以快速制作出多张具有共同特色的幻灯片，这样可以为用户节省很多时间，同时也便于让整个演示文稿的效果保持统一。

4.7.1 母版的结构

单击"视图"选项卡下"母版视图"组中的"幻灯片母版"按钮即可进入幻灯片母版视图页面。母版视图中主要包含"幻灯片母版"选项卡、母版窗格、母版编辑区等基本组成，如图4-54所示。

应用母版

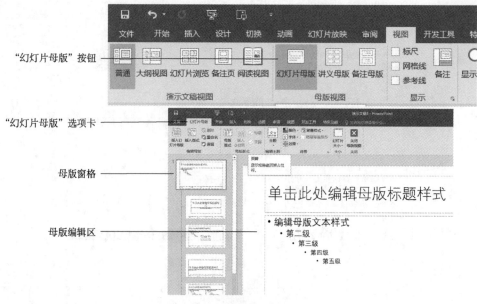

图 4-54　母版结构图

母版窗格主要由Office主题幻灯片母版和一组默认的幻灯片版式组成，可以分别选择并设置这些版式。版式是指在版面上将多种形式的元素进行有机的排列组合，一般包括内容结构、字体样式、占位符大小以及位置等，任意新建的演示文稿都包含"标题幻灯片""标题和内容""图片和标题""标题和竖排文字""空白"等11种版式，新建幻灯片时可以选择应用需要的版式。其中Office主题幻灯片母版这一页中添加的元素（如设置背景、添加图形布局版面等）会在下面所有版式中出现。标题和内容幻灯片版式用于幻灯片的封面和封底，如果在"Office主题幻灯片母版"中添加的图形不想应用到此版式，需要隐藏背景图形。

母版编辑区主要是显示编辑幻灯片母版后的效果，设置每个占位符的位置及格式，如标题占位符、文本占位符、日期占位符、幻灯片编号占位符和页脚占位符等。占位符是一种带有虚线或阴影线边缘的框，绝大部分幻灯片版式中都有这种框，在这些框内可以放置标题及正文，或者是图表、表格和图片等对象，并且规定了这些内容默认放置在幻灯片上的位置和面积。因此，占位符是幻灯片版式布局中最重要的元素，不同的版式对应的占位符不同。

4.7.2　创建或自定义母版

在幻灯片母版视图下可以为整个演示文稿设置相同的颜色、字体、背景和效果等，如【实训4-30】所示。

【实训4-30】如何设计幻灯片母版？

操作方法见图4-55中的步骤。

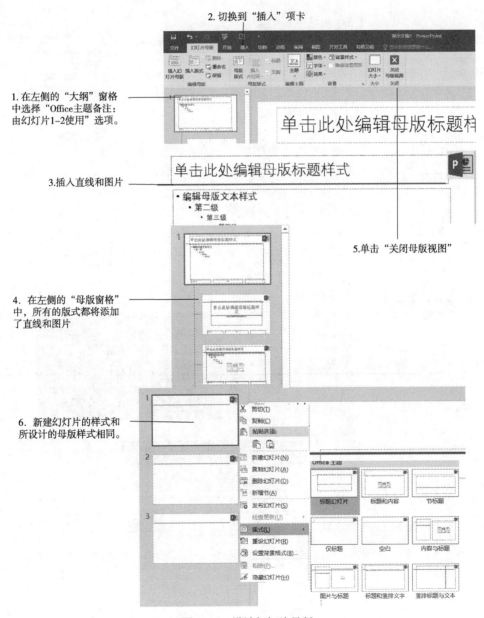

图 4-55　设计幻灯片母版

4.7.3 利用母版自定义幻灯片版式

在母版幻灯片中可以添加任意位置和类型的占位符来自定义幻灯片版式，如【实训4-31】。

【实训4-31】如何制作节标题幻灯片版式？

操作方法见图4-56中的步骤。

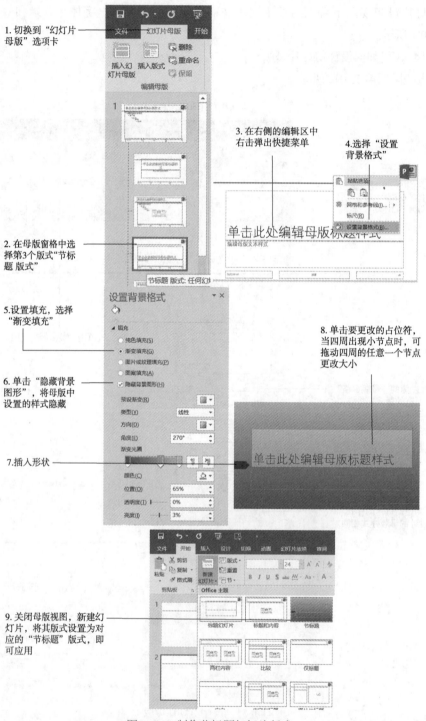

图4-56 制作节标题幻灯片版式

4.7.4 将母版保存为模板

设置母版样式后，可以将母版保存为模板的形式，便于以后使用，操作方法如图 4-57 所示

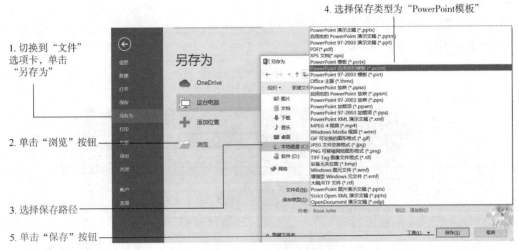

图 4-57 将母版保存为模板

4.8 幻灯片放映

幻灯片放映

制作好的幻灯片通过检查之后就可以直接进行播放，掌握幻灯片播放的方法与技巧并灵活使用，可以达到意想不到的效果。

4.8.1 幻灯片的放映方式

在 PowerPoint 2016 中，幻灯片的放映方式包括演讲者放映、观众自行浏览和在展台浏览 3 种，设置方法如图 4-58 所示。演讲者放映方式是指由演讲者一边讲解一边放映幻灯片，这种放映方式一般用于比较正式的场合，如学术报告、专题讲座等。观众自行浏览方式是指由观众自己操作计算机观看幻灯片。在展台浏览方式是指在展览会或类似场合，让幻灯片自动放映而不需要演讲者操作。

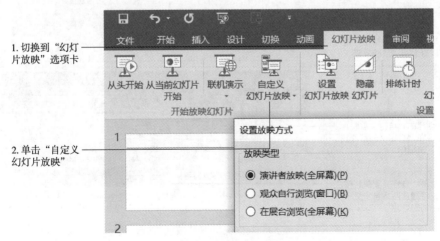

图 4-58 幻灯片的放映方式

4.8.2 自定义放映方式

利用PowerPoint的"自定义幻灯片放映"功能，可以为幻灯片设置多种自定义放映方式，如【实训4-32】。

【实训4-32】如何自定义幻灯片放映方式？

操作方法见图4-59中的步骤。

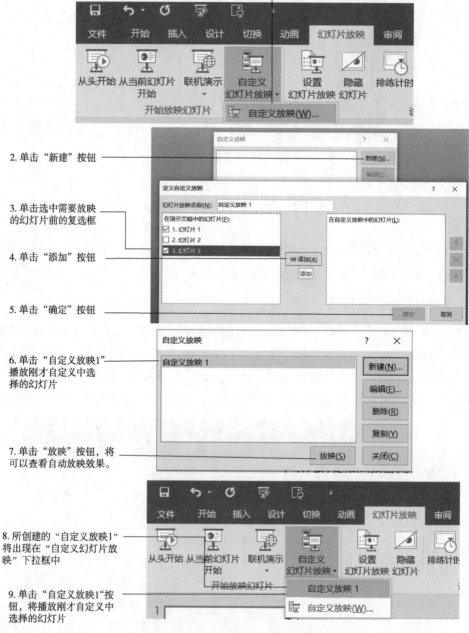

图 4-59　自定义幻灯片放映方式

4.8.3　放映幻灯片

幻灯片默认的放映方式为普通手动放映。用户也可以根据实际需要，将幻灯片的放映方式设置为从头开始放映、从当前幻灯片开始放映、联机放映和自定义幻灯片放映等，如图 4-60 所示。

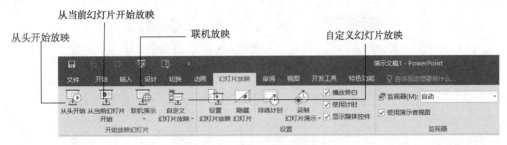

图 4-60　幻灯片的放映方式

单击"从头开始"或者按快捷键 <F5>，系统就会自动从头开始放映幻灯片；单击"从当前幻灯片开始"或者单击窗口右下角的"幻灯片放映"按钮，用户可以随意选中一张幻灯片开始放映；单击"联机放映"，只要处于有网络的环境，即便电脑上没有安装 PowerPoint 2016，也能放映演示文稿；单击"自定义幻灯片放映"，将播放自定义选择的幻灯片。在放映过程中用户可以通过单击鼠标、按 <Enter> 键或空格键来切换到下一张幻灯片。

4.8.4　为幻灯片添加注释

在演示过程中向幻灯片添加注释内容，不但能为演讲者带来方便，而且有助于观众更好地了解幻灯片所传达的意思。打开演示文稿，按下 <F5> 键放映幻灯片，右击弹出快捷菜单，选择"指针选项"选项，再在右侧的子菜单中单击选择"笔"选项，如图 4-61 所示。当鼠标指针变成一个点时，就可以在幻灯片中添加注释了，比如可以在幻灯片中写字、画图、标记重点等。

在幻灯片中标注添加错误时，或是幻灯片讲解结束时，还可以将注释消除。放映幻灯片时，在添加有标注的幻灯片中右击，在弹出的快捷菜单中选择"指针选项"选项，再在子菜单中选择"橡皮擦"选项，如图 4-62 所示。当鼠标变为橡皮擦形状时，拖动鼠标左键，将其放在有注释的地方，直接擦除即可。

图 4-61　为幻灯片添加注释　　　　　图 4-62　擦除注释

　　用户也可以选择"指针选项"选项，然后在子菜单中
选择"擦除幻灯片上的所有墨迹"菜单命令来删除添加在幻灯片上的注释。

　　下面通过两个案例演示来帮助读者巩固本章知识。

案例：制作
公司简介演
示文稿

案例：制作
调查报告演
示文稿

本 章 小 结

　　PowerPoint专门用于设计，制作信息展示领域（如演讲、做报告、各种会议、产品演示、商业演示等）的各种电子演示文稿。PowerPoint在工作和学习中的使用频率越来越高，其重要性也越来越突显。人们一般也将PPT当成PowerPoint文档的代名词。PPT的视觉化表达方式丰富，使用几页PPT就能展示文档的要点，制作起来也比较直观、简单。一个优秀的PPT能给使用者和观众带来双重的成功与收获。

　　我们可以在PPT中插入文字、图片、视频、音频、表格、教学用的公式、页码、超链接等，其中日常用的是插入文字、图片和形状。PPT中的SmartArt是一个集成形状模块，方便我们插入介绍用的图形结构，有时候想不到怎么表达的时候，就可以通过SmartArt去找一个好的表达结构。PowerPoint的模板功能能够让整个PPT的设计达到统一的效果，可以使用系统自带的这些模板，也可以试着自己设计一些模板，或者上网找一些专业的设计模板，这样也会让整个PPT增色不少。PPT中适量的使用动画和切换，可以起到画龙点睛的作用，但盲目的使用很容易让人眼花缭乱，对于主题也没有帮助。

章 后 习 题

一、选择题

1. PowerPoint是一种_____软件。

　　A. 表格处理　　　　B. 图像处理　　　　C. 演示文稿制作　　D. 文字处理

2. 在幻灯片播放时，如果要结束放映，可以按_____键。

　　A. <Esc>　　　　　B. 空格　　　　　　C. <Enter>　　　　　D. <Back space>

3. 在PowerPoint中能显示单个幻灯片以进行文本编辑的视图是_____。

　　A. 幻灯片放映视图　　B. 普通视图　　　C. 幻灯片浏览视图　　D. 阅读视图

4. PowerPoint中有不同的视图模式，其中默认的视图模式为_____。

　　A. 普通视图　　　　　　　　　　　　　　B. 幻灯片放映视图

C.　幻灯片浏览视图　　　　　　　　　　　D.　阅读视图

5.　可以对幻灯片进行复制、移动和设置切换效果等操作，但不能编辑幻灯片中的具体内容的视图是_____。

A.　幻灯片放映视图　　B.　普通视图　　C.　幻灯片浏览视图　　D.　阅读视图

6.　下列_____操作不能退出 PowerPoint 演示文稿窗口。

A.　按<Esc>键

B.　右击标题栏上方空白处，选择"关闭"命令

C.　单击窗口右上角的"关闭"按钮

D.　按<Alt+F4>组合键

7.　在备注页视图中双击上方的幻灯片，则_____。

A.　直接进入普通视图　　　　　　　　　　B.　打开幻灯片设置窗口

C.　弹出快捷菜单　　　　　　　　　　　　D.　插入备注或说明

8.　下列关于 PowerPoint 的说法，正确的是_____。

A.　在 PowerPoint 中，每一张幻灯片就是一个演示文稿

B.　每当插入一张新幻灯片时，PowerPoint 可以为用户提供幻灯片版式选择

C.　使用 PowerPoint 只能创建、编辑演示文稿，而不能播放演示文稿

D.　只能为所有幻灯片应用同样的主题，不能为某张幻灯片单独应用不同的主题

9.　在 PowerPoint 中，如果要为演示文稿快捷地设定整体、专业的外观，可使用幻灯片"设计"选项卡中的_____功能区。

A.　背景　　　　　B.　变体　　　　　C.　自定义　　　　　D.　主题

10.　PowerPoint 中关于设计主题，正确的是_____。

A.　用户可以创建自己的设计主题　　B.　所有设计主题都是系统自带的

C.　演示文稿所用的设计主题不能更换　　D.　设计主题文档的默认扩展名为 pptx

11.　在 PowerPoint 中，要在幻灯片占位符中输入文字，方法是_____。

A.　直接输入文字，鼠标会自动跳进占位符中

B.　首先删除占位符中的系统显示的文字，然后才可输入文字

C.　首先单击占位符，然后才可输入文字

D.　首先删除占位符，然后才可输入文字

12.　在 PowerPoint 中，下列_____对象可以创建超链接。

A.　文本、形状　　B.　表格　　　　C.　图形和图像　　D.　其他三项均可以

13.　PowerPoint 中的超链接可以指向_____。

A.　其他 Office 文档　　　　　　　　　　B.　WWW 网址或 FTP 站点

C.　某一张幻灯片　　　　　　　　　　　　D.　其他三项均可

14.　下列关于 PowerPoint 中文本的说法，不正确的是_____。

A.　在 PowerPoint 中，艺术字的编辑理念和普通文本完全一样

B.　有多种在幻灯片中创建文本的方法，如文本占位符、文本框和自选图形添加文本等

C.　在 PowerPoint 中可以设置文本的动画效果

D. 给 PowerPoint 中的文本设置字体、字号、字形称为文本的格式化

15. 启动 PowerPoint 后，如果要创建新的演示文稿，则可通过_____方式创建。

A. PowerPoint 自带的主题   B. 联机模板和主题

C. 空演示文稿   D. 其他三项均可以

16. 在幻灯片母版中插入的对象只能在_____中修改。

A. 普通视图   B. 幻灯片母版   C. 讲义母版   D. 浏览视图

17. 在编辑幻灯片时，如果执行了两次"复制"操作，则执行"粘贴"时的默认内容_____。

A. 仅有第 1 次被复制的内容   B. 仅有第 2 次被复制的内容

C. 有两次被复制的内容   D. 复制内容被清除

18. 幻灯片的切换方式是指_____。

A. 文字在逐字出现时的过渡形式   B. 在编辑幻灯片时切换不同的视图

C. 在编辑幻灯片时切换不同的设计主题 D. 在幻灯片放映时两张幻灯片间的过渡形式

19. 下列有关幻灯片的备注信息，正确的说法是_____。

A. 备注信息可在普通视图的备注窗格中进行编辑

B. 当幻灯片放映时，备注信息随同幻灯片一起播放，观众是能看见备注信息的。

C. 备注信息可出现在幻灯片阅读视图中

D. 备注信息可出现在幻灯片浏览视图中

20. 在演示文稿中插入超链接所链接的目标，不能是_____。

A. 幻灯片中的某个对象   B. 另一个演示文稿

C. 其他应用程序的文档   D. 同一个演示文稿的某一张幻灯片

21. 在一个演示文稿中选定一张幻灯片，按<Delete>键，则_____。

A. 这张幻灯片被删除，且不能恢复

B. 这张幻灯片被删除，但可以利用回收站恢复

C. 这张幻灯片被删除，但能恢复

D. 这张幻灯片被移到回收站内

22. 在 PowerPoint 中，_____以文件形式存储在外存中。

A. 幻灯片   B. 演示文稿   C. 放映视图   D. 播放文档

23. 下列叙述中不正确的是_____。

A. 每张幻灯片都是由若干对象组成的   B. 在 PowerPoint 中可以插入艺术字

C. 在幻灯片浏览视图下可添加、删除、移动和复制幻灯片

D. 在幻灯片中不能插入声音

24. 在幻灯片中将涉及其组成对象的种类以及对象间相互位置的问题称为_____。

A. 模板设计   B. 动画效果   C. 版式设计   D. 配色方案

25. PowerPoint 的"幻灯片放映"选项卡中能够实现的功能包括_____。

A. 设置放映类型、隐藏幻灯片、指定要演示的幻灯片

B. 设置幻灯片的切换效果

C. 设置演示文稿播放过程中幻灯片进入和离开屏幕时产生的视觉效果

D.　设置幻灯片中的文本、声音、图像及其他对象的进入方式和顺序

26.　已设置了幻灯片的动画，但没有马上显示动画效果，可能是因为_____。

A.　没有切换到幻灯片放映视图　　　　B.　没有切换到普通视图

C.　没有切换到幻灯片浏览视图　　　　D.　设置的动画效果过多

27.　PowerPoint 的"超级链接"命令的作用是_____。

A.　插入幻灯片　　B.　复制幻灯片　　C.　删除幻灯片　　D.　内容跳转

28.　PowerPoint 中关于声音的使用，正确的是_____。

A.　在 PowerPoint 插入的声音文件，不可以循环播放

B.　在 PowerPoint 可以插入任何格式的声音文件

C.　在幻灯片中用一个小喇叭表示插入的声音

D.　在 PowerPoint 插入声音文件后不可以删除

29.　在 PowerPoint 的普通视图中，使用"幻灯片放映"中的"隐藏幻灯片"后，被隐藏的幻灯片将会_____。

A.　在幻灯片放映时不放映，但仍然保存在文件中

B.　从文件中删除

C.　在幻灯片放映是依然可放映，但幻灯片上的部分内容被隐藏

D.　在普通视图的编辑状态中被隐藏

30.　PowerPoint 2016 的演示文稿具有大纲、幻灯片浏览、备注、阅读和_____等视图。

A.　模板　　　　B.　联机　　　　C.　普通　　　　D.　页面

31.　在幻灯片浏览视图下，选择不连续的若干张幻灯片的方法应该是_____。

A.　按住 <Ctrl> 键逐张单击各幻灯片　　B.　逐张单击各幻灯片

C.　先单击其中的第一张幻灯片，再按住 <Ctrl> 键单击最后一张幻灯片

D.　先单击其中的第一张幻灯片，再按住 <Shift> 键单击最后一张幻灯片

32.　要想使每一幻灯片中都出现某个对象，最佳方法是在_____中插入该对象。

A.　"视图"选项卡"幻灯片母版"，在左窗格选最上面的"Office 主题 幻灯片母版"

B.　"视图"选项卡"幻灯片母版"，在左窗格选"标题幻灯片版式"

C.　"视图"选项卡"幻灯片母版"，在左窗格选"标题和内容版式"

D.　每张幻灯片分别设置

33.　在 PowerPoint 的幻灯片浏览视图下，不能完成的操作是_____。

A.　调整个别幻灯片位置　　　　B.　删除个别幻灯片

C.　复制个别幻灯片　　　　　　D.　编辑个别幻灯片内容

34.　在 PowerPoint 中，"背景"设置中的"填充效果"所不能处理的效果是_____。

A.　图片　　　　B.　图案　　　　C.　文本和线条　　　　D.　纹理

35.　要从一张幻灯片"溶解"到下一张幻灯片，应使用_____命令。

A.　幻灯片切换　　B.　动作设置　　C.　动画方案　　D.　自定义动画

36.　在 PowerPoint 中，下列有关选定幻灯片的说法错误的是_____。

A.　在幻灯片放映视图下，也可选定多个幻灯片

    B.　在幻灯片浏览视图中单击，即可选定

    C.　要选定多张不连续的幻灯片，在幻灯片浏览视图下按住<Ctrl>键并单击各幻灯片即可

    D.　在幻灯片浏览视图中，若要选定所有幻灯片，应使用<Ctrl+A>组合键

37.　关于幻灯片切换，下列说法正确的是_____。

    A.　可设置自动换片时间　　　　　　　　B.　可设置切换音效

    C.　可用鼠标单击切换　　　　　　　　　D.　其他三项全对

38.　在PowerPoint中，关于自定义动画，下列说法正确的是_____。

    A.　可以调整顺序　　　　　　　　　　　B.　有些可设置参数

    C.　可以带声音　　　　　　　　　　　　D.　其他三项都对

39.　在PowerPoint中，可以为一种元素设置_____动画效果。

    A.　多种　　　　　　B.　仅一种　　　　　C.　不多于两种　　　D.　不多于三种

40.　在PowerPoint中，如果要播放演示文稿，可以使用_____。

    A.　幻灯片视图　　　B.　幻灯片放映视图　C.　大纲视图　　　　D.　幻灯片浏览视图

41.　给一张幻灯片设置切换效果时，可以_____切换效果。

    A.　使用且只能使用一种　　　　　　　　B.　叠加多种

    C.　最多叠加五种　　　　　　　　　　　D.　最多叠加两种

42.　在PowerPoint中，_____元素可以添加动画效果。

    A.　文字　　　　　　B.　图片　　　　　　C.　文本框　　　　　D.　其余三项都可以

43.　输入或编辑PowerPoint幻灯片标题和正文应在_____下进行。

    A.　幻灯片放映视图模式　　　　　　　　B.　幻灯片普通视图模式

    C.　幻灯片浏览视图模式　　　　　　　　D.　幻灯片"备注"窗格

44.　下列各项可以作为幻灯片背景的是_____。

    A.　图案　　　　　　B.　图片　　　　　　C.　纹理　　　　　　D.　其他三项都可以

45.　在PowerPoint中，当新插入的大尺寸图片遮挡住原来的对象时，下列说法不正确的是_____。

    A.　只能删除这个图片，更换大小合适的图片

    B.　可以调整图片的大小

    C.　可以调整图片的位置

    D.　调整图片的叠放次序，将被遮挡的对象提前

46.　在PowerPoint中打开了一个演示文稿，对文稿作了修改之后，马上进行"关闭"操作，则_____。

    A.　弹出对话框，并询问是否保存对文稿的修改

    B.　文稿被关闭，并自动保存修改后的内容

    C.　文稿不能关闭，并提示出错

    D.　文稿被关闭，修改后的内容不能保存

47.　进入PowerPoint以后，打开一个已有的演示文稿P1.pptx，又进行了"新建"操作，则_____。

A．P1.pptx 被关闭　　　　　　　　　　B．"新建"操作失败

C．新建文稿打开但 P1.pptx 被关闭　　D．P1.pptx 和新建文稿均处于打开状态

48．在 PowerPoint 中打开了一个名为"P1.ppt"的文件，并把当前文件以"P2.ppt"为名进行"另存为"操作，则_____。

A．当前文件是"P1.ppt"　　　　　　　B．当前文件是"P2.ppt"

C．当前文件是"P1.ppt"和"P2.ppt"　D．"P1.ppt"和"P2.ppt"均被关闭

49．在 PowerPoint 中，_____可在幻灯片浏览视图中进行。

A．设置幻灯片的动画效果　　　　　　B．读入 Word 文档的内容

C．幻灯片文本的编辑修改　　　　　　D．交换幻灯片的次序

50．在 PowerPoint 的大纲视图中，左边的大纲窗格由每张幻灯片的_____组成。

A．标题和正文　　　B．标题和图片　　　C．正文和图片　　　D．图形和标题

51．PowerPoint 的"超级链接"命令的作用是_____。

A．实现演示文稿幻灯片的移动　　　　B．实现幻灯片内容的跳转

C．中断幻灯片放映　　　　　　　　　D．在演示文稿中插入幻灯片

52．在 PowerPoint 中，若一个演示文稿中有三张幻灯片，播放时要跳过第二张幻灯片，可_____。

A．隐藏第 2 张幻灯片　　　　　　　　B．取消第 2 张幻灯片的切换效果

C．取消第 1 张幻灯片中的动画效果　　D．只能删除第 2 张幻灯片

53．在 PowerPoint 中，从当前幻灯片开始放映幻灯片的快捷键是<Shift+_____>组合键。

A．F5　　　　　　　B．F2　　　　　　　C．F3　　　　　　　D．F4

54．PowerPoint 2016 版演示文稿文件默认的扩展名为_____。

A．pptx　　　　　　B．ppn　　　　　　C．pps　　　　　　D．ppt

55．PowerPoint 中，有关自定义放映的说法中错误的是_____。

A．通过这个功能，不用再针对不同的听众创建多个几乎完全相同的演示文稿

B．自定义放映功能可以产生该演示文稿的多个版本，避免浪费磁盘空间

C．创建自定义放映时，不能改变幻灯片的显示次序

D．设置之后，用户可以在演示过程中右击，选择快捷菜单上的"自定义放映"，然后单击所需的放映

56．要进行幻灯片大小设置、主题选择，可以在_____选项卡中操作。

A．设计　　　　　　B．插入　　　　　　C．视图　　　　　　D．开始

57．PowerPoint 中，在_____视图下不可以进行插入新幻灯片的操作。

A．幻灯片浏览　　　B．放映　　　　　　C．备注页　　　　　D．大纲

58．幻灯处放映过程中，右击弹出快捷菜单，选择"指针选项"中的荧光笔，在讲解过程中可以进行写和画，其结果是_____。

A．写和画的内容可以保存起来，以便下次放映时显示出来

B．如果画错了，允许在放映状态下拖动线条或编辑线条进行校正

C．写和画的内容无法保存

D. 放映下一张幻灯片时，荧光笔痕迹就会自动消失

59. PowerPoint 中，有关幻灯片母版中的页眉页脚，下列说法错误的是_____。

A. 不能设置页眉和页脚的文本格式

B. 典型的页眉 / 页脚内容是日期、时间以及幻灯片编号

C. 在打印演示文稿的幻灯片时，页眉 / 页脚的内容也可打印出来

D. 可以单独设置某一张幻灯片的页眉或页脚

60. 在 PowerPoint 中，用_____方法可以改变原有的幻灯片播放次序。

A. 隐藏幻灯片　　　　B. 改变切换效果　　　C. 通过排练计时　　　D. 通过添加动作按钮

61. 在编辑幻灯片时，要复制选定的内容，可按住_____键，再用鼠标拖至指定位置。

A. <Shift>　　　　　B. <A>　　　　　　　C. <Ctrl>　　　　　　D. <Ins>

62. 在 PowerPoint 表格中，如果将两个单元格合并，原有两个单元格的内容_____。

A. 完全合并　　　　　B. 不合并　　　　　　C. 部分合并　　　　　D. 有条件地合并

63. PowerPoint 中关于动画设置的说法错误的是_____。

A. 放映幻灯片时可以不播放动画　　　　　B. 不能够改变动画的播放顺序

C. 可以在动画窗格中进行动画预览　　　　D. 可以在播放动画的同时带有声音

64. 在 PowerPoint 文本框中可以插入的对象_____。

A. 只有图片　　　　　B. 只有声音　　　　　C. 有文字和图片　　D. 只有文字

65. 设置了超链接的文字颜色会发生变化，如果想这些文字和其他文字的颜色一致（包括超链接使用前和使用后），我们可以使用命令_____。

A. 设计选项卡中的自定义颜色　　　　　　B. 幻灯片版式

C. 设计选项卡中的效果设置　　　　　　　D. 背景

66. 演示文稿中每张幻灯片都是基于某_____创建的，它预定义了新建幻灯片的各种占位符布局情况。

A. 版式　　　　　　　B. 模板　　　　　　　C. 母版　　　　　　　D. 格式

67. 插入到 PowerPoint 中的图像不可以直接在 PowerPoint 编辑窗口进行的_____操作。

A. 放大　　　　　　　B. 缩小　　　　　　　C. 涂改　　　　　　　D. 移位

68. PowerPoint 中选择形状的叙述，错误的是_____。

A. 按住 <Shift> 键，依次单击各个形状可以选择多个形状

B. 依次单击各个形状可以选择多个形状

C. 可以在幻灯片编辑区内用鼠标拖动一个范围，把将要选择的形状包括在内

D. 对多个形状进行选中操作后，才能进行对齐操作

69. PowerPoint 中插入的表格不可以进行下面哪项操作_____。

A. 删除单元格　　　B. 合并单元格　　　C. 拆分单元格　　　D. 移动单格

70. 在 PowerPoint 中，若为幻灯片中的对象设置"飞入"，应选择_____选项卡。

A. 幻灯片放映　　　B. 动画　　　　　　C. 幻灯片版式　　　D. 特色功能

71. 在"幻灯片浏览视图"中，可以显示_____张幻灯片。

A. 1张且仅1　　　　B. 多　　　　　　　C. 2张且仅2　　　　D. 无限

72. 在 PowerPoint 中，下列关于大纲视图的左边大纲窗格的描述错误的是_____。

    A. 可以显示图表   B. 可以显示幻灯片小图标

    C. 可以显示全部的幻灯片编号   D. 可以显示演示文稿的文本内容

73. 关于 PowerPoint 幻灯片母版的使用，不正确的是_____。

    A. 修改母版不会对演示文稿中任何一张幻灯片带来影响

    B. 通过对母版的设置可控制幻灯片中不同部分的表现形式

    C. 通过对母版的设置可预先定义幻灯片的前景颜色、背景颜色和字体大小

    D. 标题母版为使用标题版式的幻灯片设置了默认格式

74. 改变图形对象大小时，如果要保持图形的比例，拖动拐角句柄的同时要按下_____键。

    A. <Ctrl>   B. <Ctrl+Alt>   C. <Tab>   D. <Shift>

75. 若当前编辑的演示文稿是 C 盘中名为 "aA．pptx" 的文件，要将该文件复制到 D 盘，应使用_____。

    A. "文件" 菜单的 "另存为" 命令   B. "文件" 菜单的 "导出" 命令

    C. "开始" 菜单的 "复制" 命令   D. "开始" 菜单的 "粘贴" 命令

二、判断题

1. 在 PowerPoint 中，幻灯片母版控制的是除标题幻灯片以外的所有幻灯片的格式。（　　）

2. 使用幻灯片浏览视图，可在浏览幻灯片的同时，编辑幻灯片的内容。（　　）

3. 演示文稿运用某款设计主题后，依然能编辑幻灯片的背景。（　　）

4. 在 PowerPoint 中，在幻灯片中插入艺术字不能调整其大小与位置。（　　）

5. 在 PowerPoint 2016 的视图选项卡中，演示文稿视图仅仅有普通视图、幻灯片浏览、阅读视图和备注页 4 种模式。（　　）

6. 可以为同一个演示文稿中的不同幻灯片应用不同的设计模板。（　　）

7. 在 PowerPoint 2016 的中，"动画刷" 工具可以快速设置相同动画。（　　）

8. 在 PowerPoint 中，幻灯片中不能设置页眉／页脚。（　　）

9. PowerPoint 中，文本框的大小和位置是确定的。（　　）

10. 在 PowerPoint 的普通视图中，有左边、右上、右下 3 个窗格，每个窗格是固定大小的，无法改变尺寸。（　　）

11. 要实现放映时旋转文本的效果，可将 "动画" 的 "旋转" 效果应用于文字上。（　　）

12. 在 PowerPoint 中，无法在占位符外添加文字。（　　）

13. PowerPoint 可以绘制一些几何图形并创建立体效果。（　　）

14. 在 PowerPoint 2016 中，演示文稿默认的文件扩展名为 .ppt。（　　）

15. 在 PowerPoint 2016 中，对于同一对象只能设置一种动画效果。（　　）

16. 把 Word 中的文字放到 PowerPoint 中做为大纲，应先把 Word 文字做成标题样式。（　　）

17. 在 PowerPoint 2016 中，插入幻灯片的基本形状内不能添加文本。（　　）

18. 在 PowerPoint 的大纲视图中，大纲由每张幻灯片的标题和正文组成。（　　）

19. 在 PowerPoint 中，若一个演示文稿中有三张幻灯片，播放时要跳过第二张幻灯片，只能删除第二张幻灯片。（　　）

三、实训题

1. 收集与题意基本符合的有关图片 12 张，分别以 Photo (1).jpg ~ Photo (12).jpg 命名，使用这 12 张图片制作一个相册 PPT。现在，请按照如下需求，在 PowerPoint 中完成制作。

①利用 PowerPoint 创建一个相册，选择任一设计主题作为此演文稿的设计主题。（5分）

②在标题幻灯片后插入一张新的幻灯片，将该幻灯片设置为"标题和内容"版式。在该幻灯片的标题位置输入文字"2020年战疫纪念图片展"；并在该幻灯片的内容文本框中输入 3 行文字，文字内容分别为"战斗一线""举国同心"和"春暖花开"。（8分）

③第3张至第5张幻灯片的幻灯片标题分别为"战斗一线""举国同心""春暖花开"，每张幻灯片中包含4张图片，各图片摆放位置任意，美观整齐即可。并将每幅图片的图片样式设置为"柔化边缘矩形"。（10分）

④为 PPT 中每张幻灯片设置不同的切换效果，从第1张到第5张的切换效果分别为"淡入、淡出""擦除""覆盖""闪光""闪耀"。（5分）

⑤将标题幻灯片中"战斗一线""举国同心"和"春暖花开" 3 行文字转换为样式为"蛇形图片重点列表"的 SmartArt 对象，并将 Photo (1).jpg、Photo (5).jpg 和 Photo (9).jpg 定义为该 SmartArt 对象的显示图片。（6分）

⑥上述 SmartArt 对象添加自左至右的"擦除"进入动画效果，并要求在幻灯片放映时该 SmartArt 对象元素可以逐个显示。（5分）

⑦在 SmartArt 对象元素中添加幻灯片跳转链接，使得单击"战斗一线"标注形状可跳转至第 3 张幻灯片，单击"举国同心"标注形状可跳转至第 4 张幻灯片，单击"春暖花开"标注形状可跳转至第 5 张幻灯片。（6分）

⑧收集一段音乐文件，并将该音乐文件作为此 PPT 的背景音乐，并在幻灯片开始放映时就开始播放，直到幻灯片结束为止。（5分）

⑨将此演示文稿保存为"ppt1.pptx"文件上传。最终完成效果可参考下图示例。

2. 请根据计算机发展史内容文字，设计一个演示文稿。

（1）计算机发展史内容文字

计算机发展史内容文字如下：

计算机发展简史

计算机发展的四个阶段

1. 第一代计算机：电子管数字计算机（1946—1956年）

硬件方面，逻辑元件采用电子管，主存储器采用汞延迟线、磁鼓、磁芯；外存储器采用磁带；

软件方面采用机器语言、汇编语言；

应用领域以军事和科学计算为主；

特点是体积大、功耗高、可靠性差、速度慢、价格昂贵。

2. 第二代计算机：晶体管数字计算机（1957—1964年）

硬件方面，逻辑元件采用晶体管，主存储器采用磁芯，外存储器采用磁盘；软件方面出现了以批处理为主的操作系统、高级语言及其编译程序；

应用领域以科学计算和事务处理为主。并开始进入工业控制领域；

特点是体积缩小、能耗降低、可靠性提高、运算速度提高。

3. 第三代计算机：集成电路数字计算机（1965—1970 年）

硬件方面，逻辑元件采用中、小规模集成电路，主存储器仍采用磁芯；

软件方面出现了分时操作系统以及结构化、规模化程序设计方法；

特点是速度更快，可靠性有了显著提高，价格进一步下降，产品走向通用话、系列化和标准化；

应用领域开始进入文字处理和图形图像处理领域。

4. 第四代计算机：大规模集成电路计算机（1971 年至今）

硬件方面，逻辑元件采用大规模和超大规模集成电路；

软件方面出现了数据库管理系统、网络管理系统和面向对象语言等；

特点是 1971 年世界上第一台微处理器在美国硅谷诞生，开始了微型计算机的新时代。

应用领域从科学计算、事务管理、过程控制逐步走向家庭。

（2）设计要求

① 使 PPT 包含 7 张幻灯片，任选一个设计主题，为所有幻灯片设置切换为自右侧的"立方体"。

② 设计第 1 张为"标题幻灯片"版式，第 2 张为"仅标题"版式，第 3 到第 6 张为"两栏内容"版式，第 7 张为"空白"版式。

③ 第 1 张幻灯片标题为"计算机发展简史"；副标题为"计算机发展的四个阶段"，字体为"楷体"，字形为"加粗"，字号为"32"；第 2 张幻灯片标题为"计算机发展的四个阶段"；在标题下面空白处插入 SmartArt 图形"连续块状图形"，要求含有四个文本框，在每个文本框中依次输入"第一代计算机"，……，"第四代计算机"，将 SmartArt 样式改为"砖块场景"。

④ 收集计算机相关图片五张，分别放入第 3 张~第 6 张幻灯片中。标题内容分别为文字各段的标题；左侧内容为各段的文字介绍，加项目符号，字号为"20"，行距为"1.2"倍，右侧为相应的图片，高度为 7cm；第 6 张幻灯片需在右方插入上下对齐的两张图片，宽度为 7cm，上下对齐；在第 7 张幻灯片中插入艺术字，内容为"谢谢!"，艺术字字体为"楷体"，字号为"80"，样式为"图案填充：橙色，主题色 1，50%"。

⑤ 为第 1 张幻灯片的副标题、第 3~第 6 张幻灯片的图片设置动画效果，文字的动画为"擦除"，效果为"单击开始，自左侧，按段落"，图片的动画为"出现"，效果为"单击开始"。

⑥ 第 2 张幻灯片的 4 个文本框超链接到相应内容幻灯片。

⑦ 将文件保存为"ppt2.pptx"，并上传。最终完成效果可参考下图示例。

工匠精神 >>>>>>

"国之重器"—神威·太湖之光

2016 年 6 月 20 日，在德国法兰克福举办的 2016 年国际超级计算机大会上，世界首台峰值运算速度超过十亿亿次的"神威·太湖之光"超级计算机系统荣获高性能计算机 500 强

（TOP500）世界第一，出自江苏无锡。这是科技创新领域取得的一项重大标志性自主创新成果，将引领着我国计算机和新一代信息技术发展。

新华社美国盐湖城2016年11月14日电：新一期全球超级计算机500强（TOP500）榜单14日在美国盐湖城公布，中国"神威·太湖之光"以较大的运算速度优势轻松蝉联冠军。TOP500榜单每半年发布一次。算上此前"天河二号"的六连冠，中国已连续4年占据全球超算排行榜的最高席位。更值得关注的是，"神威·太湖之光"首次采用国产核心处理器"申威26010"，实现了包括处理器在内的所有核心部件的全部国产化。

2014年3月，国家科技部批准"神威·太湖之光"立项，总的科研建设投入超过18亿元。据2016年6月20日发布的世界最新高性能计算机TOP500排名数据显示，"神威·太湖之光"浮点峰值运算速度高达每秒12.5亿亿次、持续运算速度9.3亿亿次、性能功耗比为每瓦60.51亿次，是世界上首台峰值运算速度超过十亿亿次的超级计算机，也是我国第一台全部采用国产处理器构建的超级计算机。该系统主机占地面积1 000平方米，包括40个运算机柜和8个网络机柜，全机采用了40 960个"申威26010"高性能处理器，存储容量20PB。"申威26010"处

"神威·太湖之光"超级计算机

理器使用64位自主指令系统，260核心，峰值性能3TFLOPS，性能指标世界领先。

"神威·太湖之光"位于国家超级计算无锡中心，中心从2015年12月开始试运行。自2016年6月20日起，"神威·太湖之光"连续4次取得世界超级计算机冠军。

"神威·太湖之光"性能优异并取得了重大创新突破：首先，"神威·太湖之光"是我国第一台全部采用国产处理器构建的超级计算机，打破了国外技术封锁，具有里程碑意义。此外，我们还自主研发了全部软件，真正意义上实现了软硬件系统的自主可控、安全可靠。第二，"神威·太湖之光"是目前世界上第一台峰值运算速度突破十亿亿次的超级计算机，其一分钟的计算能力相当于全球72亿人使用计算器不间断计算32年。第三，"神威·太湖之光"是目前世界上绿色节能效果最好的超级计算机。比第二名（原冠军中国"天河二号"）系统节能60%以上。

国家超级计算无锡中心

2018年5月28日的两院院士大会上，习近平总书记提到了超算，超级计算机连续10次蝉联世界之冠，采用国产芯片的"神威·太湖之光"获得国际高性能计算应用最高奖——戈登·贝尔奖。"这是一代代超算人努力拼搏的结果，现在我们这一代更是赶上了科技发展的好时候。"国家超级计算无锡中心主任杨广文说，总书记的鼓励和"点赞"，激励着中心科研人员以时不我待的姿态投身超算事业——要让这台超级计算机，创造出世界一流的成果。

第5章

别怕，Excel 其实很简单

本章内容提要：

- 各种数据的输入和编辑
- 表格格式设置
- 利用常见公式和函数对数据进行处理
- 数据排序、筛选、分类汇总等管理分析操作
- 创建图表及图表格式编辑

本章预告

　　Microsoft Excel 是微软 Office 系列办公软件中的核心组件之一，是一种数据处理系统和报表制作工具软件。只要将数据输入到按规律排列的单元格中，便可依据数据所在单元格的位置，利用公式和函数进行运算。Excel 可以分析汇总各单元格中的数据信息，并且可以把相关数据用各种统计图的形式直观地表示出来。Microsoft Excel 不仅具有一般电子表格所包括的处理数据、图表制作功能，还具有智能化计算和数据库管理能力。它提供了窗口、菜单、选项卡以及操作提示等友好界面特性，方便用户使用。本章通过 Excel 2016 版本来讲解电子表格的概念和基本使用方法。

▎5.1　什么是 Excel

　　Excel 是用于制作电子表格、完成数据运算、进行数据统计和分析的一款电子表格处理软件，它被广泛地应用于管理、统计财经、金融等众多领域。通过 Excel，用户可以轻松快速地制作出各种统计报表、工资表、考勤表等，还可以灵活地对各种数据进行整理、计算、汇总、查询和分析。即使面对大数据量工作，也能通过 Excel 提供的各种功能来轻松应对。

5.1.1　Excel 2016 的启动

　　启动 Excel 的方法与启动其他 Office 组件类似，用户可以根据需要选择最适合、最快捷的方式。

　　① 单击选择"开始"→"所有程序"→"Excel 2016"选项。

　　② 在任务栏中单击 Excel 2016 图标█。

　　③ 双击使用 Excel 2016 创建的工作簿，也可启动 Excel 2016 并打开该工作簿。

5.1.2　Excel 2016 的窗口组成

Excel 2016的操作界面与Office 2016其他组件的操作界面大致相似，由快速访问工具栏、标题栏、"文件"菜单、功能选项卡、功能区、编辑栏和工作表编辑区等部分组成，如图5-1所示。下面对窗口界面中的内容进行详细介绍。

（1）标题栏

标题栏位于窗口的最上端，其中从左到右显示的是快捷访问工具栏、当前正打开的Excel文件名称、"功能区显示选项"按钮、"最小化"按钮、"最大化/还原"按钮和"关闭"按钮。

图 5-1　Excel 2016 默认工作环境

（2）"文件"按钮

单击"文件"按钮，可打开"文件"窗口。"文件"窗口左边包含文件的信息、新建、打开、保存、另存为、关闭和打印等按钮，单击这些按钮，可以打开对应窗口进行相关操作。

在"文件"按钮右侧排列了"开始""插入""页面布局""公式""数据""审阅""视图"选项卡。单击不同的选项卡，可以打开对应的命令，这些命令按功能显示在不同的功能区中。

（3）功能区

同一类操作命令会放到一个功能区中。例如"开始"选项卡主要包括剪贴板、字体、对齐方式、数字和样式等功能区。在功能区右下角有带↘标记的对话框启动器按钮，单击此按钮将弹出此功能区的设置对话框。

（4）数据编辑框

在数据编辑框中可以对工作表中的数据进行编辑。它由名称框、工具框和编辑框3部分组成，其功能如表5-1所示。

表 5-1　名称框、工具框和编辑框功能

名　称	功　能
名称框	由列标和行号组成，用来显示编辑的位置，如名称框中的A1，表示第A列第1行，称为A1单元格
工具框	单击"√"(输入)按钮可以确认输入内容；单击"×"(取消)按钮可以取消已输入的内容；单击"fx"(输入函数)按钮可以在打开的"输入函数"对话中选择要输入的函数
编辑框	编辑框中显示的是单元格中输入或编辑的内容，也可以在此直接输入或编辑内容。如在A1单元格对应的编辑框内，可以输入数值、文本或者插入公式等操作

（5）行号列标

行号在工作表的左侧，以数字显示；列标在工作表的上方，以大写英文字母显示，起到坐标作用。

（6）工作表

工作表是操作的主体，Excel中的表格、图形和图表就是放在工作表中，它由许多单元格组成。单元格是组成工作表的基本单位。用户可在单元格中编辑数字和文本，也可在单元格区插入和编辑图表等。

（7）状态栏

状态栏位于窗口的最下端，左侧显示当前光标插入点的位置等。右侧显示视图按钮和显示比例尺等。

（8）视图按钮

视图按钮区域可以选择普通视图、页面布局和分页预览视图。

（9）显示比例拖动条

用户可以拖动此控制条来调整工作表显示的缩放大小，右侧显示的是缩放比例。

5.1.3　Excel 2016 的视图方式

在Excel 2016中常用的3种视图方式如表5-2所示。

表 5-2　常用的 3 种视图方式

名　称	功　能
普通视图	普通视图是Excel中的默认视图，用于正常显示工作表，在其中可以执行数据输入、数据计算和图表制作等操作
页面布局视图	在页面布局视图中，每一页都会显示页边距、页眉和页脚，用户可以在此视图下编辑数据、添加页眉和页脚，还可以拖动上方或左侧标尺中的浅蓝色控制条设置页面边距
分页预览视图	分页预览视图可以显示蓝色的分页符，用户可以用鼠标拖动分页符以改变显示的页数和每页的显示比例

5.1.4　Excel 2016 的工作簿及其操作

1. 新建工作簿

工作簿即Excel文件，也称电子表格。在默认情况下，新建的工作簿以"工作簿1"命名，若继续新建工作簿则以"工作簿2""工作簿3"……命名，其名称一般会显示在Excel操作界面的标题栏中。

新建工作薄的方法有：

① 在需新建工作簿的桌面或文件夹空白处右击，在弹出的快捷菜单中选择"新建"→"Microsoft Excel 工作表"命令，可新建一个名为"新建 Microsoft Excel 工作表"的空白工作簿。

② 启动 Excel 2016，选择"文件"→"新建"命令，在打开的"新建"列表框中选择"空白工作簿"选项即可新建一个空白工作簿。

2. 保存工作簿

① 直接保存：在快速访问工具栏中单击"保存"按钮 🖫，或按<Ctrl+S>组合键，或单击选择"文件"→"保存"选项，在打开的"另存为"列表框中选择不同的保存方式进行保存。

② 另存为：如果需要将编辑过的工作簿保存为新文件，可单击选择"文件"→"另存为"选项，在打开的"另存为"对话框中选择所需的保存方式，进行工作簿的保存即可，如图5-2所示。

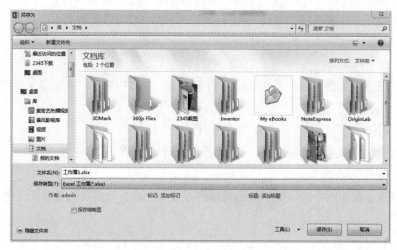

图 5-2 "另存为"对话框

3. 打开工作簿

打开工作簿的方法有：单击选择"文件"→"打开"选项，或<Ctrl+O>组合键，进入"打开"界面，其中显示了最近编辑过的工作簿和打开过的文件夹。若需要打开最近使用过的工作簿，只需选择"工作簿"列表框中的相应文件即可。打开工作簿所在的文件夹，双击工作簿，可直接将其打开。

4. 关闭工作簿

在 Excel 2016 中，常用的关闭工作簿的方式主要有以下两种：

① 单击选择"文件"→"关闭"选项。

② 按<Ctrl+W>组合键。

5.1.5 Excel 2016 的工作表及其操作

1. 选择工作表

① 选择一张工作表：单击相应的工作表标签，即可选择该工作表。

② 选择连续的多张工作表：在选择一张工作表后按住<Shift>键，再选择不相邻的另一张

工作表，即可同时选择这两张工作表之间的所有工作表，被选择的工作表呈白底显示。

③ 选择不连续的多张工作表：选择一张工作表后按住<Ctrl>键，再依次单击其他工作表标签，即可同时选择所单击的工作表。

④ 选择所有工作表：在工作表标签的任意位置右击，在弹出的快捷菜单中选择"选定全部工作表"选项，可选择所有的工作表。

2. 重命名工作表

重命名工作表的方法主要有以下两种：

① 双击工作表标签，此时工作表标签呈可编辑状态，输入新的名称后按<Enter>键，如图 5-3 所示。

图 5-3 "重命名"工作标签

② 在工作表标签上右击，在弹出的快捷菜单中选择"重命名"选项，工作表标签呈可编辑状态，输入新的名称后按<Enter>键。

3. 移动和复制工作表

（1）在同一工作簿中移动和复制工作表

在同一工作簿中移动和复制工作表的方法比较简单，在要移动的工作表标签上按住鼠标左键不放，将其拖到目标位置即可；如果要复制工作表，则在拖动鼠标的同时按住<Ctrl>键。

（2）在不同工作簿中移动和复制工作表

在不同工作簿中复制和移动工作表就是指将一个工作簿中的内容移动或复制到另一个工作簿中，可通过选取所需数据区域后用剪贴板完成。

4. 插入工作表

① 通过按钮插入：在打开工作簿的工作表标签中单击"新建工作表"按钮 ⊕ ，即可插入一张空白的工作表。

② 通过对话框插入：在工作表名称上右击，在弹出的快捷菜单中选择"插入"选项，打开"插入"对话框，在"常用"选项卡的列表框中单击选择"工作表"选项，单击"确定"按钮，表示插入一张空白工作表。也可以在"电子表格方案"选项卡中选择一种表格样式，单击"确定"按钮，插入一张带格式的工作表，如图 5-4 所示。

图 5-4 "插入"对话框

5. 删除工作表

当工作簿中的某张工作表作废或多余时，可以在其工作表标签上右击，在弹出的快捷菜单中选择"删除"命令将其删除。如果工作表中有数据，删除工作表时将打开提示对话框，单击"删除"按钮确认删除即可，如图5-5所示。

图 5-5 删除工作表提示对话框

6. 保护工作表

（1）设置工作表的保护

打开Excel中需要保护的工作表。设置操作步骤如图5-6、图5-7所示。

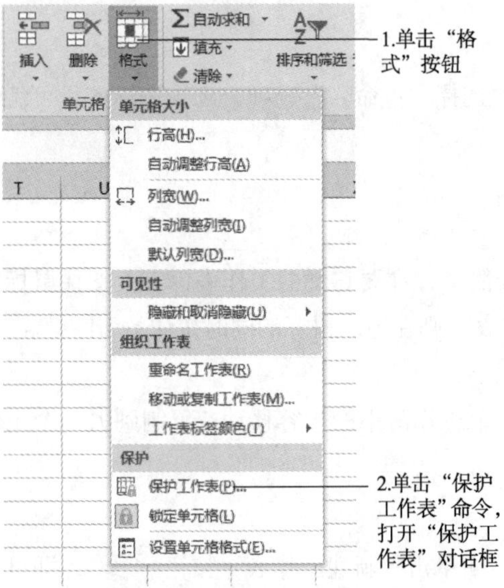

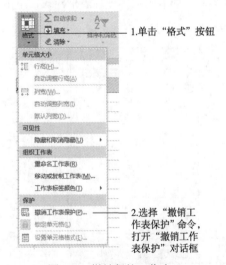

图 5-6 保护工作表

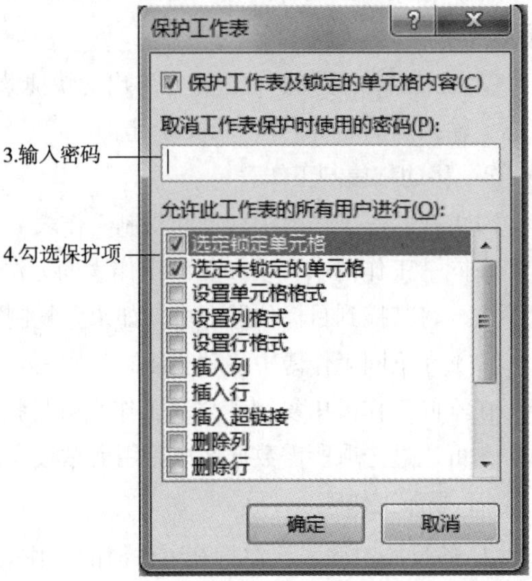

图 5-7 "保护工作表"对话框

（2）撤销工作表的保护

操作方法见图5-8、图5-9中的步骤。

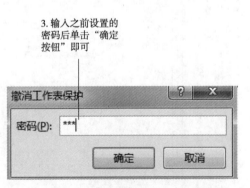

图 5-8 撤销保护工作表

图 5-9 "撤销工作表保护"对话框

5.1.6　Excel 2016 的单元格及其操作

1. 选择单元格

① 选择单个单元格：单击要选择的单元格。

② 选择多个连续的单元格：选择一个单元格，然后按住鼠标左键不放并拖动鼠标，可选择多个连续的单元格（即单元格区域）。

③ 选择不连续的单元格：按住 <Ctrl> 键不放，分别单击要选择的单元格，可选择不连续的多个单元格。

④ 选择整行：单击行号可选择整行单元格。

⑤ 选择整列：单击列标可选择整列单元格。

⑥ 选择整个工作表中的所有单元格：单击工作表编辑区左上角行号与列标交叉处的按钮即可选择整个工作表中的所有单元格。

2. 合并与拆分单元格

（1）合并单元格

选择需要合并的多个单元格，然后在"开始"→"对齐方式"组中单击"合并后居中"按钮。或者单击"合并后居中"按钮右侧的下拉按钮，在打开的下拉列表中可以选择"跨越合并""合并单元格""取消单元格合并"等选项，如图 5-10 所示。

（2）拆分单元格

首先需选择已合并的单元格，然后单击"合并后居中"按钮即可拆分，或单击选择"开始"选项卡→"对齐方式"组的对话框启动器按钮 ，打开如图 5-11 所示"设置单元格格式"对话框，在"对齐"选项卡中撤销选中"合并单元格"复选框即可。

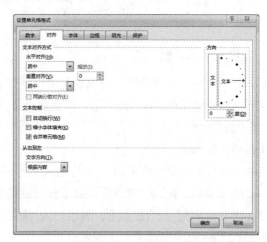

图 5-10　"合并后居中"下拉列表　　　图 5-11　"设置单元格格式"对话框

3. 插入与删除单元格

（1）插入单元格

打开工作簿，选择要编辑的工作表后，选择要插入单元格所显示的位置，比如，在 A14 单元格所在位置插入单元格，则需选择 A14 单元格，然后单击"开始"选项卡→"单元格"组→"插入"下拉按钮，在打开的下拉列表中选择"插入单元格"选项，如图 5-12 所示。

（2）删除单元格

当不需要某单元格时，可将其删除。选择要删除的单元格，单击"开始"→"单元格"组中的"删除"按钮，在打开的下拉列表中选择"删除单元格"选项，如图5-13所示。在打开的"删除"对话框中，单击选中相应的单选按钮后，单击"确定"按钮即可按要求删除所选单元格，如图5-14所示。

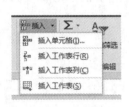
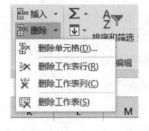

图 5-12 "插入"下拉列表　　图 5-13 "删除"下拉列表　　图 5-14 "删除"对话框

5.1.7　退出 Excel 2016

退出 Excel 2016 主要有以下3种方法：

① 单击 Excel 2016 窗口右上角的"关闭"按钮■。

② 按 <Alt+F4> 组合键。

③ 在标题栏中的空白区域右击，在弹出的快捷菜单中选择"关闭"选项，如图5-15所示。

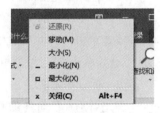

图 5-15　快捷菜单下拉列表

5.2　原来数据与编辑可以这么简单

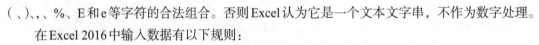

5.2.1　数据输入与填充

对于字体和数据格式的相关设置

在 Excel 2016 中，数据的输入与编辑是制作一张表格的起点和基础，除了可以在当前活动单元格中操作外，也可以在数据编辑区进行。

1. 输入数据类型

（1）在单元格内输入数字

在 Excel 2016 中输入数字的方法与输入文本的方法相同，默认情况下，数字是右对齐的。Excel 2016 中的数字只可以是 0～9、+、-、*、/、.、(、)、,、、%、E 和 e 等字符的合法组合。否则 Excel 认为它是一个文本文字串，不作为数字处理。

在 Excel 2016 中输入数据有以下规则：

① 不可以在 0～9 中间出现特殊字符或空格，例如，18 689 等。

② 可以在数字中包括一个逗号，如1,123,456。

③ 数值项目中的单个句点作为小数点处理。

④ 数字前输入的正号被忽略。

⑤ 在负数前加上一个减号（-）或者用半角圆括号括起来。例如，输入-19和输入(19)，在确认输入后都可以在单元格中得到-19。

⑥ 默认情况下输入数字时，单元格中的数字靠右对齐，并按通用格式显示数字，即一般采用整数.小数格式。

⑦ 当数字的长度超过单元格的宽度时，Excel 2016将自动使用科学计数法来表示输入的数字。例如输入61765432192468时，Excel 2016会在单元格中用"6.18E+13"来显示该数字，但在编辑栏中则显示出全部数字。

（2）在单元格内输入时间

① 选中要设定时间格式的单元格或单元格区域，右击弹出快捷菜单，如图5-16所示，选择"设置单元格格式"选项，弹出"设置单元格格式"对话框。或者单击"开始"选项卡"数字"组的"对话框启动器"按钮，也可以打开"设置单元格格式"对话框。

② 在"设置单元格格式"对话框"数字"选项卡"分类"列表框中选择"时间"，在右侧"类型"列表框中选择所需要的时间格式，然后单击"确定"按钮，如图5-17、图5-18所示。

③ 在单元格中输入可以识别的时间数据时，单元格内的数据格式就会自动从"常规"格式转换为设置好的"日期"或者"时间"格式。

图 5-16　单元格右键快捷菜单

图 5-17　"设置单元格格式"对话框

图 5-18　设置"时间"类型

例如，将单元格的数据格式设置为类型"下午1时30分55秒"，当输入"18:35"时，时间就会以"下午6时35分00秒"的格式显示出来。

时间可以采用12小时制式或24小时制式进行表示，小时与分钟或秒之间用冒号进行分隔。如果按12小时制输入时间，Excel 2016一般把插入的时间当作上午时间，例如输入"8:10:15"会被视为"8:10:15　AM"，如果要特别表示上午或下午，只需在时间后输入一个空格，然后输入AM或PM（或A，或P），表示上午或下午。

（3）同时对多个单元格输入相同内容

选中要输入相同内容的单元格区域，或者按住 <Ctrl> 键依次单击要选中的不连续的单元格，如图5-19所示。然后，在活动单元格中输入数据，例如"相同内容"。在输入完最后一个字符后，按<Ctrl＋Enter>组合键，则多个选中的单元格内会同时输入相同的内容，如图5-20所示。

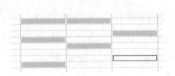

图 5-19　选中不连续的单元格

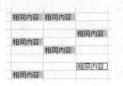

图 5-20　输入相同的内容

2. 快速填充数据

（1）通过"序列"对话框填充

对于有规律的数据，Excel 2016提供了快速填充功能，只需在表格中输入一个数据，并选中这个单元格，单击选择"开始"选项卡→"编辑"组→"填充"下拉列表→"序列"选项，在对话框中设置所需的数据规则，便可在连续单元格中快速输入指定规律的数据。

（2）使用控制柄填充相同数据

在起始单元格中输入起始数据，将鼠标指针移至该单元格右下角的控制柄上，当其变为＋形状时，按住鼠标左键不放并拖动至所需位置，释放鼠标，即可在选择的单元格区域中填充相同的数据。

（3）使用控制柄填充有规律的数据

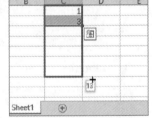

在单元格中输入起始数据，在相邻单元格中输入下一个数据，选择已输入数据的两个单元格，将鼠标指针移至选区右下角的控制柄上，当其变为＋形状时，按住鼠标左键不放拖动至所需位置后释放鼠标，即可根据两个数据的特点自动填充有规律的数据，如图5-21所示。

图 5-21　填充有规律的数据

5.2.2　数据的编辑

1. 修改和删除数据的方法

关于数据的
相关操作

① 在单元格中修改或删除：双击需修改或删除数据的单元格，在单元格中定位文本插入点，修改或删除数据，然后按<Enter>键完成操作。

② 选择单元格修改或删除：当需要对某个单元格中的全部数据进行修改或删除时，只需选择该单元格，然后重新输入正确的数据；也可在选择单元格后按<Delete>键删除所有数据，然后输入需要的数据，再按<Enter>键完成修改。

③ 在编辑栏中修改或删除：选择单元格，将鼠标指针移到编辑栏中并单击，将文本插入点定位到编辑栏中，修改或删除数据后按<Enter>键完成操作，如图5-22所示。

图 5-22　在编辑栏中修改数据

另外，修改完数据后，按<Enter>键或单击编辑栏中的输入"√"按钮即可完成修改，如图5-23所示。如果要取消修改，可以按<Esc>键，或单击编辑栏中的"取消"按钮 ✖。

图 5-23 完成修改

④ 单击"开始"选项卡"编辑"组中的"清除"下拉按钮，弹出下拉列表，单击选择"全部清除"或"清除内容"选项，如图 5-24 所示。单击选择"开始"选项卡"单元格"组中的"删除"→"删除单元格"选项，不但可以删除内容，还会删除单元格设置的格式。

右击单元格弹出如图 5-25 所示快捷菜单，选择"清除内容"选项，也可以删除单元格的内容，但是不会删除单元格设置的格式，例如，在某单元格中输入"2013-5-12"，确认输入后，设置该单元格的日期格式为"2001 年 3 月 14 日"，则显示为"2013 年 5 月 12 日"，而在编辑栏中看到的数据是"2013-5-12"。使用右键快捷菜单删除该单元格中的内容后，再输入数字"5-20"并按 <Enter> 键后，显示为"2013 年 5 月 20 日"，表示原有的日期格式没有变化。

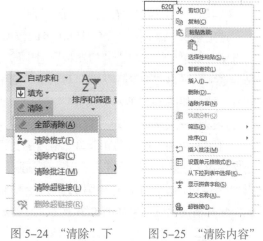

图 5-24 "清除"下拉菜单　　图 5-25 "清除内容"命令

2. 移动和复制数据

通过移动可以将单元格的数据从一个位置移到同一个工作表上的其他位置，也可以移到其他工作表或另一个应用程序中。移动数据有两种方法：使用鼠标拖动和使用"剪贴板"。

① 使用鼠标拖动移动数据：选中要移动数据的单元格，将鼠标指针移到边框上，当鼠标指针变为四面箭头形状时，拖动到目标位置，松开鼠标左键即可移动数据。

② 使用鼠标拖动复制数据：当鼠标指针变为形状时，按下 <Ctrl> 键，同时拖到目标处，松开鼠标左键，再松开 <Ctrl> 键，则可以将选中的数据复制到目标处。

③ 使用剪贴板移动和复制数据：选中要移动数据的单元格，单击"剪贴板"组中的"剪切"或"复制"按钮，将选中的数据剪切或复制到剪贴板中；选中目标单元格，单击"剪贴板"组中的"粘贴"按钮，如图 5-26 所示，即可完成单元格内数据的移动或复制。

④ 有选择地复制单元格数据：选中要复制数据的单元格，单击"剪贴板"组中的"复制"按钮，将选中的数据复制到剪贴板中；再选中目标单元格，单击"剪贴板"组中的"粘贴"下拉按钮，选择下拉列表中的"选择性粘贴"选项，弹出"选择性粘贴"对话框，如图 5-27 所示。

"选择性粘贴"对话框内各选项的含义如下：

图 5-26 "剪贴板"组　　图 5-27 "选择性粘贴"对话框

①"粘贴"栏：用来选择粘贴的效果。

②"运算"栏：用来设置运算类型，被复制的单元格中的公式或数值将会与粘贴单元格中原有的数值进行相应的运算。

③"跳过空单元"复选框：选择该复选框后，在粘贴时可以跳过空单元格，只粘贴有数据的单元格数据。

④"转置"复选框：选中该复选框后，当粘贴数据改变其位置时，复制区域顶端行的数据出现在粘贴区域左列处，左列数据则出现在粘贴区域的顶端行上，实现行列数据互换。

【实训5-1】利用"转置"功能，互换下列数据。

选中第35行到第37行5列单元格的数据后，单击"剪贴板"组中的"复制"按钮，再单击选中A39单元格，单击"剪贴板"组中的"粘贴"下拉按钮，选择下拉列表中的"选择性粘贴"选项，弹出"选择性粘贴"对话框，选中"转置"复选框，单击"确定"按钮，完成数据转置，结果如图5-28所示。

【实训5-2】利用"跳过空单元"复制下列数据。

将图5-29中的第1行4个单元格内的数据（第2个单元格内无数据）复制到剪贴板后，单击选中第3行第1个单元格，采用一般粘贴，即单击"剪贴板"组中的"粘贴"按钮，完成效果如图5-30所示。单击选中第5行第1个单元格，在"选择性粘贴"对话框中选中"跳过空单元"复选框的粘贴结果如图5-30所示。

35	星期一	星期二	星期三	星期四	星期五
36	数学	物理	语文	语文	外语
37	数学	物理	政治	生物	化学
38					
39	星期一	数学	数学		
40	星期二	物理	物理		
41	星期三	语文	政治		
42	星期四	语文	生物		
43	星期五	外语	化学		

图5-28 "转置"结果

星期五		外语	化学
星期四	语文	生物	体育
星期四	语文	生物	体育

图5-29 数据源

星期五		外语	化学
星期五		外语	化学
星期五	语文	外语	化学

图5-30 利用"跳过空单元"粘贴结果

5.3 如何使 Excel 2016 的单元格更加美观

5.3.1 设置行高和列宽

1. 通过拖动边框线调整

将鼠标指针移至单元格的行号或列标间的分隔线上，按住鼠标左键不放，此时会出现一条灰色的实线，代表边框线移动的位置，拖动到适当位置后释放鼠标即可调整单元格的行高与列宽。

2. 通过"行高"或"列宽"对话框设置

选择要调整行高列宽的单元格或区域，在"开始"→"单元格"组中单击"格式"下拉按钮，在打开的下拉列表中选择"行高"或"列宽"选项，在打开的"行高"或"列宽"对话框中输入行高值或列宽值，单击"确定"按钮完成设置，如图5-31、图5-32所示。

图5-31 "行高"对话框

5.3.2　设置单元格边框

1. 通过"字体"组设置

选择要设置的单元格后，在"开始"→"字体"组中单击"下框线"右侧的下拉按钮 ，在打开的下拉列表中选择所需的边框线样式，如图 5-33 所示。在图 5-33 所示下拉列表中"绘制边框"栏的"线条颜色"和"线型"列表中选择边框的线型和颜色。

图 5-32　"列宽"对话框

2. 通过"设置单元格格式"对话框设置

选择需要设置边框的单元格，打开"设置单元格格式"对话框，单击"边框"选项卡，在其中可设置各种粗细、样式或颜色的边框，如图 5-34 所示。

图 5-33　"下框线"下拉列表

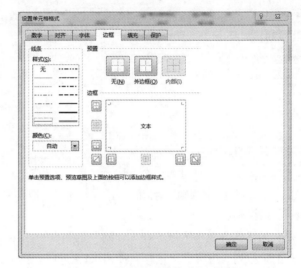

图 5-34 "设置单元格格式"对话框

5.3.3　设置单元格填充颜色

1. 通过"字体"组设置

选择要设置的单元格后，在"开始"选项卡→"字体"组中单击"填充颜色"按钮右侧的下拉按钮 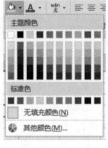，在打开的下拉列表中可选择所需的填充颜色，如图 5-35 所示。

2. 通过"设置单元格格式"对话框设置

选择需要设置的单元格，打开"设置单元格格式"对话框，单击"填充"选项卡，在其中可设置填充的颜色和图案样式。

图 5-35　"填充颜色"下拉列表

5.3.4　使用条件格式

1. 快速设置条件格式

Excel 为用户提供了很多常用的条件格式，直接选择所需选项即可快速进行条件格式的设置。

2. 新建条件格式规则

选择要设置的单元格区域后，在"开始"选项卡→"样式"组中单击"条件格式"按钮，在打开的下拉列表中选择"新建规则"选项，打开"新建格式规则"对话框，在其中可以选择规则类型和对应条件格式的单元格格式进行编辑，设置完成后单击"确定"按钮即可，如图5-36所示。

5.3.5 套用表格格式

1. 应用单元格样式

选择要设置样式的单元格，在"开始"选项卡→"样式"组中单击"单元格样式"按钮，在打开的下拉列表中可直接选择一种Excel预置的单元格样式，如图5-37所示。

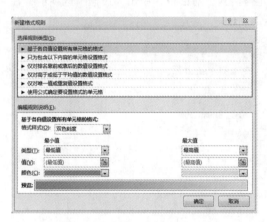

图 5-36 "新建格式规则"对话框　　　　图 5-37 "单元格样式"下拉菜单

2. 套用表格格式

选择要套用格式的表格区域，在"开始"选项卡→"样式"组中单击"套用表格格式"按钮，在打开的下拉列表中可直接选择一种Excel预置的表格格式，如图5-38所示。

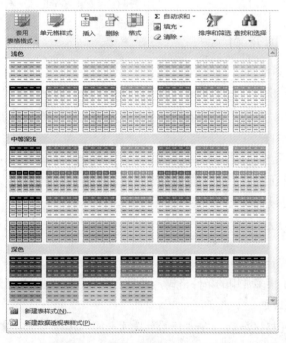

图 5-38 "套用表格格式"下拉菜单

▍5.4　职场必备武器——Excel 2016 的公式与函数

5.4.1　公式的概念

Excel中的公式，即对工作表中的数据进行计算的等式，以"=（等号）"开始，通过各种运算符号，将值或常量和单元格引用、函数返回值等组合起来，形成公式表达式。

公式是对单元格中的数据进行计算的等式，可以使用公式完成从最简单的计算到复杂的财务统计、工程预算等功能，还可以使用公式进行文本比较等。使用公式有助于分析工作表中的数据。公式可以用来执行各种运算，例如加法、乘法或者比较工作表数值等。公式可以包括运算符、单元格引用位置、数值、工作表函数和名称等元素。

Excel中的"公式"选项卡可以进行公式的输入，如图5-39所示。

图 5-39　"公式"选项卡

5.4.2　公式的应用

1. 公式的输入

在Exce2016中公式输入时，要引用数据区域的方法主要有2种，如表5-3所示。

公式的应用

表 5-3　公式的输入方法及数据区域的引用

方　法	操　作　步　骤
直接输入公式和数据区域地址	① 选中要输入公式的单元格，如H4单元格，输入"="，表示开始输入公式。 ② 输入包含要计算的单元格地址或区域以及相应的操作符。 ③ 按<Enter>键或单击编辑栏中的"输入"按钮，完成输入。 完成输入后，通常在单元格中显示的是公式计算的结果，其公式内容显示在编辑栏中
鼠标选择数据区域地址输入公式	① 选中要输入公式的单元格，输入"="，表示开始输入公式。 ② 单击要在公式中输入的单元格地址，编辑栏中会显示该单元格地址，此时单元格周围出现虚线框。然后，输入运算符和公式中的数字，再单击要在公式中输入的单元格地址。如此继续，直至输入整个公式。 ③ 按<Enter>键或单击编辑栏中的"输入"按钮完成输入

2. 公式中的常量和运算符

在公式实际使用过程中，公式的常用要素包括常量和运算符。运算符用于连接常量、单元格引用、函数等，以便构成完整的表达式。运算符可以分为算术运算、关系运算符、字符连接符和引用运算符。

（1）常量

常量指的是那些保持固定的值或文本，而不是通过计算得出的值，有数字型常量（如"1316"）、文本型常量（如"广西"、日期型常量（如"2020-4-1"）等。表达式或由表达式计算得出的值都不属于常量。

（2）算术运算符

算术运算符是基本的数学运算符号。具体的算术运算符名称及含义如表5-4所示。

表5-4　算术运算符名称及含义

算术运算符	含　义	应　用　示　例
+	加法	A1+B1
−	减法或负数	A1−B1，−10
*	乘法	A1*B1
/	除法	A1/B1
^	乘方	4^2(=4*4)

（3）关系运算符

关系运算符用于比较符号左右两边的数值，其返回值是布尔型，只有逻辑真（1或TRUE）或者逻辑假（0或FALSE）。具体的运算符名称及含义如表5-5所示。

表5-5　关系运算符名称及含义

关系运算符	含　义	应　用　示　例
=	等于	A1=B1
>	大于	A1>B1
<	小于	A1<B1
>=	大于等于	A1>=B1
<=	小于等于	A1<=B1
<>	不等于	A1<>B1

（4）字符连接运算符

字符连接运算符可以把一个或多个文本字符串连接生成新的文本值。具体的运算符名称及含义如表5-6所示。

表5-6　字符连接运算符名称及含义

字符连接运算符	含　义	应　用　示　例
&	将符号两边的值连接成一个新的文本值	"广西"&"大学"结果为："广西大学"

（5）引用运算符

引用运算符可以实现单元格区域的合并计算。具体的运算符名称及含义如表5-7所示。

表5-7　引用运算符名称及含义

引用运算符	含　义	应　用　示　例
:	区域引用	A1:B3（表示引用A1~B3包含6个单元格的连续区域）
,	联合引用多个单元格	A1,B3（表示引用A1和B3这两个单元格）

3. 隐藏公式

在一个工作簿文件中，有时不希望别人看到使用的计算公式。这时，可以通过将公式隐藏起来的办法来达到保密的目的。一个隐藏了公式的单元格，在选中此单元格时，公式不会出现在编辑栏中。

隐藏公式的操作步骤如下：

① 选中要隐藏公式的单元格区域，切换到"开始"选项卡，单击"单元格"组中的"格式"下拉按钮，如图 5-40 所示，选择下拉列表中的"设置单元格格式"选项，弹出"设置单元格格式"对话框，切换到"保护"选项卡，如图 5-41 所示。

② 选中"隐藏"复选框，单击"确定"按钮。只有在保护工作表后，隐藏的公式才有效，如图 5-42 所示。

图 5-40　"单元格"组中的"格式"下拉按钮

图 5-41　"格式"下拉列表

图 5-42　"保护"选项卡

4. 公式的填充

选择已添加公式的单元格，将鼠标指针移至该单元格右下角的控制柄上，当其变为 ✚ 形状时，按住鼠标左键不放并拖动至所需位置，释放鼠标，即可在选择的单元格区域中填充相应的公式并计算出结果。

5. 复制和移动公式

在复制公式的过程中，Excel 会自动调整引用单元格的地址，避免手动输入公式的麻烦，提高工作效率。

移动公式即将原始单元格的公式移动到目标单元格中，公式在移动过程中不会根据单元格的位移情况发生改变。

5.4.3　单元格的引用

在公式中常用到单元格引用。可以在公式中引用一个单元格、一个单元格区域，或引用另一个工作表或工作簿中的单元格或区域。单元格引用使用的是表示单元格在工作表所处位置的坐标集，表示为列号和行号。

1. 单元格引用类型

① 相对引用：输入公式时直接通过单元格地址来引用单元格。相对引用单元格后，如果复制公式到其他单元格，公式中引用的单元格地址会根据复制的位置而发生相应改变。

② 绝对引用：无论引用单元格的公式位置如何改变，所引用的单元格均不会发生变化。绝对引用的形式是在单元格的行号列号前都加上符号"＄"。

③ 混合引用：包含相对引用和绝对引用。有两种形式，一种是行绝对、列相对，如"B＄2"，表示行不发生变化，但是列会随着新的位置发生变化；另一种是行相对、列绝对，如"＄B2"，表示列保持不变，但是行会随着新的位置而发生变化。

2. 同一工作簿不同工作表的单元格引用

在同一工作簿中引用不同工作表中的内容，需要在单元格或单元格区域前标注工作表名称，表示引用该工作表中该单元格或单元格区域的值。

3. 不同工作簿不同工作表的单元格引用

在Excel中不仅可以引用同一工作簿中的内容，还可以引用不同工作簿中的内容。为了操作方便，可将引用工作簿和被引用工作簿同时打开。

5.4.4　函数的应用

函数实际上指的是一类特殊的、预先编辑好的公式或程序，这大大简化和缩短了工作表中的公式，解决了四则运算不能处理的数据运算，完成了更为复杂的数据运算。

函数的应用

1. 常用函数

可以通过在"开始"选项卡→"编辑"组中→"单自动求和"下拉列表中选取常用函数，或单击编辑栏中的"fx"按钮可以调出"插入公式"对话框选取常用函数，利用"函数参数"对话框完成常用公式的使用。

（1）AND()函数

【格式】AND(logical1,logical2,…)，如图5-43所示。

【参数】logical1，logical2，… 表示待检测的1~255个条件值，各条件值可为TRUE（真）或FALSE（假）。

【功能】逻辑与函数，所有参数的逻辑值为真时返回TRUE（真）；只要有一个参数的逻辑值为假，则返回FALSE（假）。

（2）AVERAGE()函数

【格式】AVERAGE（number1,number2,…,numbern），如图5-44所示。

【参数】平均值函数，number1，number2，…，numbern 为 1 ～ 255 个需要求平均值的参数。

【功能】返回参数中所有数值的平均值。

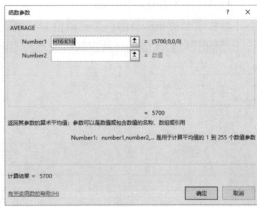

图 5-43　AND()"函数参数"对话框　　　　图 5-44　AVERAGE()"函数参数"对话框

（3）MAX() 函数

【格式】MAX(number1,number2,…,numbern)，如图 5-45 所示。

【参数】number1，number2，…，numbern 为 1 ～ 255 个需要求最大值的参数。

【功能】最大值函数，返回参数中所有数值的最大值。

（4）MIN() 函数

【格式】MIN(number1,number2,…,numbern)，如图 5-46 所示。

【参数】number1，number2，…，numbern 为 1 ～ 255 个需要求最小值的参数。

【功能】最小值函数，返回参数中所有数值的最小值。

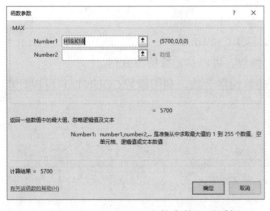

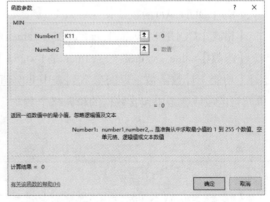

图 5-45　MAX()"函数参数"对话框　　　　图 5-46　MIN()"函数参数"对话框

（5）OR() 函数

【格式】OR(logical1,logical2,…)，如图 5-47 所示。

【参数】logical1，logical2，…表示待检测的 1 ～ 255 个条件值，各条件值可为 TRUE（真）或 FALSE（假）。

【功能】逻辑与函数，所有参数的逻辑值为假时返回 FALSE（假）；只要有一个参数的逻辑值为真，则返回TRUE（真）。

（6）NOT()函数

【格式】NOT(logical)，如图5-48所示。

【参数】参数logical的值是逻辑值，TURE（真）或FALSE（假）。

【功能】对参数logical的逻辑值求反，参数为TURE时返回FALSE，参数为FALSE时返回TURE。

图5-47　OR()"函数参数"对话框　　　　图5-48　NOT()"函数参数"对话框

（7）COUNT()函数

【格式】COUNT(value1,value2,…,valuen)，如图5-49所示。

【参数】value1，value2，…，valuen是1～255个参数，是数值型数据。

【功能】计数函数，返回包含数字的单元格的个数，返回参数列表中的数字个数。利用函数COUNT()可以计算单元格区域或数字数组中数字字段的输入项个数。

（8）COUNTA()函数

【格式】COUNTA(value1, value2,…, valuen)，如图5-50所示。

【参数】value1, value2,…, valuen是1～255个参数，可以是非数值型数据。

【功能】计数函数，返回参数列表中非空值的单元格个数。利用函数COUNTA()可以计算单元格区域或数组中包含数据的单元格个数。

图5-49　COUNT()"函数参数"对话框　　　　图5-50　COUNTA()"函数参数"对话框

2. 其他内置函数

Excel 2016 为用户设置了 10 类内置函数，如表 5–8 所示。函数由等号、函数名、参数组成，每一个函数都有其相应的语法规则，在函数的使用过程中必须遵循其规则。执行运算的数据（包括文字、数字、逻辑值）称为此函数的参数，经函数执行后传回的数据称为函数值。

表 5–8　函数类别及功能

类别名称	功　　能
财务	给出会计和财务管理方面的计算利息、折旧、贴现等数值
日期与时间	给出日期与时间信息方面的相关数值
数学与三角	进行数学计算与几何计算，给出计算结果
统计	进行日常统计工作中的数据处理和统计等，例如排序、条件计数等
查找与引用	在数据清单或工作表中查找特定数值，或者查找某个单元格引用
数据库	主要用于对数据进行分析，判断是否符合特定条件
文本	处理公式中的字符串，例如改变大小写或确定字符串长度等
逻辑	进行逻辑运算或复合检验，主要包括 AND（与）、OR（或）、NOT（非）、IF（逻辑检测）等
信息	可以确定存储在单元格中的数据类型，同时还可以使单元格在满足条件的情况下返回逻辑值
工程	可以对复数进行计算，还可以进行数制转换，通常用于工程分析

3. 插入函数

首先所有的函数都可以直接在单元格内输入，但对于参数较多或者比较复杂的函数，建议使用 Excel 提供的"插入函数"功能来输入。利用该方法，可以在系统提示下，逐步输入一个复杂的函数，避免输入过程中产生错误。操作方法如下：

① 选中要输入函数的单元格。

② 切换到"公式"选项卡，如图 5–51 所示，单击"函数库"组中的"插入函数"按钮，弹出"插入函数"对话框，如图 5–52 所示。

图 5–51　"插入函数"按钮

③ 从"或选择类别"下拉列表框中选择函数分类，例如"数学与三角函数"，如图 5–53 所示。

④ 从"选择函数"列表框中选择所需要的函数，例如 ABS。

⑤ 单击"确定"按钮，系统显示所选函数的"函数参数"对话框，如图 5–54 所示，按照要求输入相关参数。选择不同的函数，"函数参数"对话框的选项内容会不一样。

⑥ 在 Number1（数值）文本框中可以直接输入参数，也可以单击其右侧的按钮，在工作表中选择需引用的区域。输入第一个参数，例如 H2。

⑦ 如果所选函数有多个参数，在输入完第 1 个参数后，会出现第 2 个参数输入框供输入。参数框的数量由所选函数决定。在输入参数的过程中，每个必要的参数都输入数值后，该函数的计算结果就会出现，如图 5–55 所示。注意：在"函数参数"对话框中输入完一个参数后要使用 <Tab> 键，进入下一个参数输入框，而不是通常的 <Enter> 键。

图 5-52　"插入函数"对话框

图 5-53　"或选择类别"下拉列表框

图 5-54　所选函数的"函数参数"对话框

图 5-55　输入所有参数后得出计算结果

⑧ 输入完毕，单击"确定"按钮。

【实训5-3】化工集团下有若干分工厂，2014年各月利润如图5-56所示，计算各分工厂的年度利润合计、各月最大利润与各月最小利润。

	A	1月	2月	3月	4月	5月	6月	7月	8月	9月	10月	11月	12月	合计	12个月中最大利润数	12个月中最小利润数
1	化工集团2014年利润统计表（万元）															
3	胜利化工厂	7189	4485	8502	7059	1638	3003	3328	2730	5473	7371	8502	7306			
4	光华化工厂	1638	3003	3328	2730	2132	3913	4329	3549	7124	9581	11050	9503			
5	富强化工厂	5473	7371	8502	7306	1768	3250	3601	2938	5915	7956	9178	7891			

图 5-56　化工集团 2014 年利润统计表

操作方法如下：

① 在N3 单元格中输入公式 =SUM(B3:M3)。

② 在 O3 单元格中输入公式 =MAX(B3:M3)。

③ 在 P3 单元格中输入公式 =MIN(B3:M3)。

④ 再选中单元格区域 N3:P3，鼠标拖动下拉填充柄至单元格 P5，将 3 个公式填充至下面两行，得出结果如图 5-57 所示。

	A	B	C	D	E	F	G	H	I	J	K	L	M	N	O	P
1	化工集团2014年利润统计表（万元）															
2		1月	2月	3月	4月	5月	6月	7月	8月	9月	10月	11月	12月	合计	12个月中最大利润数	12个月中最小利润数
3	胜利化工厂	7189	4485	8502	7059	1638	3003	3328	2730	5473	7371	8502	7306	66586	8502	1638
4	光华化工厂	1638	3003	3328	2730	2132	3913	4329	3549	7124	9581	11050	9503	61880	11050	1638
5	富强化工厂	5473	7371	8502	7306	1768	3250	3601	2938	5915	7956	9178	7891	71149	9178	1768

图 5-57　化工集团分工厂 2014 年利润计算结果

5.5　玩转 Excel 2016 的表格数据

5.5.1　数据排序

排序是根据一定的规则，将数据重新排列的过程。

数据排序

1. 默认顺序

Excel 是根据排序关键字所在列数据的值来进行排序。升序排序的默认顺序如下：

① 数字：数字是从最小负数到最大正数。

② 日期和时间：根据它们所对应的序数值排序。

③ 文字：文字和包括数字的文字排序次序为

0 1 2 3 4 5 6 7 8 9（空格）！＂＃＄％＆＇（）＊

＋，－．／：；＜＝＞？＠＂＼＂＾—＇｛→｝～

A B C D E F G H I J K L M N O P Q R S T U V W X Y Z

④ 逻辑值：逻辑值 FALSE 在 TRUE 之前。

⑤ 错误值：即 Error values，所有的错误值都是相等的。

⑥ 空白单元格：即 Blanks，总是排在最后。

降序排序的默认顺序，除了总是排在最后的空白单元格之外，其他排序顺序与升序排序的相反。

2. 排序原则

① 如果对某一列排序，那么在该列上有完全相同项的行将保持它们的原始次序。

② 隐藏行不会被移动，除非它们是分级显示的一部分。

③ 如果对多列排序，主要列中有完全相同项的行会根据用户指定的第 2 列进行排序。第 2 列中有完全相同项的行会根据用户指定的第 3 列进行排序。

3. 简单排序的操作方法

Excel 在"数据"选项卡的"排序和筛选"组中，提供了两个排序按钮："升序"按钮和

"降序"按钮，如图5-58所示。

简单排序的操作方法如下：

① 在数据清单中单击某一字段名。

② 根据需要，单击"升序"或"降序"按钮。

图5-58　"排序和筛选"组

4. 多列排序

要对几项数据进行排序时，可以利用"数据"选项卡中的"排序"按钮进行排序。多列排序的操作方法如下：

① 选择数据清单中的任一单元格（如果想对某个区域进行排序，则选中该区域）。

② 切换到"数据"选项卡，单击"排序和筛选"组中的"排序"按钮，弹出"排序"对话框，如图5-59所示。

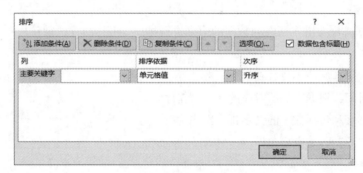

图5-59　"排序"对话框

③ 在"主要关键字"下拉列表框中选择想排序的字段名，如图5-60所示。

④ 在"次序"下拉列表框中选择"升序"或"降序"选项，确定排序的方式，如图5-61所示。

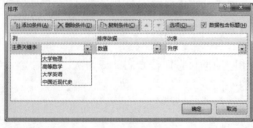
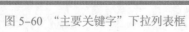
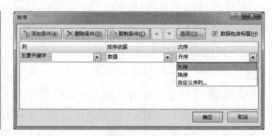

图5-60　"主要关键字"下拉列表框　　　　图5-61　"次序"下拉列表框

⑤ 如果要增加额外的排序序列，单击"排序"对话框中的"添加条件"按钮，可在下方列

表框中出现"次要关键字"的设置，在"次要关键字"下拉列表框中选择排序依据的字段名，进行相关设置。对于特别复杂的数据清单，可以继续添加"次要关键字"，选择排序依据的字段名，如图5-62所示。

⑥ 为了防止数据清单的标题被加入其余部分进行排序，可以选中"数据包含标题行"复选框，如图5-62右上角所示。

⑦ 单击"确定"按钮，系统会自动依据设置的排序条件对数据进行排序。

图 5-62　新增的"次要关键字"

5. 自定义排序

自定义排序的操作方法如下：

① 选择数据清单中的任一单元格。

② 切换到"数据"选项卡，单击"排序和筛选"组中的"排序"按钮，弹出"排序"对话框。

③ 在"次序"栏的下拉列表框中选择"自定义序列"选项，弹出"自定义序列"对话框，如图5-63所示。从"自行一序列"列表框中选择需要的序列作为排序依据，单击"确定"按钮，关闭"自定义序列"对话框，返回"排序"对话框。

④ 在"排序"对话框中单击"复制条件"按钮，可以将上一个条件复制一份作为次要排序条件，然后对其进行修改，如图5-64所示。

图 5-63　"自定义序列"对话框

图 5-64　"复制条件"按钮

⑤ 设置完成后，单击"确定"按钮，即可按指定的排序方式进行数据清单排序。

5.5.2　数据筛选

1. 自动筛选

自动筛选数据即根据用户设定的筛选条件，自动显示符合条件的数据，隐藏其他数据。通过"数据"→"排序和筛选"组中的"筛选"按钮  进行自动筛选。

2. 自定义筛选

自定义筛选建立在自动筛选基础上，可自动设置筛选选项，更灵活地筛选出所需数据。

3. 高级筛选

如果想要根据自己设置的筛选条件来筛选数据，则需要使用高级筛选功能。高级筛选功能可以筛选出同时满足两个或两个以上约束条件的数据。通过"数据"→"排序和筛选"组中的"高级"按钮 ，弹出"高级筛选"对话框，如图5-65所示。

图5-65 "高级筛选"对话框

5.5.3 分类汇总

1. 单项分类汇总

在创建分类汇总之前，应先对需分类汇总的数据进行排序，然后选择排序后的任意单元格，单击"数据"→"分级显示"组中的"分类汇总"按钮 ，打开"分类汇总"对话框，在其中对"分类字段""汇总方式""选定汇总项"等进行设置，设置完成后单击"确定"按钮，如图5-66所示。

2. 嵌套分类汇总

在完成单项分类汇总后，单击"数据"→"分级显示"组中的"分类汇总"按钮，打开"分类汇总"对话框，在"分类字段"下拉列表框中选择一个新的分类选项，再对"汇总方式""选定汇总项"进行设置，并撤销选中"替换当前分类汇总"复选框，单击"确定"按钮，即可完成嵌套分类汇总的设置。

图5-66 "分类汇总"对话框

5.5.4 数据透视表和数据透视图

1. 数据透视表

数据透视表是一种对大量数据快速汇总和建立交叉列表的交互式表格，它提供了强大的操纵数据的功能。

它能从一个数据清单的特定字段中概括出信息，可以对数据进行重新组织，根据有关字段去分析数据库的数值并显示最终分析结果。

（1）数据透视表的数据源

可以从 Microsoft Excel 工作表数据清单、外部数据库、多张 Excel 工作表或其他数据透视表创建数据透视表。

① 筛选：用于筛选整个数据透视表，是数据透视表中指定为页方向的源数据清单或表单中的字段。

② 行标签：是在数据透视表中指定为行方向的源数据清单或表单中的字段。

③ 列标签：是在数据透视表中指定为列方向的源数据清单或表单中的字段。

④ 数值：提供要汇总的数据值。通常，数据字段包含数字，可用 SUM() 汇总函数合并这些数据。但数据字段也可包含文本，此时数据透视表使用 Count() 汇总函数。

如果报表有多个数据字段，则报表中出现名为"数据"的字段按钮，以用来访问所有数据字段。

⑤ 汇总函数：用来对数据字段中的值进行合并的计算类型。数据透视表通常为包含数字的数据字段使用"求和"，而为包含文本的数据字段使用"计数"。可选择其他汇总函数，如"平均值""最小值""最大值"等。

（2）建立数据透视表

选择单元格区域中的任何一个有数据的单元格，同时确保单元格区域具有列标题。切换到"插入"选项卡，单击"表格"组中的"数据透视表"按钮，弹出"创建数据透视表"对话框，如图5-67所示。

该对话框的设置如下：

① 确定数据清单的位置：单击选中"选择一个表或区域"单选按钮，在"表/区域"文本

图 5-67 "创建数据透视表"对话框

框中输入单元格区域或表名引用；如果使用外部数据，可单击选中"使用外部数据源"单选按钮，下面的"选择连接"按钮变为可用，单击它弹出"现有连接"对话框，利用该对话框选择一个数据源连接。

② 确定数据透视表的位置：单击选中"新工作表"单选按钮，则数据透视表将放在新的工作表中，并以单元格 A3 为起始位置；如果选择"现有工作表"单选按钮，则需要在"位置"文本框中输入数据透视表左上角所在单元格的地址，数据透视表将放在当前工作表中以选中单元格为起始位置的区域内。

③ 单击"确定"按钮，即可在设置的位置处新建一个空的数据透视表，并显示数据透视表字段列表。

④ 添加字段、创建布局和自定义数据透视表。

（3）刷新数据

如果数据清单中的数据被改变了，数据透视表中的数据是不会自动改变的，需要进行数据刷新的操作。操作方法如下：

① 打开工作表中的源数据清单，进行数据的修改。

② 切换到"数据"选项卡，单击"查询和连接"组中的"全部刷新"按钮，则数据透视表中对应的数据会被改变。

（4）在数据清单的中间增加行数据

① 打开工作表中的源数据清单，增加一行数据。

② 切换到"数据"选项卡，单击"查询和连接"组中的"全部刷新"按钮，则数据透视表中对应的数据被改变。

（5）在数据清单的中间增加列数据

①在工作表的数据清单中增加一列数据。

②切换到"数据"选项卡，单击"查询和连接"组中的"全部刷新"按钮。

③将"数据透视表字段列表"窗格内新增的字段拖到数值区域，则数据透视表中添加了新增的字段中的数据。

（6）删除数据透视表

单击选中整个数据透视表，然后按<Delete>键就可以将其删除。

2. 数据透视图

数据透视图以图形形式表现数据透视表中的数据。数据透视图通常有一个使用相应布局且相关联的数据透视表。如果更改了某一报表的某个字段位置，则另一报表中的相应字段位置也要改变。

（1）根据数据清单建立数据透视图

①选中单元格区域中任何一个有数据的单元格，并确保单元格区域具有列标题。

②切换到"插入"选项卡，单击"图表"组中的"数据透视图"按钮，弹出"创建数据透视图"对话框。

③在该对话框中，系统默认将整个数据清单选择为"要分析的数据"，以此为数据源。

④选中"选择放置数据透视图的位置"栏内的"新工作表"或"现有工作表"单选按钮，确定"数据透视图"的目标位置。如果选中"现有工作表"单选按钮，还需要在"位置"文本框中输入数据透视图的目标位置单元格地址。

⑤单击"确定"按钮，将一个数据透视图添加到设置的目标位置，并弹出一个"数据透视图字段"窗格、"数据透视图"区域和"数据透视表"区域，用以设置和编辑数据透视图。

⑥添加字段、创建布局和自定义数据透视图。

（2）根据数据透视表建立数据透视图

①选中数据透视表中需要创建数据透视图的数据，切换到"插入"选项卡，单击"图表"组中的"数据透视图"按钮。

②弹出"插入图表"对话框，根据需要，选择图表类型。例如，单击"面积图"选项，再在右侧的列表框中选择某种"面积图"。单击"确定"按钮，系统会根据已创建的数据透视表自动生成数据透视图，如图5-68所示。

（3）编辑数据透视图

编辑数据透视图与编辑数据透视表方法类似。

①在"数据透视图字段"窗格的"选择要添加到报表的字段"列表框中选择需要在数据透视图中显示的字段名称。

②在"数据透视图字段"窗格的"行

图5-68 "插入图表"对话框

标签"列表框中将需要设置为列字段的字段移动到"列标签"列表框，而图表区中的图表也会发生相应的变化。

③ 可通过"数据透视图字段"窗格中的"筛选"按钮，设置对字段中的选项进行筛选。

（4）删除数据透视图

单击选中该数据透视图，按<Delete>键即可删除该数据透视图。

5.5.5 合并计算

使用Excel的合并计算功能可以将几张工作表中的数据合并到一张工作表中。

【实训5-4】以3个仓库的库存表为例，每个仓库库存型号和数量都不一样，如图5-69所示，其中有重合，怎么才能计算出汇总库存量出来？

（a）库1　　　　　　　　　（b）库2　　　　　　　　　（c）库3

图 5-69　3 个仓库的库存表

操作方法如下：

① 在这3张库存表后新建一个工作表，命名为汇总，用鼠标选中该工作表的A1单元格，然后选择"数据工具"组中的"合并计算"选项，如图5-70所示。

② 打开"合并计算"对话框，选择"函数"下拉列表框中的"求和"选项，将鼠标定位在引用位置下方的长框内，如图5-71所示。

图 5-70 "合并计算"按钮

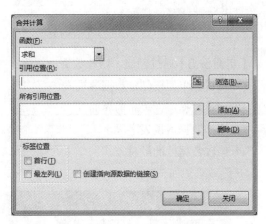

图 5-71　"合并计算"对话框

③ 选中库1中的所有数据，单击"合并计算"对话框中的"添加"按钮，如图5-72所示。按照同样的方法，将库2和库3的数据都添加上，表示要把3个表的数据进行合并计算，计算函

数就是前面选择的求和，如图5-73所示。单击选中对话框中的"首行"和"最左列"复选框，表示要按照首行的型号、数量以及最左列的产品型号作为标签分类合并计算它的数量。单击"确定"按钮，完成合并计算，如图5-74所示。

图 5-72　库 1 "合并计算"结果

图 5-73　添加 3 个表的数据

	A	B	C	D
1	型号	数量		
2	a	46		
3	b	26		
4	c	12		
5	d	64		
6	e	24		
7	f	40		
8				
9				
10				
11				
12				

图 5-74　三库 "合并计算"结果

【实训5-5】通过创建、修改数据透视表等操作，认识数据透视表。具体要求如下：

① 对目标单元格创建数据透视表。

② 调整数据透视表布局界面。

③ 增加数据透视表字段。

④ 修改数据区的汇总方式

最终效果图如5-75所示。

求和项:基本工资	列标签 ▼								
行标签 ▼	部门经理	人事经理	文秘	项目经理	销售经理	研发经理	员工	总经理	总计
管理	10000	15000			18000	12000		40000	95000
行政			4800				11700		16500
人事							6200		6200
销售							4500		4500
研发				12000			23500		35500
总计	10000	15000	4800	12000	18000	12000	45900	40000	157700

图 5-75　实训效果图

操作方法如下：

（1）创建数据透视表

①为目标单元格创建数据透视表：选中表格内任一单元格，单击"插入"→"表格"→"数据透视表"按钮，弹出"创建数据透视表"对话框，在其中进行设置，如图5-76所示。

②调整数据透视表布局界面：单击"确定"按钮，在一个新建工作表中出现数据透视表布局界面，拖动"部门"到"行标签"区域，拖动"职务"到"列标签"区域，拖动"基本工资"到"数值"区域，如图5-77所示。完成数据透视表的创建，效果如图5-75所示。

图 5-76 "创建数据透视表"对话框

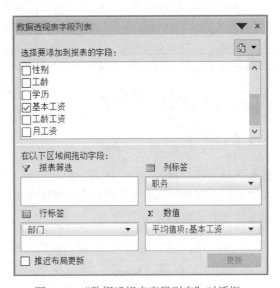

图 5-77 "数据透视表字段列表"对话框

（2）修改数据透视表

①增加数据透视表字段：拖动"月工资"到"数值"区域，在数据透视表中增加"月工资"项。

②修改数据区的汇总方式：修改数据区的汇总方式，选中数据透视表，单击"月工资"右侧的小箭头，在弹出的下拉菜单中选择"值字段设置"，在"值字段汇总方式"的计算类型中选择"平均值"，单击"确定"按钮完成对月工资汇总方式的更改。

③修改数据区中的数据显示结果：修改数据区中的数据显示结果，筛选出"职务"为"部门经理"和"员工"的数据，在"职务"列标签的下拉列表中选中"部门经理"和"员工"，单击"确定"按钮，完成筛选。单击"保存"按钮，完成数据透视表的修改，如图5-78所示。

行标签	列标签 部门经理 求和项:基本工资	平均值项:月工资	员工 求和项:基本工资	平均值项:月工资	求和项:基本工资汇总	平均值项:月工资汇总
管理	10000	10700			10000	10700
行政			11700	6015	11700	6015
人事			6200	6900	6200	6900
销售			4500	4560	4500	4560
研发			23500	6225	23500	6225
总计	10000	10700	45900	6048.75	55900	6565.555556

图 5-78 数据透视表的修改结果

5.6 图表，让 Excel 2016 更加生动直观

5.6.1 图表的概念

数据系列：图表中的相关数据点，代表着表格中的行、列。图表中每一个数据系列都具有不同的颜色和图案，且各个数据系列的含义将通过图例体现出来。在图表中，可以绘制一个或多个数据系列。

坐标轴：度量参考线，X轴为水平轴，通常表示分类，Y轴为垂直坐标轴，通常表示数据。

图表标题：图表名称，一般自动与坐标轴或图表顶部居中对齐。

数据标签：为数据标记附加信息的标签，通常代表表格中某单元格的数据点或值。

图例：表示图表的数据系列，通常有多少数据系列，就有多少图例色块，其颜色或图案与数据系列相对应。

5.6.2 图表的建立与设置

1. 创建图表

图表是根据Excel表格数据生成的，在插入图表前，需要先编辑Excel表格中的数据。选择数据区域，在"插入"→"图表"组中单击"推荐的图表"按钮，打开"插入图表"对话框，在"推荐的图表"选项卡中选择所需的图表类型后，单击"确定"按钮，即可在工作表中创建图表，如图5-79所示。

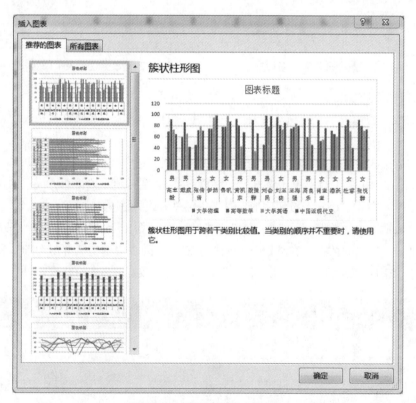

图 5-79 "插入图表"对话框

2. 设置图表

在默认情况下，图表会插入到编辑区中心位置，需要对图表位置和大小进行调整。选择图表，将鼠标指针移动到图表中，按住鼠标左键不放可拖动调整其位置；将鼠标指针移动到图表4个角上，按住鼠标左键不放可拖动调整图表的大小。

5.6.3　图表的编辑

1. 编辑图表数据

如果表格中的数据发生了变化，如增加或修改了数据时，Excel会自动更新图表。如果图表所选的数据区域有误，则需要用户手动进行更改。

2. 设置图表位置

在"图表工具"→"设计"→"位置"组中单击"移动图表"按钮，打开"移动图表"对话框，单击选中"新工作表"单选按钮，即可将图表移动到新工作表中，如图5-80所示。

3. 更改图表类型

选择图表，在"图表工具"→"设计"→"类型"组中单击"更改图表类型"按钮，在打开的"更改图表类型"对话框中重新选择所需图表类型，如图5-81所示。

4. 设置图表样式

Excel为用户提供了多种预设布局和样式，可以快速将其应用于图表中。操作方法为：选择图表，选择"图表工具"→"设计"→"图表样式"组，在列表框中选择所需样式即可。

5. 设置图表布局

除了可以为图表应用样式外，还可以根据需要更改图表的布局。其方法为选择要更改布局的图表，在"图表工具"→"设计"→"图表布局"组中选择合适的图表布局即可。

6. 编辑图表元素

在"图表工具"→"设计"→"图表布局"组找那个单击"添加图表元素"按钮，在打开的下拉列表中选择需要调整的图表元素，并在子列表中选择相应的选项即可。

图 5-80　"移动图表"对话框

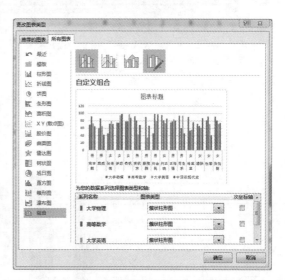

图 5-81　"更改图表类型"对话框

5.6.4　快速突显数据的迷你图

选择需要插入的一个或多个迷你图的空白单元格或一组空白单元格，在"插入"→"迷你图"组中选择要创建的迷你图类型，在打开的"创建迷你图"对话框的"数据范围"数值框中输入或选择迷你图所基于的数据区域，在"位置范围"数值框中选择迷你图放置的位置，单击

"确定"按钮，即可创建迷你图，如图5-82所示。

【实训5-6】某公司2013—2014年四个季度的净利润数据如图5-83所示，据此绘制柱形图。

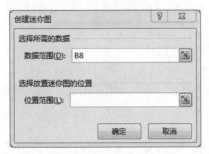

图 5-82 "创建迷你图"对话框

	A	B	C	D	E
1	2013—2014年净利润表（万元）				
2	季度	一季度	二季度	三季度	四季度
3	2013年净利润	24700.40	29184.00	26385.00	28096.62
4	2014年净利润	25000.00	28250.00	36500.00	30120.00

图 5-83 2013—2014年四个季度的净利润数据

操作方法如下：

① 选取数据范围。利用鼠标连续选中工作表中该数据所在的A2至E4区域。

② 选择图表类型。选择"插入"选项卡"图表"组中的"柱形图"选项，如图5-84所示，即可在原电子表格右下角生成了该数据的柱形图，如图5-85所示。

图 5-84 选择"柱形图"

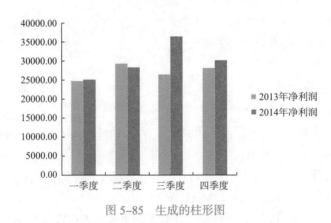

图 5-85 生成的柱形图

▌5.7 完美收官——打印

5.7.1 页面布局设置

通过"分页预览"视图调整分页符：分页符可以让用户更好地对打印区域进行规划，在

"页面布局"选项卡→"页面设置"组中单击"分隔符"按钮，可以选择相应选项在表格中添加、删除和移动分页符。在 Excel 中，手动插入的分页符为实线显示，自动插入的分页符以虚线显示。

通过"页面布局"视图调整打印效果：在"页面布局"选项卡→"页面设置"组中可以对页边距、纸张大小、纸张方向、打印区域、背景和打印标题等进行设置。如需要设置纸张大小，可单击"纸张大小"按钮，在打开的下拉列表中选择所需选项即可，如图 5-86 所示。

图 5-86　"页面设置"组

5.7.2　打印预览

选择"文件"→"打印"命令，打开"打印"页面，在该页面右侧即可预览打印效果，如图 5-87 所示。如果工作表中内容较多，可以单击页面下方的 ◄ 按钮或 ► 按钮，切换到上一页或下一页。单击"显示边距"按钮可以显示页边距，拖动边距线可以调整页边距。

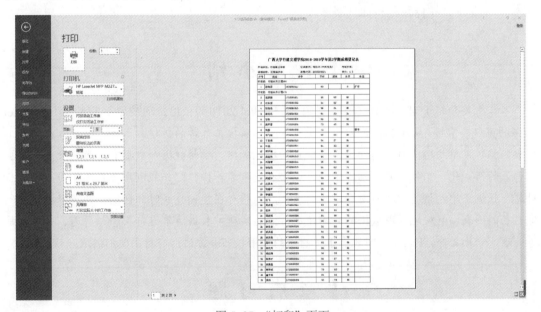

图 5-87　"打印"页面

5.7.3　打印设置

确认打印效果无误后，即可开始打印表格。选择"文件"→"打印"命令，打开"打印"页面，在"打印"栏的"份数"数值框中输入打印数量，在"打印机"下拉列表中选择当前可使用的打印机，在"设置"列表中选择打印范围，在"单面打印""调整""纵向""自定义页面大小"下拉列表中可分别对打印方式、打印方向等进行设置，设置完成后单击"打印"按钮即可打印，如图 5-88 所示。

图 5-88 "打印"设置

职工基本情
况表的
创理

职工基本情
况表数据
管理

职工基本情
况表数据
统计

职工基本情
况表的数据
透视表

本 章 小 结

　　本章主要介绍了 Microsoft Office 工具之一 Excel 2016 的使用。通过学习，大家了解 Excel 2016 的窗口，掌握 Excel 2016 的启动和退出，熟练掌握工作簿的新建、保存、打开和关闭，工作表的编辑、单元格中内容的输入，学会自动填充数据、编辑数据和数据有效性的设置。掌握工作表的格式化，工作表的移动、复制、删除和重命名等操作；并能利用公式和常用函数进行计算，强调了单元格的相对引用和绝对引用，以及两者在复制公式时的区别；能够根据需要制定自己的图表，直观地再现数据的分布情况，能够实现对数据清单进行排序、筛选、分类汇总等处理，除此之外，Excel 2016 还有很多隐藏的使用技巧和方法，有待同学们的进一步探索。

章 后 习 题

一、单选题

1. 在 Excel 中，用来存储数据的基本单元称为_____。

　　A. 单元格　　　　　B. 工作簿　　　　　C. 工作表　　　　　D. 行

2. Excel 中的工作表与工作簿之间的关系是_____。

　　A. 工作簿包含在工作表中　　　　　　B. 工作簿与工作表是同一个概念

　　C. 工作簿与工作表是二个不同的文件　　D. 工作簿是由若干个工作表组成

3. 在 Excel 中利用填充柄可以将数据复制到相邻的单元格中，若选择含有数值的左右相邻的两个单元格，向右拖动填充柄，则数据将以_____填充。

　　A. 日期数值　　　　B. 等差数列　　　　C. 等比数列　　　　D. 左单元格数值

4. 在 Excel 中选中某一单元格后，单元格的_____将显示在名称框中。

　　A. 行号　　　　　　　B. 工作表名称　　　C. 地址　　　　　　D. 列标

5. 在 Excel 中若想选定多个连续的单元格，方法是选定第 1 个单元格后_____。

　　A. 按住 <Shift> 键单击最后一个单元格　　B. 按住 <Alt> 键逐个单击其他单元格

　　C. 按住 <Ctrl> 键单击最后一个单元格　　D. 按住 <Alt> 键逐个单击其他单元格

6. 某个单元格的数值为 5. 678E+05，它与_____相等。

　　A. 567800　　　　B. 5. 67805　　　　C. 5. 678　　　　D. 5678

7. 要在单元格中输入数字字符，例如，邮编 012222，下列输入正确的是_____。

　　A. '012222　　　　B. "012222"　　　　C. =012222　　　　D. 012222

8. 如果在某单元格输入 ="电子表格"&"Excel"，结果为_____。

　　A. 电子表格 Excel　　　　　　　　B. 电子表格 & Excel

　　C. "电子表格" & "Excel"　　　　　D. 以上都不是

9. 在 Excel 中的某个单元格内输入文字，要使文字能自动换行，可选择_____。

　　A. "开始" → "对齐方式" → "自动换行"

　　B. "开始" → "字体" → " 自动换行"

　　C. "开始" → "单元格" → "自动换行"

　　D. "开始" → "数字" → "自动换行"

10. 关于跨列居中，下列正确的是_____。

　　A. 也能向左跨列居中

　　B. 仅能向右扩展跨列居中

　　C. 跨列居中与合并及居中一样，是将几个单元格合并成一个单元格并居中

　　D. 执行了跨列居中后的数据显示且存储在所选区域的中间

11. 在一个单元格中若输入了 3/6，按 <Enter> 键后默认应显示为_____。

　　A. 0　6　　　　B. 3/6　　　　C. 0 3/6　　　　D. 3 月 6 日

12. 在 Excel 中，当使用错误的参数或运算对象类型，或者当自动更正公式功能不能更正时，将产生错误值_____。

　　A. #VALUE!　　　B. #####!　　　C. #name?　　　D. #div/o

13. 如果某单元格显示为若干个 "#" 号（如 "########"），这是因为_____。

　　A. 列宽不够　　　B. 行高不够　　　C. 数据错误　　　D. 函数错误

14. 如果将 Excel 工作簿设置为只读，对工作簿中工作表的更改_____。

　　A. 不能保存在同一个工作簿文件中　　B. 仍能保存在同一个工作簿文件中

　　C. 部分保存在同一个工作簿文件中　　D. 以上都不对

15. 在 Excel 中，单元格列宽的调整可通过_____进行。

　　A. 以下都可以

　　B. 拖动列号上的边框线

　　C. 选择 "开始" → "格式" → "自动调整列宽" 命令

　　D. 选择 "开始" → "格式" → "列宽" 命令

16. 在Excel中若希望确保工作表中输入数据的正确性，可以为输入数据设定_____。

    A. 条件格式　　　　B. 数据验证　　　　C. 无效范围　　　　D. 正确格式

17. 制作Excel饼图时，若选中了两行的数值行，则_____。

    A. 只有前一行有用　　　　　　　　B. 各列都无用

    C. 只有末一行有用　　　　　　　　D. 各列都有用

18. 以下关于"选择性粘贴"命令的使用，不正确的说法是_____。

    A. "粘贴"命令与"选择性粘贴"命令中的"数值"选项功能相同

    B. "粘贴"命令与"选择性粘贴"命令都要通过"剪贴板"实现

    C. 进行"复制"或"剪切"操作后才能进行"选择性粘贴"或"粘贴"操作

    D. 使用"选择性粘贴"命令可以将一个工作表中的选定区域进行行、列数据位置的转置

19. 在Excel中，函数_____用于计算选定的单元格区域内数值的平均值。

    A. AVERAGE()　　　B. SUM()　　　　C. COUNT()　　　　D. MAX()

20. 在Excel中，要选择多个不连续的区域，应该按住_____键拖动鼠标。

    A. <Shift>　　　　B. <Ctrl>　　　　C. <Alt>　　　　D. <Tab>

二、上机操作题

创建一个Excel文档，命名为"test1. xlsx"，然后完成如下操作：

① 在工作表Sheet1中输入以下数据内容，其中学号采用自动填充方式输入：

序号	学号	姓名	高等数学	英语	计算机	思想品德	总分	综合分	排名	备注
1	02201	王文芳	85	70	83	91				
2	02202	张金明	62	45	48	68				
3	02203	孙心怡	0	73	87	72				
4	02204	林淑仪	90	88	90	93				
5	02205	谢东东	62	53	56	68				
6	02206	杨帆	78	77	90	76				
		最高分								
		平均分								
		及格率								
		比例系数	0.3	0.3	0.2	0.2				

② 在表的第一行前插入一行，输入"学生成绩一览表"，字体设置为蓝色、黑体、16磅，并跨列居中于表格的中央。

③ 在"姓名"后插入列"性别"，输入各人性别，分别为：女、男、女、女、男、男。

④ 用公式或函数计算各人的总分、综合分、排名和备注，其中综合分为各课程成绩与对应"比例系数"乘积的和，保留一位小数；排名为总分的排名次序；备注填写标准是：综合分：>=90为"优秀"、>=80为"良好"、>=60为"合格"、<60为"不合格"。

⑤ 计算表格中各门课程的最高分、平均分、及格率，平均分保留一位小数，及格率设为百分比、保留一位小数。

⑥ 利用条件格式将个人备注为"不合格"并设为红色加粗，课程平均分>=75的设为蓝色加粗。

⑦ 表格的各列设为"自动调整列宽"；将区域A2:L2设置绿色底纹，区域A2:L12设置黑色

边框。

⑧ 插入批注：为 "0"（E5）单元格插入批注 "教务处：该生缺考！"。

⑨ 创建如下柱形图。

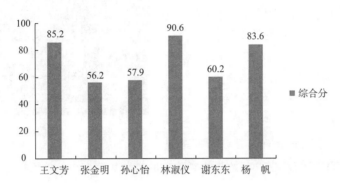

工匠精神 >>>>>>

麒麟5G芯片背后的研发故事

前不久，伴随着华为麒麟985 5G SoC的发布，麒麟芯片形成了从顶级旗舰到中高端旗舰芯片覆盖多维度、多赛道的格局，麒麟820、985、990三款5G SoC的5G性能均领先同级，属全球最快。

华为技术有限公司（以下简称 "华为"）成立于1987年，得益于改革开放，经过30多年的拼搏努力，华为这艘大船已经划到了 "与世界同步的起跑线" 上。华为从小到大、从大到强、从国际化到全球化的全过程，就是基于创新的成功。

日前，华为心声社区发文，讲述了麒麟5G芯片背后的攀登、创新、研发故事，简单来说，与华为的先发5G布局和艰辛测试分不开关系。2009年起，华为正式启动5G领域研究。那个时间点，国际电信联盟公布3G通信标准才一年，全球互联网的移动化转型刚刚开始，3G用户和应用也寥寥无几。

要做5G，华为所面临的第一道门槛就是缺乏标准。与2G/3G/4G时代不同，5G芯片的研发和标准制定是同步进行的，就像打靶一样，之前的标靶明确，瞄准目标就行了。而5G的研发只知道一个大概方向，完全是摸着石头过河。对于未来的通信标准风

麒麟820芯片

险，华为只能靠技术储备来化解，这非常考验华为的判断能力。也是因为这种 "敢为天下先" 的精神，才成就华为成为全球5G标准的重要制定者之一。

华为5G芯片的艰辛测试之路

在芯片发布商用之前，还需要经过一系列复杂的测试流程，以保证芯片在各种工况下的稳定性能。而测试一颗芯片，会有多难呢？

（一）实验室阶段

华为在5G芯片早期测试过程中，面临着业界仪器仪表商尚未成熟的困难，也就是说没有外部服务商可以支持基础的测试仪表。基于真实网络，华为在公司内部自主开发了联调对接，测试数量达到几万例以上，仅在实验室里搭建的网络，就足够建设几个城市的5G网络。

在有实力挑战5G芯片的多家厂商中，5G测试一般只停留在实验室里，因为实验室测试环境更为理想，受到不同制式和频段的信号干扰

麒麟985芯片

较少，但缺点是无法真正测出一款芯片的实际商用能力。于是，华为还自主搭建了外场测试环境，向难度更大的场外测试发起挑战。

（二）场外测试阶段

通过海量外场测试，麒麟5G芯片实现了业界最佳的现网5G上下行速率和最佳5G低时延，带来最快的5G速度，显著降低了5G功耗，让手机用户享受到更持久的5G续航体验。另外，针对5G商用初期出现的各项体验难题，麒麟芯片创新设计多项领先算法和灵活架构，用技术升级体验。

截止2019年7月17日，在IMT-2020(5G)推进组公布的主流终端芯片测试进展中，巴龙5000是唯一完成全部测试的5G终端芯片，5G商用成熟度业界第一。

（三）实地测试阶段

华为5G芯片完整地完成了NSA/SA的室内功能和室外性能测试，累计在全球30多个国家和地区进行实地测试，经历了400万次电话拨打、超过6 000小时语音时长和200TB以上测试数据的打磨。华为针对高铁、地铁、公路等通信条件复杂场景进行深度研究，并持续优化。每月测试人员的行程总里程高达8万公里，相当于绕地球赤道两圈，测试任务的复杂艰巨可想而知。

（四）专项测试阶段

除了外场测试之外，华为还通过5G算法和架构创新对芯片进行了专项优化。麒麟芯片创新推出基于增强的信号干扰抑制引擎，在人群密集场景下实现业界最强的5G通信抗干扰能力，通信体验始终稳定。

在5G高速移动场景下，创新支持自适应接收机，提供基于机器学习的AI信道模型匹配，实现精准的信道响应评估，在高速交通工具中实现更稳定的5G体验；全新5G超级上行技术能够针对上行场景加速，充分考虑5G时代用户上传视频、直播等应用场景的需求，最高比普通5G上行快了420%，体验提升非常显著。

华为5G芯片硕果累累

华为芯片、终端和网络部门聚集了大量通信领域的顶尖科学家和算法领域的数学家，甚至包括获得国家科技进步奖特等奖荣誉的行业顶尖人才，他们贡献了5G领域的众多先进算法创新，推动了行业发展，也造就了麒麟芯片在5G研发上的强大实力。

截至2019年3月底，华为投入5G研发的专家工程师有2 000多位，在全球已经建立十余个

5G研究中心，向欧洲电信标准化协会ETSI声明2570族5G领域基本专利，占全球该领域的17%，居全球第一。当前，华为已在全球30个国家获得了46个5G商用合同，5G基站发货量超过10万个，居全球首位。

麒麟990芯片

麒麟芯片在行业中多次拿下权威大奖，其中最重磅的就是麒麟团队参与的TD-LTE项目曾获得2016年度国家科技进步特等奖，这是国家设立的科技最高奖项。之后，华为凭借技术实力多次获得GTI全球顶级奖项，这一奖项被称作"TD-LTE产业界的奥斯卡"，具有极高的含金量。

2019年上半年，在面临巨大的外部挑战和压力下，得益于客户的信任、伙伴的支持以及社会各界的帮助，华为依然取得了23%的同比增长，销售收入4013亿元人民币，净利润8.7%。巨大的外部压力，不仅压不垮华为，只会使华为抛弃幻想，变得更加强大。

第6章

安全玩转网络

本章内容提要：

- 网络的组成、分类和拓扑结构
- OSI 参考模型和 TCP/IP 协议
- Internet 的联网方式
- 物理地址、IP 地址和域名的作用
- 搜索引擎的使用技巧
- 收发电子邮件
- 信息安全防护

本章预告

你是否问过自己这样一个问题：如果没有计算机网络，你将如何生活下去？在网络世界里，相识或不相识的人可以十分自由、方便地相互交流；远程教育让更多山区孩子有机会接触到外面的多彩世界；远程医疗让老百姓足不出户就能享受到优质医疗资源；日常的扫码乘车、人脸识别、自助开具发票、购物点餐……这些都是互联网 + 在生活中的运用。

计算机网络是计算机技术和通信技术两大现代技术密切结合的产物。在当今万物互联的网络时代，网络就如同吃饭睡觉一样，成为人们的一种习惯，同时也改变了我们的工作生活方式。计算机网络将注定成为 21 世纪全球信息社会最重要的基础设施。

▌6.1 什么是网络

计算机网络是指将地理位置不同的具有独立功能的多台计算机及其外围设备，通过通信线路连接起来，在网络操作系统、网络管理软件及网络通信协议的管理和协调下，实现资源共享和信息传递的计算机系统。

什么是网络

6.1.1 网络的组成

一个完整的网络系统是由网络硬件和网络软件所组成的。网络硬件是计算机网络系统的物理实现，对网络起着决定性作用。网络软件为网络提供技术支持，挖掘网络潜力。

要构成计算机网络系统，首先要将各网络硬件连接起来，实现物理连接，例如图 6-1 所示的小型网络连接。常见的网络硬件有计算机、网络适配器、传输介质、网络互连设备、共享的外围设备和网络通信设备等。

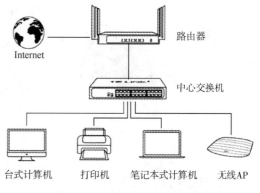

图 6-1 小型网络连接示例图

1. 计算机

在网络环境中，根据计算机在网络中的服务性质，可以将其划分为服务器和工作站两种。

（1）服务器

服务器（Server）是网络环境中高性能的计算机，担负一定的数据处理任务并向网络用户提供资源。除对等网络外，每个独立的计算机网络系统中至少要有一台服务器。服务器的分类见表6-1。

表 6-1 服务器的分类

分类方法	服务器类型
根据担负的网络功能	可分为Web服务器、邮件服务器、域名服务器、应用服务器、文件服务器、通信服务器、备份服务器和打印服务器等
根据网络规模	可分为工作组级服务器、部门级服务器和企业级服务器
按外观类型	可分为塔式服务器、机架式服务器和刀片式服务器
按服务器的架构	分为CISC架构服务器（主要指的是采用英特尔架构技术的服务器）和RISC架构服务器（指的是采用非英特尔架构技术的服务器，如使用Power PC、Alpha、PA-RISC、Sparc等RISC CPU的服务器）

（2）工作站

工作站（Workstation）是指连接到网络上的计算机，它可作为独立的计算机被用户使用，同时又可以访问服务器。工作站只是一个接入网络的设备，它的接入和离开不会对网络系统产生影响。在不同网络中，工作站有时也称为"客户机（Client）"。

服务器与客户机之间的连接大多采用客户机/服务器结构。服务器专门提供网络服务，客户机协助用户使用网络服务，如图6-2所示。

网络也可采用对等结构，即没有专用服务器，每一台计算机的地位平等，在网上的每一台计算机既可

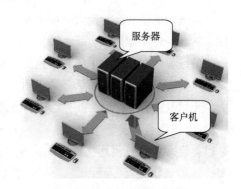

图 6-2 客户机/服务器结构

以充当服务器，又可以充当客户机，彼此之间进行互相访问，平等地进行通信。

2. 网卡

网卡（Net Interface Card，NIC）又称网络适配器，是计算机与传输介质进行数据交互的中间部件，可进行编码转换和收发信息。网卡可插到机箱的总线插槽内，或连接到某个外部接口上，目前的计算机主板大多集成了网卡功能，以网卡芯片的形式存在。不同的网络使用不同类型的网卡，在接入网络时需要知道网络的类型，从而购买适合的网卡。图6-3所示为各种类型的网卡。

（a）RJ-45接口的有线网卡

（b）插主板的无线网卡

（c）USB接口的无线网卡

图6-3　各种类型的网卡

3. 传输介质

传输介质（Transmission Medium）是传输信息的载体，即将信息从一个结点向另一个结点传送的连接线路。常用的传输介质可分为有线介质及无线介质两种，有线介质包括同轴电缆、双绞线、光纤等，如图6-4所示。无线介质包括无线电波、微波、红外线、蓝牙、可见光等。

（a）同轴电缆

（b）双绞线

（c）光缆

图6-4　有线介质

无线局域网通常采用无线电波、微波和红外线作为传输媒体。采用无线电波的通信速率可达千兆bit/s，传输范围可达数十千米。当两点间直线距离内无障碍时就可以使用微波传送，利用微波进行通信具有容量大、质量好的优点，并通过微波中继可传至很远的距离，普遍应用于国家的各种专用通信网。红外线主要用于室内短距离的通信，其保密性、抗干扰性强。使用最广泛的是无线电。无线电的频率范围在10~16kHz之间，但大部分无线电频率范围已经被电视、广播以及重要的政府和军队系统占用，所以可供民用的电磁波频率的范围（频谱）是相当有限的。无线电波可以穿透墙壁，也可以到达普通网络线缆无法到达的地方。

4. 网络互联设备

要将多台计算机连接成网络，除了需要网卡、传输介质外，根据不同的使用场合，还需要中继器、集线器、路由器、网桥、网络交换机、网关等网络互联设备，这些设备的外观如图6-5所示，主要功能见表6-2。

（a）Wi-Fi信号中继器

（b）家用Wi-Fi路由器

（c）网络交换机

图6-5　常见网络互联设备

表 6-2　常见网络互联设备功能简介

设备名称	功 能 简 介
中继器 （RP repeater）	工作在 OSI 体系结构中的物理层。它接收并识别网络信号，然后再生信号并将其发送到网络的其他分支上。作用是放大信号，补偿信号衰减，支持远距离的通信
集线器（HUB）	工作在 OSI 体系结构中的物理层。将多条以太网双绞线或光纤集合连接在同一段物理介质下的设备。它可以视作多端口的中继器，若侦测到碰撞，它会提交阻塞信号
网桥（Bridge）	工作在 OSI 体系结构中的数据链路层。是一个局域网与另一个局域网之间建立连接的桥梁。作用是扩展网络和通信手段，在各种传输介质中转发数据信号，扩展网络的距离
路由器（Router）	工作在 OSI 体系结构中的网际层，主要功能是实现信息的转送。在路由器中，通常存在着一张路由表。根据传送网站传送的信息的最终地址，寻找下一转发地址，判断应该是哪个网络
交换机（Switch）	工作在 OSI 体系结构中的数据链路层。交换机有多个端口，每个端口都具有桥接功能，可以连接一个局域网或一台高性能服务器或工作站。实际上，交换机有时被称为多端口网桥
网关（Gateway）	又称网间连接器、协议转换器。网关在网际层以上实现网络互连，是复杂的网络互连设备，仅用于两个高层协议不同的网络互连。网关是一种充当转换重任的计算机系统或设备，使用在不同的通信协议、数据格式或语言，甚至体系结构完全不同的两种系统之间，是一个翻译器

小知识

现实中常听到的"无线 AP"是什么意思呢？

无线 AP（Access Point），即无线接入点，是一个包含很广的名称，它不仅包含单纯性无线接入点（无线 AP），同样也是无线路由器、无线网关、无线网桥等设备的统称。

5. 网络软件

网络软件一般是指系统的网络操作系统、网络通信协议和应用级的提供网络服务功能的专用软件。其中，网络操作系统是用于管理网络软、硬资源，提供简单网络管理的系统软件。常见的网络操作系统有 UNIX、Netware、Windows、Linux 等。随着网络的广泛应用，现在的网络操作系统都综合了大量的 Internet 综合应用技术。除了基本的文件服务、打印服务等标准服务外，全新的 Internet 服务不断出现，如增强的目录服务与内容服务。几乎所有的网络操作系统都支持多用户、多任务、多进程、多线程，支持抢先式多任务，也支持对称多处理技术。

6.1.2　网络的分门别类

计算机网络有多种分类方法，如图 6-6 所示。这些分类方法从不同角度体现了计算机网络的特点。

1. 局域网

局域网（Local Area Network，LAN）是指在有限的地理区域内构成的计算机网络。例如，把一个宿舍、一个实验室、一座楼、一个单位或部门的多台计算机连接成一个计算机网络。局域网的覆盖范围一般不超过 10 km，拥有较高的数据传输速率。

2. 城域网

城域网（Metropolitan Area Network，MAN）是指在整个城市范围内创建的计算机网络，通常采用与局域网相似的技术，大多数情况下，两者通称为局域网。例如，一所学校有多个校区分布在城市的几个城区，每个校区都有自己的校园网，这些网络连接起来就形成一个城域网。

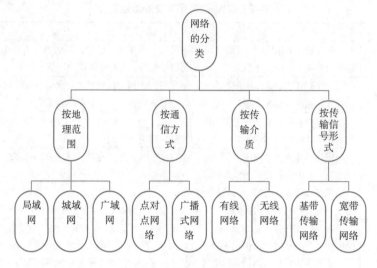

图 6-6　计算机网络的分类

3. 广域网

广域网（Wide Area Network，WAN）是覆盖面积广阔的计算机网络，可由在不同城市之间的局域网或者城域网互连而成。广域网覆盖的范围较大，几百千米到几万千米不等。广域网用于通信的传输装置和介质，一般由电信部门提供，能实现大范围内的资源共享。Internet 就是全球最大的广域网。

4. 点对点网络和广播式网络

点对点网络中的数据以一条专用的通信信道传输，而广播式网络中的数据在公用信道中传播，计算机根据收到数据包含的目的地址来判断，如果是发给自己的则接收数据，否则便丢弃数据。

5. 基带传输网络和宽带传输网络

基带传输用于数字传输。信号源产生的原始电信号称为基带信号，将数字数据 0、1 直接用两种不同的电压表示，然后送到线路上去传输。

宽带传输常用于有线电视网。它将基带信号进行调制后形成模拟信号，然后采用频分复用技术实现宽带传输，传输距离比基带传输远，可达上百公里。宽带系统可分为多个信道，所以模拟和数字数据可混合使用，但通常需解决双向传输的问题。

6.1.3　网络的拓扑结构

计算机网络的拓扑结构是指网络中的通信链路（Link）和结点（Node）之间的几何结构。结点是网络中计算机、打印机或网络连接设备等的抽象描述。链路是指两个结点间承载信息流的线路或信道。网络的基本拓扑结构有总线、星状、环状、树状和网状五大类，如图 6-7 所示。现实中计算机网络的拓扑结构通常是基本拓扑结构的混合和扩展。

拓扑结构用于表示网络的整体构成及各模块之间的连接关系，影响着整个网络的设计、功能、可靠性和通信费用，是设计计算机网络时值得注意的问题。表 6-3 列出了五大类基本拓扑结构特征对比。其中，总线、星状、环状、树状这几种网络拓扑结构主要用于构建小型的局域网性质的网络。当面对一些大型网络或 Internet 骨干网的构建时，一般采用的就是网状拓扑结构了。在实际应用中，可根据需要综合使用多种拓扑结构。

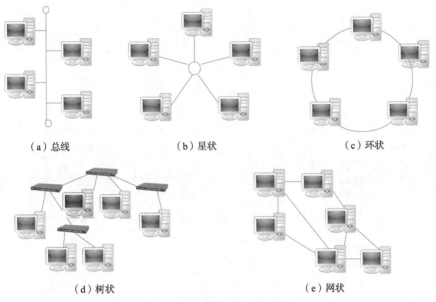

（a）总线　　　　　　（b）星状　　　　　　　（c）环状

（d）树状　　　　　　　　　　　（e）网状

图 6-7　网络的基本拓扑结构

表 6-3　五大类基本拓扑结构特征对比

名　称	特　　征
总线	所有的计算机网络都连在一条线上。这个结构所需要的电线短且少；但是当这个结构出现故障后很难找到故障问题
星状	以一个中心节点为中心，向四周分散开。这个结构简单，扩展性大，传输时间少。但是当中心部分出现错误后，全部的网络都会瘫痪
环状	所有的网络形成一个环状结构。这个结构可以节约设备，但是当其中网络出现问题的时候不容易找到故障的设备
树状	以一个中心开始向下面发展，像一棵树的形状。这样的结构扩展性强，分支多，但是当顶端网络出现错误的时候整个网络都容易瘫痪
网状	所有的网络连接构成一个网状。这个结构应用广泛，利用性强，而且当一个网络出现错误的时候其他结构仍然可以使用，但是网状结构复杂，成本高

6.1.4　OSI 参考模型

计算机网络的各个功能层和在各层上使用的全部协议统称为体系结构。网络协议是计算机网络工作的基础，两台计算机通信时必须使用相同的网络协议。世界著名的两大网络体系结构是 OSI 参考模型和 TCP/IP 体系结构。

OSI（Open System Interconnection）参考模型是由国际标准化组织 ISO 提出的用于计算机互连的国际标准。OSI 参考模型分为 7 层，从下至上分别是物理层、数据链路层、网际层、传输层、会话层、表示层、应用层。其结构如图 6-8 所示。

按照 OSI 参考模型，网络中各结点都有相同的功能层次，在同一结点内相邻功能层之间通过接口通信。每一层可以使用下层提供的服务，并向其上层提供服务；不同结点的对等层依照协议实现对等层之间的通信。OSI各个功能层的基本功能介绍见表6-4。

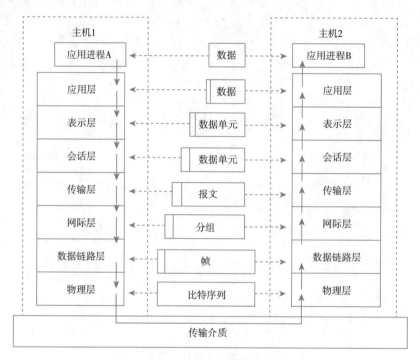

图 6-8　OSI 参考模型

表 6-4　OSI 各个功能层及基本功能

层次	功能层	基 本 功 能
1	物理层	物理层是最低层，处于传输介质之上，规定在一个结点内如何把计算机连接到传输介质上，规定了机械的、电气的功能。该层负责建立、保持和拆除物理链路；规定如何在此链路上传送原始比特流，比特如何编码，使用的电平、极性、连接插头、插座的插脚如何分配等。物理接口标准定义了物理层与物理传输介质之间的边界与接口，常用的有 EIA-232-C、EIARS-449 和 CCITT X2.1。在物理层数据的传送单位是比特（bit）
2	数据链路层	在物理层提供比特流服务的基础上，建立相邻结点之间的数据链路，通过差错控制提供数据帧（Frame）在信道上无差错地传输，并进行各电路上的动作系列。该层的作用包括物理地址寻址、数据的成帧、流量控制、数据的检错、重发等
3	网际层	选择合适的网间路由和交换结点，确保由数据链路层提供的帧封装的数据包及时传送。该层的作用包括地址解析、路由、拥塞控制、网际互连等。传送的信息单位是分组或包（Packet）
4	传输层	为源主机与目的主机的进程之间提供可靠的、透明的数据传输，并给端到端数据通信提供最佳性能。传输层传送的信息单位是报文（Message）
5	会话层	提供包括访问验证和会话管理在内的建立且维护应用之间通信的机制。如服务器验证用户登录便是由会话层完成的
6	表示层	主要解决用户信息的语法表示问题，即提供格式化的表示和转换数据服务。如数据的压缩和解压缩、加密和解密等工作都由表示层负责
7	应用层	处理用户的数据和信息，由用户程序（应用程序）组成，完成用户所希望的实际任务

从7层的功能描述可见，1~3层主要是完成数据交换和数据传输，称之为网络低层，即通信子网；5~7层主要是完成信息处理服务的功能，称之为网络高层；低层与高层之间由第4层衔接。

根据OSI模型，在通信过程中各结点之间的数据传送过程如下：发送方的各层从上到下逐步加上各层的控制信息构成的比特流传递到物理信道（此为封装过程），然后再传输至接收方的物理层（此为传递过程），经过从下至上逐层去掉相应层的控制信息得到的数据最终传送到应用层的进程（此为拆封过程）。

6.1.5　TCP/IP协议

虽然OSI参考模型概念清楚，理论较完整，为网络体系结构与协议的发展提供了一种国际标准，但其具体应用尚未协调好，妨碍了第三方厂家开发相应的软、硬件，所以当前只是作为网络的理论模型，很少有网络系统能完全遵循它。事实上的网络体系结构的国际标准是Internet采用的TCP/IP体系结构。

TCP/IP体系结构的功能层分为4层，从下至上依次是网络接口层、网际层、传输层和应用层。它与OSI参考模型在网际层上并不完全对应，但是在概念和功能上基本相同。两者的对照关系如图6-9所示。

TCP/IP体系结构有100多个网络协议，其中最主要的是传输控制协议（Transmission Control Protocol，TCP）和网际协议（Internet Protocol，IP）。IP

OSI参考模型	TCP/IP体系结构
应用层	应用层（有TELNET、FTP、SMTP等协议）
表示层	
会话层	
传输层	传输层（TCP或UDP）
网际层	网际层（IP协议）
数据链路层	网络接口层
物理层	

图 6-9　OSI 参考模型与 TCP/IP 体系结构对照

负责将信息送达目的地，传输时为其选择最佳传输路径，但接收时不进行差错纠正，即提供的是不可靠交付服务。而TCP用于提供可靠通信，保证被传送信息的完整性，但传输性能较低。

▌6.2　如何连接互联网

6.2.1　Internet 的来历

1969年，美国国防部高级研究计划局开始建立一个命名为ARPANET（阿帕网）的网络。当时建立这个网络的目的是出于军事需要，计划建立一个计算机网络，当网络中的一部分被破坏时，其余网络部分会很快建立起新的联系。1969年6月完成第一阶段的工作，将美国西南部的加州大学洛杉矶分校、斯坦福大学研究学院、加州大学圣巴巴拉分校和犹他州大学的4台主要计算机连接起来，组成了如图6-10所示的4个结点的试验性网络。人们普遍认为这就是Internet的雏形。

进入20世纪80年代，计算机局域网得到了迅速发展。这些局域网依靠TCP/IP，可以通过

如何连接互联网

ARPANET互联，使TCP/IP互联网络的规模迅速扩大。除了美国，世界上许多国家或地区通过远程通信将本地的计算机和网络接入ARPANET。后来随着许多商业部门和机构的加入，Internet迅速发展，最终发展成当今世界范围内以信息资源共享及学术交流为目的的国际互联网，成为事实上的全球电子信息的"信息高速公路"。

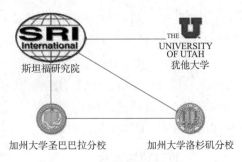

图6-10　阿帕网连接方式

Internet经过多年的发展，已成为人类工作和生活中不可缺少的媒体及工具。由于用户数量的剧增和自身技术的限制，Internet无法满足高带宽占用型应用的需要。为此，许多国家都在研究、开发和应用采用新技术的下一代宽带Internet，学术界称其为第二代互联网。

第二代互联网与传统的第一代互联网的区别在于它更大、更快、更安全、更及时以及更方便。第二代互联网使用IPv6，网络速度大幅度提高，远程教育、远程医疗等成为最普遍的网络应用。2004年1月15日，Internet 2、GEANT网和CERNET 2这3个全球最大的学术互联网同时开通了全球IPv6互联网服务。

近年，IT业界提出了第三代互联网的概念，从第二代向第三代的发展是一场由新技术引发的、以改变与融合为主题的网络革新，是一个永远在线的网络时代。目前还没有具体的标准，第三代互联网的变化并不局限于IT业界与互联网用户，每个人、每个企业在现实生活、商业活动中，都会面对并感受到其变化。

6.2.2　我国的互联网现状

中关村地区教育与科研示范网络（中国科技网的前身）代表中国于1994年4月正式接入Internet，并于当年5月建立CN主域名服务器设置，可全功能访问Internet。2004年12月，我国国家顶级域名cn服务器的IPv6地址成功登录到全球域名根服务器。

目前中国计算机互联网已形成骨干网、大区网和省市网的3级体系结构。骨干网是国家批准的可以直接和国外连接的互联网。任何部门和个人如果要接入Internet，都必须通过骨干网连接。我国拥有九大骨干网：

- 中国公用计算机互联网（CHINANET）；
- 中国金桥信息网（CHINAGBN）；
- 中国联通计算机互联网（UNINET）；
- 中国网通公用互联网（CNCNET）；
- 中国移动互联网（CMNET）；
- 中国教育和科研计算机网（CERNET）；
- 中国科技网（CSTNET）；
- 中国长城互联网（CGWNET）；
- 中国国际经济贸易互联网（CIETNET）。

我国在实施国家基础设施建设计划的同时，也积极参与第二代互联网的研究与建设。以现有网络设施为依托，建设并开通了基于IPv6的中国第一个下一代互联网示范工程（CNGI）核心网之一的CERNET 2主干网，如图6-11所示，并于2004年3月正式向用户提供IPv6下一代互联网服务。目前CERNET2已经初具规模，接入北京大学、清华大学、复旦大学、上海交通大学、浙江大学等上百所国内高校，并与谷歌实现基于IPv6的1Gbit/s高速互联。截至2019年6月，我国IPv6地址数量已跃居全球第一位。IPv6活跃用户数达1.3亿。

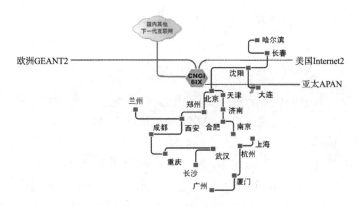

图 6-11　CERNET2 主干网

目前，我国的互联网普及率已超六成，国家大力发展互联网+，创业热潮不断被推动，尤其是互联网企业的数量增多，对互联网人才数量的需求也在持续增加。互联网进入中国虽然只有短短二十多年的时间，但是已经成为整个社会和经济的底层架构和标配。

6.2.3　上网为什么离不开ISP

由于接轨国际互联网需要租用国际信道，其成本对于一般用户是无法承担的。互联网服务提供商（Internet Service Provider，ISP）是全世界数以亿计普通用户通往Internet的必经之路。ISP指的是面向公众提供下列信息服务的经营者：

①接入服务，即帮助用户接入Internet。

②导航服务，即帮助用户在Internet上找到所需要的信息。

③信息服务，即建立数据服务系统，收集、加工、存储信息，定期维护更新，并通过网络向用户提供信息内容服务。

用户若要连接到 Internet，可采用某种方式与ISP提供的某台服务器连接起来，就能享受由ISP提供的各种上网服务。目前，我国的九大骨干网，各自拥有自己的国际信道和基本用户群，其他的Internet服务提供商属于二级ISP。这些ISP为众多企业和个人用户提供接入Internet的服务，如图6-12所示。

6.2.4　上网的各种方式

Internet服务提供商为公众提供多种接入方式，以满足用户的不同需求。早期多数采用调制解调器接入和ISDN方式，目前主要通过ADSL、Cable Modem、无线接入和局域网接入等方式接入。

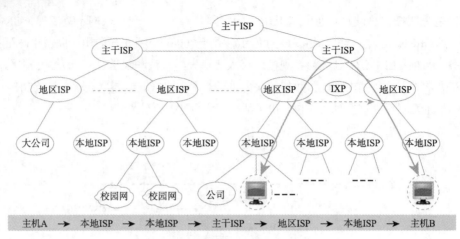

图 6-12　多层次 ISP 结构的互联网

1. ADSL 接入技术

非对称数字用户线路（Asymmetric Digital Subscriber Line，ADSL）是基于公众电话网提供宽带数据业务的技术，因上行和下行带宽不对称而得名。它采用频分复用技术把普通的电话线分成了电话、上行和下行 3 个相对独立的信道，从而避免了相互之间的干扰。目前使用的第二代的 ADSL2+技术可以提供最高 24Mbit/s 的下行速率。

接入互联网时，用户需要配置一个网卡及专用的 ADSL modem，根据实际情况选择采用专线入网方式（即拥有固定的静态 IP）或虚拟拨号方式（不是真正的电话拨号，而是用户输入账号、密码，通过身份验证，动态获得一个 IP 地址）。在我国部分经济不发达地区，ADSL 仍是家庭常用的接入方式。

2. Cable Modem 接入技术

电缆调制解调器（Cable Modem）又名线缆调制解调器，利用有线电视线路接入互联网，接入速率可以高达 10～40 Mbit/s，可以实现视频点播、互动游戏等大容量数据的传输。它的特点是带宽高、速度快、成本低、不受连接距离的限制、不占用电话线、不影响收看电视节目，所以在有线电视网上开展网络数据业务有着广阔的前景。

3. 无线接入

用户不仅可以通过有线设备接入互联网，也可以通过无线设备接入互联网。目前常见的无线接入方式主要分为无线局域网接入和 3G/4G/5G 接入两类。

（1）无线局域网接入

无线局域网（WLAN）是利用射频无线点播通信技术构建的局域网，其主流技术包括红外、蓝牙、Wi-Fi 和无线微波扩展频谱。无线局域网通常是在有线局域网的基础上通过无线接入点（Access Point，AP）实现无线接入，如带有无线网卡的计算机或可上网的手机进入到 WLAN 环境中，经过配置和连接就可以轻松接入互联网。

（2）3G/4G/5G 接入

这里的"G"表示"代"，1G/2G/3G/4G/5G 分别指移动运营商和设备使用的第一、二、三、四、五代移动通信技术。它们具有不同的速度和功能，下一代技术对上一代技术进行更新改进，如图 6-13 所示。1998 年推出的 3G 网络带来了比 2G 更快的数据传输速率，支持手机视频通话和移动互联网接入。2008年发布了4G，可以满足游戏服务、高清移动电视、视频会议、3D电视以及其他需要高速的功能。设备移动时4G网络的最大速率为100 Mbit/s；对于低移动性通信，速率可达1 Gbit/s。手机都支持3G和4G技术，用户通过手机SIM卡就可以轻松接入互联网。

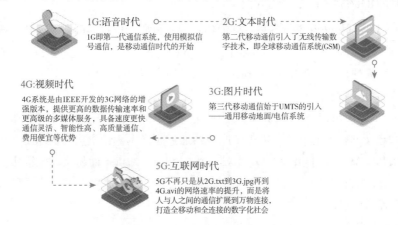

图 6-13　从 1G 到 5G 的发展史

　　第五代移动通信技术5G是最新一代蜂窝移动通信技术，性能目标是高数据传输速率、减少延迟、节省能源、降低成本、提高系统容量和大规模设备连接。全球5G标准的制定中，华为所推荐的PolarCode（极化码）获得了3GPP联盟的认可，成为了5G控制信道eMBB场景编码的最终解决方案，这为我国以后在5G技术的持续发展奠定了良好的基础。5G的网络速度是4G的10倍以上，在5G网络环境比较好的情况下，1G的文件1~3 s就能下载完，基本上不会超过10 s。2019年底，中国移动、中国联通、中国电信三大运营商正式上线了5G商用套餐供用户使用。

　　4. 局域网接入

　　局域网接入方式主要采用了以太网技术，以信息化区域的形式为用户服务。在中心节点使用高速交换机，交换机到ISP的连接多采用光纤，为用户提供快速的宽带接入，基本做到千兆到区域、百兆到大楼、十兆到用户。区域内的用户只需一台计算机和一块网卡，就可连接到互联网。图6-14举例说明了某单位通过局域网接入Internet并实现总部与各分部间互联互通的网络连接方案。

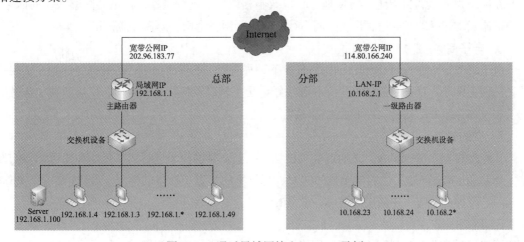

图 6-14　通过局域网接入 Internet 示例

用户在选择接入互联网的方式时，可以从地域、质量、价格、性能和稳定性等方面考虑，选择适合自己的接入方式。

6.2.5 Internet给我们带来了什么

在Internet上时刻传送着大量各种各样的信息，从科研、教育、商业、文化、娱乐、医药到购物无所不有。作为世界上最大的计算机网络，Internet在通信、资源共享、资源查询三方面给使用者提供了巨大的帮助。常见的Internet基本服务有以下几个方面。

1. WWW浏览服务

万维网（World Wide Web，WWW），也称为Web、3W等。是基于客户机/服务器方式的信息发现技术和超文本技术的综合。WWW服务器通过超文本标记语言（HTML）把信息组织成为图文并茂的超文本，利用超链接从一个站点跳到另一个站点。而超文本传输协议（Hypertext Transfer Protocol，HTTP）则提供了访问超文本信息的功能，是WWW浏览器和WWW服务器之间的应用层通信协议。

2. 信息搜索服务

由于Internet上信息众多，人们容易被淹没在信息的海洋中，可通过各种专业搜索引擎（如百度搜索、搜狗搜索、360搜索、Google搜索等）有效地查找到自己需要的信息。

3. 电子邮件E-mail

E-mail是一种利用计算机网络交换电子信件的通信手段，它既可以传递文字信息，也可以传递图像、声音和动画等多媒体信息。与普通信件的寄件收件流程一样，要发送电子邮件，必须知道发送者的电子邮件地址和接收者的电子邮件地址。使用电子邮件前，用户须向邮件服务器申请一个用户邮箱，其格式为"用户登录名@邮件服务器域名"。电子邮件不仅使用方便，还具有传递迅速和费用低廉的优点。

4. 电子政务

电子政务是指国家机关在政务活动中，全面应用现代信息技术、网络技术以及办公自动化技术等进行办公、管理和为社会提供公共服务的一种全新的管理模式。

5. 网络交流互动

在网络世界里，可以十分方便地与相识或不相识的人进行交流，讨论共同感兴趣的话题。网络交流互动包括即时通信、个人空间、社交网络、网络论坛、博客、播客和微博等。

6. 电子商务

电子商务是指在Internet开放的网络环境下，买卖双方不谋面地进行各种商贸活动，实现消费者的网上购物、商户之间的网上交易和在线电子支付以及各种商务活动、交易活动、金融活动及相关综合服务活动的一种商业运营模式。

7. 在线教育

在线教育即E-Learning，是通过应用信息科技和互联网技术进行内容传播和快速学习的方法。E-Learning的"E"代表电子化的学习、有效率的学习、探索的学习、经验的学习、拓展的学习、延伸的学习、易使用的学习、增强的学习。

8. 网络娱乐

网络娱乐类业务包括网络聊天、网络游戏、网络文学、网络视频等。娱乐是人的本能，网络时代的新媒体，以更为自由、更为开放的态度表达新的内容，影响新一代的观众。大家在接受新媒介的同时应对新媒介可能塑造的"新世界"保持清醒的认识，把握好媒介与时代的独特关系，避免落入"娱乐至死"的境地。

▍6.3　物理地址、IP 地址和域名三者有什么联系

资源共享是网络的主要功能之一，网络上存在大量软硬件资源，它们相互之间是如何定位和访问沟通的呢？其实，网络中的资源有各种标识自身存在的方式，如计算机名、IP 地址、MAC 地址、域名等。不同的使用场景采用不同的标识形式。下面详细讲解这些网络术语。

6.3.1　计算机名和工作组

计算机名可以标识网络中的计算机。Windows 10 中的"网络"功能就是根据设备名称来识别和访问设备的，如图 6-15 所示，本机是以计算机名 GXU-YAOYI 标识自身的存在。除此之外，本地网络上还有其他计算机和设备共存。

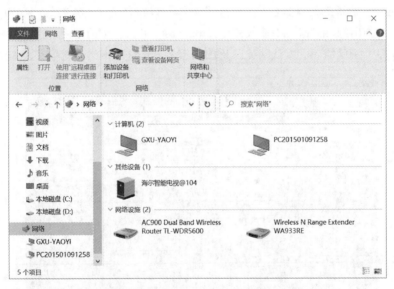

图 6-15　Windows 10 中的"网络"功能

计算机的名称可以修改，但在同一个网络中，名称必须是唯一的，否则会发生网络的冲突。"工作组"默认组名是 WORKGROUP，也允许用户修改名称。工作组的作用就是将不同的计算机按功能分别列入不同的组中以方便管理。在 Windows 10 桌面"此电脑"图标上右击，在弹出的快捷菜单中选择"属性"选项，在弹出的对话框中可查看计算机名和所处工作组，并允许用户根据图 6-16 的步骤修改名称。

6.3.2　物理地址是什么

计算机的物理地址（也称 MAC 地址、网卡地址）用于在网络中唯一标识一个网卡。一台设备若有两个网卡，则对应会有两个 MAC 地址。物理地址相当于网卡的身份证，全世界唯一。

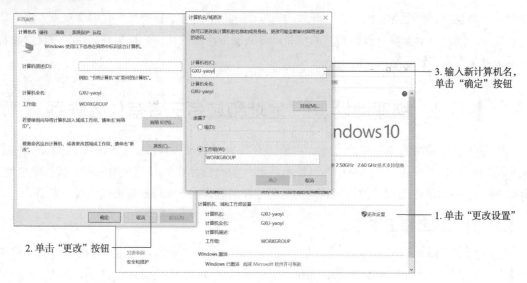

图 6-16 修改计算机名

查看本机物理地址的操作方法为：右击"开始"按钮，选择"运行"，在"运行"对话框中输入 cmd，在弹出的 cmd 窗口中输入命令：ipconfig /all 后，按回车键运行，可显示本机的物理地址、IP 地址、子网掩码、默认网关以及 DNS 服务器地址等网络设置信息，如图 6-17 所示。

图 6-17 查看本机网络设置

小知识

由于 MAC 地址的前 24 位是生产厂商的标识符，因此可以根据前 24 位标识符判断出硬件的生产厂商和生产地址。用户也可以通过一些网站进行查询，如 http://mac.51240.com/。

6.3.3 IP地址一点通

目前，基于TCP/IP的Internet已逐步发展为当今世界上规模较大的计算机网络。接入TCP/IP网络中的任何一台计算机，都被指定了唯一的编号，这个编号称为IP地址。IP地址统一由Internet网络信息中心（InterNIC）分配，是在Internet中为每一台主机分配的唯一标识符。

1. IP地址的结构

目前在Internet中采用的第4版的IP协议（即IPv4）中，IP地址共32位，分为4字节，每字节可对应一个0~255的十进制整数，数之间有小数点分隔，见表6-5。

表6-5 转换成点分十进制地址

32位二进制的IP地址	11001010 11000000 00000001 00100010			
各自译为十进制	202	192	1	34
缩写后的IP地址	202.192.1.34			

按上表方式，上述主机的IP地址就可转换成202.192.1.34，这就是平时看到的IP地址形式。这种记录方法称为点分十进制地址。

考虑到Internet由不同规模的物理网络互连而成，在IP地址格式定义中做了必要的规划，32位IP地址的结构如图6-18所示，网络标识部分标识了网络号，主机标识部分标识该主机在该网络中的编号。

网络标识	主机标识

图6-18 32位IP地址的结构

按照IP地址的结构和分配原则，可以很方便地在Internet上寻址，先按IP地址中的网络标识号找到相应的网络，然后在这个网络中利用主机标识号找到相应的主机。

2. IP地址的分类

为了充分利用IP地址空间，Internet委员会定义了A、B、C、D、E 5类IP地址类型以适合不同容量或用途的网络，由InterNIC在全球范围内统一分配。

在IPv4协议下，A类、B类和C类IP地址的网络标识长度和主机标识长度各有规定，其地址的结构如图6-19所示。Internet整个IP地址空间容量见表6-6。

A类	0	网络标识（7 bit）		主机标识（24 bit）	
B类	1	0	网络标识（14 bit）	主机标识（16 bit）	
C类	1	1	0	网络标识（21 bit）	主机标识（8 bit）

图6-19 A类、B类和C类IP地址的结构

表6-6 Internet整个IP地址空间容量

网 络 类 型	第一组数字	网络地址数	网络主机数
A类	1 ~ 127	126（2^7-2）	16777214
B类	128 ~ 191	16384（2^{14}）	65534
C类	192 ~ 223	2097152（2^{21}）	254

例如：对IP地址为210.36.16.44的主机来说，第一段数字的范围为192 ~ 223，是小型网络（C类）中的主机，其IP地址由如下两部分组成：

第一部分为网络号：210.36.16（或写成210.36.16.0）。

第二部分为所在网络的主机编号：44。

除了A、B、C3种主要类型的IP地址外，还有几种有特殊用途的IP地址。如第一字节以1110开始的地址是D类地址，为多点广播地址。第一字节以11110开始的地址是E类地址，保留作研究之用。

主机号全为0或全为1的保留IP地址用于特殊用途，它们并不能用于表示一台主机的有效地址。主机号全为0表示网络地址，而全为1表示网络内的广播地址。

网络号为127的IP地址是保留的回送地址，该类地址是指计算机本身，主要作用是用于网络软件测试以及本地主机进程间通信，在Windows系统下常用127.0.0.1表示本机IP地址，该地址还有一个别名叫"localhost"。

用于私有网络而不能在Internet上使用的地址，分别有A类私网地址、B类私网地址和C类私网地址，见表6-7。私网地址是在私有网络中可随意使用的IP地址，保留这样的地址供人们自己组网使用，是为了避免以后接入公网时引起地址混乱。使用私网地址的私有网络在通过路由器接入Internet时，要使用路由器的网络地址翻译（Net Address Translate，NAT）功能，将私网地址翻译成公用合法地址。

表6-7　私网地址范围

私网地址类型	地 址 范 围
A类	10.0.0.0 ~ 10.255.255.255
B类	172.16.0.0 ~ 172.31.255.255
C类	192.168.0.0 ~ 192.168.255.255

3. IPv6

由于IPv4最大的问题在于网络地址资源不足，严重制约了互联网的应用和发展。IPv6是互联网工程任务组（IETF）设计的用于替代IPv4的下一代IP协议，它采用128位长度的IP地址，拥有2^{128}个IP地址的空间。其地址数量号称可以为全世界的每一粒沙子编上一个地址。

IPv6采用冒号十六进制表示：每16位划分成一段，128位分成8段，每段被转换成一个4位十六进制数，并用冒号分隔。例如，CA01:0000:0000:0000:1076:0000:00CF:0053是一个合法的IPv6地址。

如果几个连续段位的值都是0，那么这些0就可以简单的以::来表示，来缩减其长度，称为零压缩法。上述地址就可以写成CA01::1076: 0000:00CF:0053。这里要注意的是只能简化连续段位的0，而且只能用一次。这个限制的目的是为了能准确还原被压缩的0，否则就无法确定每个::代表了多少个0。同时前导的零可以省略，上述地址可以简化为CA01::1076:0:CF:53。

IPv6的使用，不仅能解决网络地址资源短缺的问题，也解决了多种接入设备连入互联网的障碍。同时它还在许多方面进行了技术改进，例如路由方面、自动配置方面等。

我国是世界上较早开展IPv6试验和应用的国家，在技术研发、网络建设、应用创新方面取得了重要阶段性成果，已具备大规模部署的基础和条件。2017年印发了《推进互联网协议第六版（IPv6）规模部署行动计划》，致力于加快推进IPv6规模部署，构建高速率、广普及、全覆盖、智能化的下一代互联网，加快网络强国建设、加速国家信息化进程、助力经济社会发展、赢得未来国际竞争新优势。

4. 子网及子网掩码

为了缓解IPv4的地址数不足的矛盾，IP协议使用了子网技术。子网是指在一个IP地址上生成的逻辑网络。将IP地址的主机标识部分进一步划分成两部分，一部分表示子网，另一部分表示主机，这样原来的IP地址结构就变为如图6-20所示。

网络标识	子网地址部分	主机地址部分

图 6-20　IP 地址的主机标识划分

子网掩码提供了子网划分的方法。其作用是：减少网络上的通信量；节省IP地址；便于管理；解决物理网络本身的某些问题。使用子网掩码划分子网后，子网内可以通信，跨子网不能通信，子网间通信应该使用路由器，并正确配置静态路由信息。

设置子网掩码的规则是：凡IP地址中表示网络地址部分的那些位，在子网掩码的对应二进制位上设置为1，表示主机地址部分的那些二进制位设置为0。TCP/IP网络中的每一台主机都要求有子网掩码。A类IP地址的网络地址部分是第一字节，故它默认的子网掩码是255.0.0.0，B类网络默认的子网掩码是255.255.0.0，C类网络默认的子网掩码是255.255.255.0。

IP地址的子网掩码应该根据网络的规模进行合理设置。假设C类网络192.168.10.0含两个子网，每个子网的主机数在60台以内。可将主机地址部分再划出2位，用作本网络的子网络，剩余的6位用作相应的子网络内的主机地址的标识（此时，每个子网可对$2^6=64$台主机分配地址），这样在IP地址中的网络地址部分有26位，对应的子网掩码为：11111111 11111111 11111111 11000000，其点分十进制形式是255.255.255.192。

利用子网掩码可以判断两台主机是否在同一子网中。例如，有两台主机的IP地址分别为172.18.57.157和172.18.56.130，子网掩码都为255.255.254.0。将这两个IP地址和子网掩码的各组数分别转换为二进制，分析过程见表6-8。

表 6-8　网络地址分析

地　　址	主机 1（172.18.57.157）	主机 2（172.18.56.130）
32位IP地址	10101100 00010010 00111001 10011101	10101100 00010010 00111000 10000010
32位子网掩码	11111111 11111111 11111110 00000000	11111111 11111111 11111110 00000000
网络地址位	10101100 00010010 0011100	10101100 00010010 0011100

分析结论：两台主机的网络地址相同，都是172.18.56（即10101100 00010010 00111000，用0补齐），所以它们处于同一个子网中。

需要指出的是，如果全世界普及使用IPv6的话，就没有子网掩码的概念了，也没有网络号与主机号的概念了。因为IPv6是端到端的连接通信，不需要子网了。但是，目前似乎更多都是在IPv4上使用隧道的方式使用IPv6。完全取代IPv4还需要一定的时间，子网掩码目前还是需要的。

6.3.4　域名长什么样

由于IP地址具有不方便记忆并且不能显示地址组织的名称和性质等缺点，人们设计出了域名，并通过域名服务器（Domain Name System，DNS）来将域名和IP地址相互映射，使人更方便地访问互联网，而不用去记住能够被机器直接读取的IP地址数串。

域名采用层次结构，一般有3～5个字段，中间用小数点隔开。一般的域名格式为：

主机名.三级域名.二级域名.顶级域名

例如，www.lib.gxu.edu.cn表示中国（cn）教育机构（edu）广西大学（gxu）图书馆（lib）网站上的一台主机。使用网址http://www.lib.gxu.edu.cn或使用IP地址http://210.36.16.44均能正常访问该校图书馆WWW主机。

域名中的顶级域名分为两大类，一类是由3个字母组成的机构类型名；另一类是由两个字母组成的区域类型名，适用于除美国以外的其他国家或地区。部分3字母机构类型域名见表6-9，较为常用的地理类型域名见表6-10。

表6-9　3字母机构类型域名

区　　域	含　　义	区　　域	含　　义
com	商业机构	mil	军事机构
edu	教育机构	net	网络机构
gov	政府部门	org	非营利性组织
int	国际机构		

表6-10　常用的地理类型域名

类　　型	国家或地区	类　　型	国家或地区
au	澳大利亚	at	奥地利
be	比利时	ca	加拿大
fi	芬兰	dk	丹麦
de	德国	fr	法国
ie	爱尔兰	in	印度
it	意大利	il	以色列
nl	荷兰	jp	日本
ru	俄罗斯	no	挪威
Es	西班牙	se	瑞典
ch	瑞士	cn	中国
uk	英国	us	美国

6.3.5　物理地址、IP地址和域名的关系

物理地址MAC与网卡是一一对应的。在网络中要找到被访问的计算机必须给机器安排一个唯一的号码，就像人们的身份证号码一样。IP地址是人为规定的一串数字，它可以在网卡的属性设置中与网卡对应上。

MAC地址具有唯一性，每个网卡硬件出厂时候的MAC地址就是固定的，MAC地址工作在数据链路层；IP地址不具备唯一性，因此很多应用软件是围绕MAC地址开发的。IP地址工作在网际层及其以上各层，是一种逻辑地址。

IP地址和MAC地址可以通过地址解析协议（Address Resolution Protocol，ARP）进行绑定，以此来确定网络上的唯一的一台主机。

域名是为了替代不好记忆的IP地址而起的别名，域名须绑定在IP地址上才能用。所以访问网站可以通过IP地址直接访问，也可以通过域名服务器DNS将域名转换为IP进行访问。

6.3.6　统一资源定位符URL

统一资源定位符（Uniform Resource Locate，URL）是一种统一格式的Internet信息资源地址的标识方法，俗称网址。在各种浏览器窗口的地址栏中会显示出所访问资源的URL信息。URL的格式为：

协议服务类型://主机域名[:端口号]/文件路径/文件名

URL由四部分组成。第一部分指出协议服务类型，第二部分指出信息所在的服务器主机域名（或IP地址），第三部分指出包含文件数据所在的精确路径，第四部分指出文件名。URL中常见的服务类型见表6-11。

表6-11　URL中常见的服务类型

协议名	服务	传输协议	端口号
http	WWW服务	HTTP	80
telnet	远程登录服务	TELNET	23
ftp	文件传输服务	FTP	21
mailto	电子邮件服务	SMTP	25
news	网络新闻服务	NNTP	119

URL中的域名可以唯一地确定Internet上每一台计算机的地址。域名中的主机部分一般与服务类型相一致，如提供Web服务的Web服务器，其主机名往往是www；提供FTP服务的FTP服务器，其主机名往往是ftp。

例如，用户输入URL网址：http://www.lib.gxu.edu.cn/bggk/bgjs1.htm。表示，网络服务协议为超文本传输协议http，网络地址为www.lib.gxu.edu.cn，它指出需要的资源在哪一台计算机上，/bggk/bgjs1.htm表示从该机的域名根目录开始的路径和网页文件名。

▍6.4 信息搜索能力是一种生存技能

经常活跃于互联网的用户对于搜索引擎这个称呼并不陌生。据统计，几乎90%的人都在使用搜索引擎。搜索引擎是网民寻找、比较、确定目标的最重要渠道。搜索已经成为一种习惯，一种生活方式，成为很多人获取信息的最重要方式。调查表明，75%的网站流量来自搜索引擎。国内常见的搜索引擎有百度、360、搜狗等，国外的有谷歌、必应等。2019年度的中国搜索引擎市场份额排名如图6-21所示。

图6-21　2019年度的中国搜索引擎市场份额排名

6.4.1　搜索引擎知多少

搜索引擎是工作于互联网上的一门检索技术，它根据用户需求与一定算法，运用特定策略从互联网上采集信息，在对信息进行组织和处理后，将检索的相关信息展示给用户。搜索引擎旨在提高人们获取搜集信息的速度，为人们提供更好的网络使用环境。工作流程图如图6-22所示。

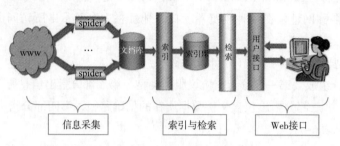

图 6-22　搜索引擎工作流程图

搜索引擎依托于多种技术，如网络爬虫技术、检索排序技术、网页处理技术、大数据处理技术、自然语言处理技术等，为信息检索用户提供快速、高相关性的信息服务。工作原理如图6-23所示。

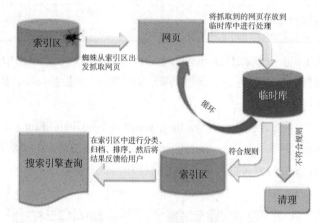

图 6-23　搜索引擎工作原理

搜索引擎的整个工作过程可视为3个部分：

①　网络搜索引擎蜘蛛（Spider）在互联网上爬行和抓取网页信息，并存入临时网页数据库。

②　对临时网页数据库中的信息进行提取和组织，并建立索引区。

③　根据用户输入的关键词，快速找到相关文档，并对找到的结果进行排序，将查询结果返回给用户。

下面对搜索引擎的工作原理做进一步分析。

1.　网页抓取

蜘蛛每遇到一个新文档，都要搜索其页面的链接网页。搜索引擎蜘蛛访问Web页面的过程类似普通用户使用浏览器访问其页面，即B/S模式。引擎蜘蛛先向页面提出访问请求，服务器接受其访问请求并返回HTML代码后，把获取的HTML代码存入原始页面数据库。搜索引擎使用多个蜘蛛分布爬行以提高爬行速度。搜索引擎的服务器遍布世界各地，每一台服务器都会派出多只蜘蛛同时去抓取网页。如何做到一个页面只访问一次，从而提高搜索引擎的工作效率？答案是这样的：在抓取网页时，搜索引擎会建立两张不同的表，一张表记录已经访问过的网站，一张表记录没有访问过的网站。当蜘蛛抓取某个外部链接页面 URL 的时候，需把该网站的 URL 下载回来分析，当蜘蛛全部分析完这个 URL 后，将这个 URL 存入相应的表中，这时当另外的蜘蛛从其他的网站或页面又发现了这个 URL 时，它会对比看看已访问列表有没有，如果有，蜘蛛会自动丢弃该 URL，不再访问。

2. 预处理，建立索引

为了便于用户在数万亿级别以上的原始网页数据库中快速便捷地找到搜索结果，搜索引擎必须将 Spider 抓取的原始 Web 页面做预处理。网页预处理最主要过程是为网页建立全文索引，之后开始分析网页，最后建立倒排文件（也称反向索引）。

3. 查询服务

在搜索引擎界面输入关键词，单击"搜索"按钮之后，搜索引擎程序开始对搜索词进行以下处理：

① 开始分词处理、判断是否需要进行整合搜索、找出错别字和拼写中出现的错误、把停止词去掉。

② 接着把包含搜索词的相关网页从索引数据库中找出，而且对网页进行排序，最后按照一定格式返回到"搜索"页面。

查询服务最核心的部分是搜索结果排序，其决定了搜索引擎的量好坏及用户满意度。实际搜索结果排序的因子很多，但最主要的因素之一是网页内容的相关度。影响相关性的主要因素包括 5 个方面：①关键词常用程度；②词频及密度；③关键词位置及形式；④关键词距离；⑤链接分析及页面权重。

6.4.2　怎样成为百度搜索高手

在当今的移动互联网时代，信息资讯大爆炸，信息筛选能力就尤为重要，与信息筛选能力息息相关的便是搜索引擎。好的搜索方法会提高用户的搜索效率，那么在使用百度搜索时有哪些搜索方法呢？

1. 选择适当的查询词

搜索技巧最基本同时也是最有效的，就是选择合适的查询词。选择查询词是一种经验积累，查询词表述准确是获得良好搜索结果的必要前提。

例如想要了解：有多少天才年纪轻轻就获得了诺贝尔奖。在提炼查询词的时候，输入"年轻人获诺贝尔奖"，查询到的结果有一定的相关性但数据不全面，明显不如"诺贝尔奖年龄分布"查询词获得的搜索结果更详细、权威，更符合搜索目的，如图 6-24 所示。

每条搜索结果下都有"百度快照"字样，单击后的页面即为百度快照页面，页面地址栏中的链接即为百度快照地址。

2. 搜索多媒体信息

在百度搜索框中输入查询词，默认的搜索对象是"网页"，你也可以切换为图片、视频、音乐、地图、文库等其他搜索资源，如图 6-25 所示。

此外，百度搜索拥有识图功能，查询内容除了输入文字之外，也可以输入图片，实现以图找图。

（a）输入"年轻人获诺贝尔奖"查询词　　　　　　　（b）输入"诺贝尔奖年龄分布"查询词

图 6-24　不同查询词的结果对比

图 6-25　搜索图片

【实训6-1】用百度识图查找图片来源网址。

操作方法为：首先把需要查找图片来源的图片保存到本地磁盘。打开百度首页，单击搜索框右侧的相机图标。在弹出的如图6-26所示功能区中单击"本地上传图片"按钮，上传在本地准备好的图片。或者采取拖动方式上传图片也可以。图片上传完成后就会自动进入百度识图状态，智能判别图片可能的名称，且显示图片的各种图片来源，如图6-27所示。单击来源图即可进入图片的详细信息来源页面。

图 6-26　单击"本地上传图片"按钮　　　　图 6-27　图片来源搜索结果

3. 灵活运用百度内置工具

百度搜索支持按类别搜索，可以是网页、资讯、视频、图片、知道、文库、贴吧、音乐、地图等类型的资料。同时提供了搜索工具栏，内含时间范围、文件类型、搜索站点限制等搜索设置选项。百度还提供了"搜索设置"和"高级搜索"，如图6-28所示，方便用户进行针对性搜索，减小搜索范围，达到搜索更快、更准的目的。

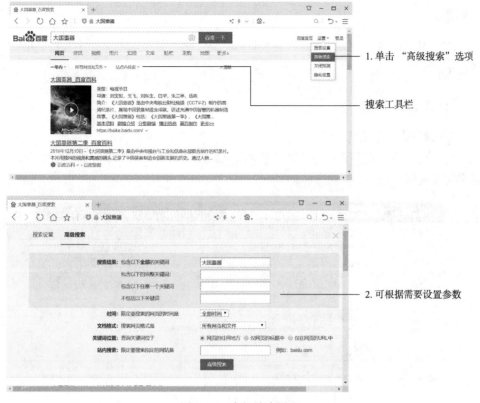

图 6-28　高级搜索设置

4．查询词的输入技巧

不少人都在使用低效的搜索方式：输入一个简单的查询词，然后将搜索结果网页从头看到尾。那有更高效的搜索方式吗？表6-12介绍了在输入查询词的时候用到的几个常用搜索技巧。

表 6-12　常用搜索技巧

技巧名称	方　法　描　述	实现的效果举例
多查询词法	多个查询词之间必须留一个空格	如输入：学习强国 感动中国，可搜索到既包含"学习强国"又包含"感动中国"的页面
完全匹配法	在查询词的外边加上双引号""	如输入："苹果和华为"，查到的结果就是优先展示"苹果和华为"的搜索结果，而不是分别展示含"苹果"或含"华为"的搜索结果
限定标题法	在查询词前加上 intitle:xx	如输入：intitle:iPhone 内存，找到的就是页面标题中含有 iPhone 内存关键词的信息
限定网站法	在查询词后输入 site:网站名	如输入：培训 site:www.gxu.edu.cn，可以在指定的网站 www.gxu.edu.cn 上搜索包含"培训"这个关键词的页面
排除法	使用减号 –。如要搜索a但是要排除掉b，则可用"a"–b 表达，注意减号–前有个空格，减号–后没有空格	如输入："选课"–选修课，可以搜索包含"选课"关键词但不包含"选修课"关键词的页面
限定格式法	在查询词后输入 filetype:格式。百度搜索支持的文件格式包括 pdf、doc、xls、ppt、rtf、all 等。其中"all"表示所有百度支持的文件类型	如输入：搜索"filetype:pdf朋友圈"返回的就是包含朋友圈这个关键词的所有 PDF 文件

小知识

上述技巧使用的时候，要注意应在英文输入状态下输入冒号或者双引号，有些需要空格符有些不需要。

6.4.3 中英文献检索

1. 利用搜索引擎找论文

网上的一些大型搜索引擎提供了学术论文搜索服务，比如百度学术、谷歌学术等，允许用户直接采用关键词进行搜索，如图6-29所示。

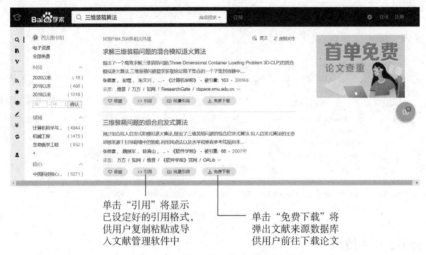

图 6-29 利用百度学术查找论文

2. 专业文献检索

学术工作离不开文献检索和阅读，文献就是科研的基础，查阅文献的能力是当代大学生应该着重培养的基本能力之一。文献检索是根据学习和工作的需要获取文献的过程。国外高水平综合性和专业性学术数据库包括Elsevier、WOS、Scifinder、IEL、Wiley、Springer、EBSCO、EI、Nature、Science、SAGE等，国内常用学术数据库包括CNKI、万方、维普、超星等。以图6-30所示的CNKI中国知网为例，它是一个集期刊杂志、硕博论文、会议论文、报纸、专利等资源为一体的网络出版平台，日更新文献量达5万篇以上。

利用知网可以做许多与学术科研活动有关事情，比如：查看自己研究领域的期刊、硕博论文、会议等中文和外文相关文献；进行论文的查新查重；查询某项先进技术的成果转化情况；申请专利时防止重复申请。

6.4.4 手机信息检索

随着智能手机的普及，人们在沟通、社交、娱乐等活动中越来越依赖于手机App软件（Application的简称，即应用软件，通常是指iPhone、安卓等手机应用软件）。熟练运用手机检索信息、利用信息解决问题的能力是新时代人必须具备的信息素养。

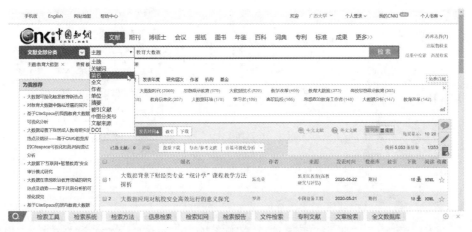

图 6-30　CNKI 中国知网

1. 出行路线规划

现在手机导航软件功能强大，定位精确，无论是自驾、骑自行车，还是步行，只要出行路线有问题，都可以借助导航来解决。下面以手机版百度地图为例，介绍地图导航的使用方法。

【实训6-2】假设您身处南宁市，需从当前位置出发，自驾车去当地机场乘机，飞往广州白云机场，然后乘坐公共交通工具前往华南理工大学出差，请利用百度地图进行导航规划路线。

操作方法如下：

① 首先确保手机已经开启卫星定位功能。

② 在手机桌面上单击进入百度地图App，按照图6-31所示步骤操作即可。

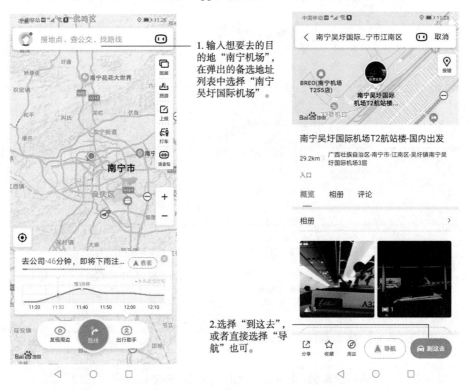

图 6-31　使用百度地图 App 规划路线

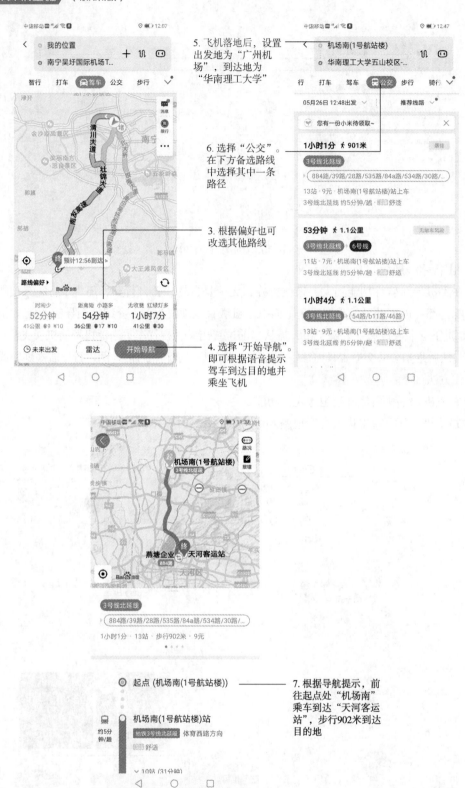

图 6-31　使用百度地图 App 规划路线（续）

在导航过程中会有实时语音提示行驶方向和注意事项。需要说明的是，地图中路径的颜色代表了当前的交通情况，绿色表示畅通；黄色表示缓慢通行；红色表示严重拥堵。导航页面底部的"雷达"按钮，主要是动态测试全程的路况变化，驾驶者可以根据动态情况，灵活改变路线，高效率通行。

2. 智慧生活

手机已经不仅仅是一个通信工具，更像是一个人生活的一部分，是社交、工作，甚至是情感的寄托媒介。早上出行，有车的需要查询行程路线，没车的需要查公交路线；平时懒得出去吃饭点个外卖凑合一下；购物时习惯网上比比价看哪家价廉物美；空闲时搜索一篇小说打发无聊时间；出门旅行前查询哪个航班的机票最优惠，哪家旅店距离目的地最近……以上种种为人们带来便利的移动端App，如图6-32所示，都离不开信息的检索和分析。

(a) 美团点外卖　　　(b) 携程买机票　　　(c) 滴滴打车　　　(d) 天猫购物

图 6-32　各种手机 App

▌6.5　邮件写不好，你怎么进入职场

毕业进入职场后大家会经常收发电子邮件，一封高效得体的工作邮件势必会让沟通事半功倍。尽管大家经常使用电子邮件，然而许多人仍不知道电子邮件的工作原理，以及如何恰当地使用邮件。

邮件写不好，你怎么进入职场

6.5.1　邮箱的申请和设置

要使用电子邮件，用户须向邮件服务器申请一个用户邮箱，即申请一个电子邮件地址，其格式为：

用户登录名@邮件服务器域名

例如邮箱myname2020@163.com，表示用户登录名为myname2020，邮件服务器域名为

163.com，其中，符号@读作"at"，表示"在"的意思。根据邮箱的不同用途可以申请不同类型的电子邮箱。

（1）通过申请域名空间获得的邮箱

一般用于企事业单位，由于经常需要传递一些文件或资料，因此对邮箱的数量、大小和安全性有一定的需求，这种电子邮箱的申请需要支付一定的费用。

（2）个人免费邮箱

普通用户可以通过相关网站申请免费邮箱。目前提供免费电子邮箱的网站很多。以申请网易邮箱为例，只需登录到网易主页https://www.163.com/，单击提供邮箱申请的超链接  ，单击"注册新账号"，在弹出的如图6-33所示窗口中根据提示信息填写好资料，即可注册申请一个电子邮箱。

图 6-33　申请电子邮箱

6.5.2　收发邮件

登录邮件服务器的 Web 页面或使用Foxmail、Outlook等邮件客户端软件都可以收发电子邮件，书写电子邮件一般要包含如下信息：

① 收件人（TO）：邮件的接收者，相当于收信人。

② 抄送（CC）：用户给收件人发出邮件的同时，把该邮件抄送给另外的人，在这种抄送方式中，"收件人"知道发件人把该邮件抄送给了另外哪些人。

③ 密送（BCC）：用户给收件人发出邮件的同时，把该邮件暗中发送给另外的人，但所有"收件人"都不会知道发件人把该邮件发给了哪些人。

④ 主题（Subject）：即这封邮件的标题。

⑤ 附件：同邮件一起发送的附加文件或图片资料等。

【实训6-3】Aaron同学通过QQ邮箱发一封电子邮件给Cindy同学的网易163邮箱。

操作方法如下：

① Aaron同学首先在电脑上登录QQ，单击QQ面板上方的信封图标 ，打开QQ邮箱，在QQ邮箱的左上角有写信、收信、通讯录等功能。

② 单击"写信"选项，输入Cindy同学的邮箱地址、邮件主题和正文内容，如有附件，则单击"添加附件"按钮上传本地文件，然后单击"发送"按钮即可发出邮件，如图6-34所示。

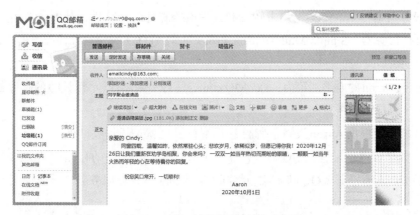

图 6-34　Aaron 同学编辑并发出邮件

③ Cindy 同学是如何收取邮件的呢？Cindy 同学可以登录自己的网易邮箱，选择"收件箱"选项，单击收到的邮件，即可打开邮件浏览内容了。还可根据需要单击"查看附件""回复""转发"等按钮对收到的邮件做进一步处理，如图 6-35 所示。

图 6-35　Cindy 同学收取邮件

6.5.3　邮件从发到收经历了什么

以【实训 6-3】为例，Aaron 同学通过 QQ 邮箱发一封电子邮件给 Cindy 同学的网易邮箱，那么这封邮件经过什么样的路径，通过什么样的处理流程才能顺利到达目的地呢？电子邮箱的工作原理如图 6-36 所示。

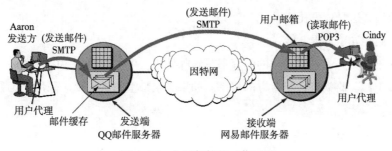

图 6-36　电子邮箱的工作原理

邮件服务器是在 Internet 上用来转发和处理电子邮件的计算机，其中，与用户直接相关的是发送邮件服务器（Simple Mail Transfer Protocol，SMTP）与接收邮件服务器（Post Office Protocol，POP3）。

① 发件人 Aaron 的电子邮箱为：xx@QQ.com，写好一封邮件，交到 QQ 的邮件服务器，这一步使用的协议是 SMTP。

② QQ 邮箱会根据 Aaron 发送的邮件进行解析，也就是根据收件地址判断是否是自己管辖的账户，如果收件地址也是 QQ 邮箱，那么会直接存放到自己的存储空间。如果是别家邮箱比如网易 163 邮箱，那么 QQ 邮箱就会将邮件转发到 163 邮箱服务器，转发使用的协议也是 SMTP。

③ 163 邮箱服务器接收到邮件存放到自己的内部存储空间。

④ 当收件人 Cindy 想要查看其邮件时，启动主机上的电子邮件应用软件，通过 POP3 取信协议进程向 163 信箱邮件服务器发出连接请求，要求收取自己的邮件。

⑤ 163 邮箱服务器收到 Cindy 的请求后，会从自己的存储空间中取出邮件，按 POP3 协议的规定传输到 Cindy 主机的电子邮件应用软件，供用户查看和管理。

6.5.4 邮件礼仪

很多学生从学校步入社会走上工作岗位后，避免不了在工作上会有邮件往来的情况，在撰写邮件时，应该注意以下礼仪规范：

（1）使用一个专业的邮件地址

如果你为单位工作，则应该使用公司的电子邮件地址。电子邮件地址最好含有你的名字，这样邮件接收者就可以知道是谁发来的邮件。

（2）使用专业的正式称谓

应遵循普通信件书写的礼仪要求，同时邮件用语也要礼貌规范，以示对对方的尊重。

（3）邮件字体应方便他人阅读

建议采用易于阅读的字体，如 Arial、Times New Roman、宋体、黑体等。最好使用 10 或 12 号的黑色字。可以用其他颜色标注重点要阅读的文字。

（4）邮件标题应简明扼要

标题应能真实反映文章的内容和重要性，切忌使用含义不清的标题，如"王先生收"；一定不要空白标题，这是最失礼的。

（5）邮件附件先杀毒再上传

如果正文不是太长，可将发送的内容书写到邮件正文中，避免使用附件发送的方式。这也可在一定程度上减少将病毒传给对方的概率。如果必须带上附件，则应采用杀毒程序扫描文件后再上传附件。

▎6.6 知道这些，信息安全有保障

信息在人类社会中无处不在，随着科技的不断进步，获取、收集信息的手段不断翻新，分析、识别、处理信息的能力不断增强，越来越多的有价值的信息呈现在人们面前。在这"数据为王"的时代，总是会发生一些数据泄露的事件，让企业和个人都感到了不安。面对这样的现象，如何保证信息的安全？

知道这些，
信息安全有
保障

6.6.1 造成信息不安全的因素

造成信息不安全的主要因素有：计算机系统固有的脆弱性、计算机病毒、恶意软件、黑客攻击和管理不当等。

1. 计算机系统固有的脆弱性

计算机系统本身存在着一些固有的脆弱性。计算机的硬件系统是一种精密仪器型的电子设备，对运行环境有特定的要求，有的部件抗电磁干扰能力差，有的部件易受灰尘、温度、湿度、振动、冲击等影响，造成系统不能正常工作甚至损坏。操作系统、网络协议、数据库等软件中也有自身设计的缺陷，或者人为因素产生的各种安全漏洞。目前网络操作系统在结构设计和代码设计时，偏重于考虑系统使用时的易用性，导致了系统在远程访问、权限控制和密码管理等许多方面存在安全漏洞。例如，在 Internet 中广泛使用的 TCP/IP 协议，该协议簇在制定之初，就对安全问题考虑不多，协议中有很多的安全漏洞。同样，数据库管理系统也存在数据的安全性、权限管理及远程访问等方面问题，在数据库管理系统或应用程序中，可以预先设置情报收集、受控激发、定时发作等破坏程序。

2. 计算机病毒

计算机病毒是指编制或者在计算机程序中插入的破坏计算机功能或者破坏数据，影响计算机使用并且能够自我复制的一组计算机指令或者程序代码。计算机病毒具有传染性、隐蔽性、潜伏性、破坏性、未经授权性等特点，其中最大特点是具有"传染性"。计算机病毒可以侵入计算机的软件系统中，而每个受感染的程序又可能成为一个新的病毒源，继续将病毒传染给其他程序。在网络环境下，计算机病毒传播的速度更快。

你中过"熊
猫烧香"病
毒吗？

计算机病毒在满足一定条件时，开始干扰计算机的正常工作，搞乱或破坏已有存储信息，甚至引起整个计算机系统不能正常工作。通常计算机病毒都具有很强的隐蔽性，一般用户难以发现。有时某种新的计算机病毒出现后，现有的杀毒软件很难发现并杀除，只有等待病毒库的升级和更新后，才能将其杀除。常见的计算机病毒有系统病毒、蠕虫病毒、木马病毒、宏病毒、网页病毒等。

3. 恶意软件

中国互联网协会 2006 年公布的恶意软件定义为：恶意软件是指在未明确提示用户或未经用户许可的情况下，在用户计算机或其他终端上安装运行，侵害用户合法权益的软件，但不包含我国法律法规规定的计算机病毒。具有如表 6-13 所示特征之一的软件可以被认为是恶意软件。

表 6-13　恶意软件的各项特征

特　征	描　述
强制安装	未明确提示用户或未经用户许可，在用户计算机上安装软件的行为
难以卸载	未提供程序的卸载方式，或卸载后仍然有活动程序的行为
浏览器劫持	未经用户许可，修改用户浏览器的相关设置，迫使用户访问特定网站，或导致用户无法正常上网的行为
广告弹出	未经用户许可，利用安装在用户计算机上的软件弹出广告的行为
垃圾邮件	未经用户同意，用于某些产品广告的电子邮件
恶意收集用户信息	未提示用户或未经用户许可，收集用户信息的行为
其他	其他侵害用户软件安装、使用和卸载知情权、选择权的恶意行为

4. 黑客攻击

黑客（Hacker）原指热心于计算机技术、寻找各类计算机系统的漏洞并破解各种密码的水平高超的程序设计人员。但到了今天，"黑客"一词已被用于指那些利用系统安全漏洞对网络进行攻击破坏或窃取资料的人。

一般黑客确定了攻击目标后，会先利用相关的网络协议或实用程序进行信息收集、探测并分析目标系统的安全弱点，设法获取攻击目标系统的非法访问权，最后实施攻击，如清除入侵痕迹、窃取信息、毁坏重要数据以致破坏整个网络系统。表6-14所示为典型的黑客攻击方法。

表 6-14　典型的黑客攻击方法

名　称	方　法　解　释
密码破解	用字典攻击、假登录程序和密码探测程序等猎取系统或用户的密码文件
IP嗅探	监听所有流经该计算机的信息包，从而截获其他计算机的数据报文或密码
欺骗	将网络中的某台计算机伪装成另一台计算机，欺骗网络中的其他计算机，从而误将伪装者当作原始的计算机而进行通信等操作，获取相关信息
寻找系统漏洞	许多系统都有这样那样的安全漏洞（Bugs），其中某些是操作系统或应用软件本身具有的，这些漏洞在补丁开发出来之前一般很难防御黑客的破坏，还有一些漏洞是由于系统管理员配置错误引起的，这会给黑客带来可乘之机
端口扫描	利用端口扫描软件对目标主机进行端口扫描，查看哪些端口是开放的，再通过这些开放端口发送木马程序到目标主机上，利用木马程序来控制目标主机

5. 管理不当

相关人员保密观念不强或不懂保密规则，打印、复制机密文件，向无关人员泄露机密信息；或者业务不熟练、因操作失误，导致文件出错或因未遵守操作规程而造成泄密；或者因规章制度不健全而造成人为泄密事故，如网络使用的规章制度不严、对机密文件保管不善、各种文件存放混乱、违章操作等。

6.6.2　信息安全防护技术

绝对安全的计算机系统是不存在的，对此应保持清醒正确的认识。完善有效的安全策略在一定程序上可以阻止大部分安全事件发生，并使损失下降到最低程度。建立全面的计算机信息安全机制，可行的做法是制定健全的管理制度和防护技术相结合。

1．物理保护

物理上的保护包括提供符合技术规范要求的使用环境、防灾措施以及安装不间断电源（UPS），限制对硬件的访问等措施。一般要求环境温度不能过高或者过低，也不能过于干燥，以免静电对计算机系统电路和存储设备的损坏；要采取必要的防灾措施，以确保计算机设备的安全性；要使用UPS以防止突然的断电给设备造成的损失；要限制对计算机系统的物理接触，如对进入机房的人员进行限制、给系统加锁等。

2．病毒防护

计算机病毒是计算机最大的安全威胁。抵御病毒最有效的办法是安装防病毒软件。及时更新病毒库，同时要及时下载操作系统以及应用软件的安全漏洞补丁包，防止病毒入侵。

3．防火墙

防火墙在内部网络与不安全的外部网络之间构造的保护屏障，用于阻止外界对内部资源的非法访问，防止内部对外部的不安全访问。

4．网络安全隔离

网络安全隔离用于对网络中的单台机器的隔离或整个网络的隔离。

5．安全路由器

安全路由器能提供比普通路由器更多的功能，如防火墙、加密VPN、带宽管理等。

6．虚拟专用网

虚拟专用网（Virtual Private Network，VPN）是在公共数据网络上，通过采用数据加密技术和访问控制技术，实现两个或多个可信内部网之间的互连。

7．安全服务器

安全服务器主要针对内部网络的信息存储、传输的安全保密问题，实现包括对内部网络资源的管理和控制、对内部网络用户的管理，以及内部网络中所有安全相关事件的审计和跟踪。

8．用户认证产品

用户认证产品用于对用户身份进行有效的识别，如数字签名、指纹、视网膜、脸部特征等身份识别技术。

9．电子签证机构——CA和PKI产品

电子签证机构（CA）作为通信的第三方，为各种服务提供可信任的认证服务。CA可向用户发行电子签证证书，为用户提供成员身份验证和密钥管理等功能。公钥基础设施（PKI）产品是建立起一种普遍适用的基础设施，为各种应用提供全面的安全服务，可以提供支持公开密钥管理，支持认证、加密、完整性和可追究性服务等更多的功能和更好的服务，其将成为所有网络应用的计算基础结构的核心部件。

10．安全管理中心

安全管理中心是一套集中管理各网络安全产品的机制和设备，用来给各网络安全设备分发密钥，监控网络安全设备的运行状态，负责收集网络安全设备的审计信息等。

11．入侵检测系统（IDS）和入侵防御系统（IPS）

入侵检测系统（IDS）用于判断系统是否受到入侵，作为传统保护机制（例如访问控制、身份识别等）的有效补充，形成了信息系统中不可或缺的反馈链。入侵防御系统（IPS）作为

IDS的进一步补充，是信息安全发展过程中占据重要位置的计算机网络硬件。

12. 安全数据库

安全数据库是指达到安全标记保护级以上安全标准的数据库管理系统，以确保数据库的完整性、可靠性、有效性、机密性、可审计性及存取控制与用户身份识别等。

13. 安全操作系统

安全操作系统是指在自主访问控制、强制访问控制、身份鉴别、审计、数据完整性、隐蔽信道分析、可信路径、可信恢复等方面满足相应的安全技术要求的操作系统，它给网络系统中的关键服务器提供安全运行平台，构成安全网络服务，并作为各类网络安全产品的坚实底座，确保这些安全产品的自身安全。

6.6.3 数据加密技术

信息在传输过程中会受到各种安全威胁，如被非法监听、被篡改及被伪造等。对数据信息进行加密，可以有效地提高数据传输的安全性。数据加密的基本思想就是伪装信息，使非法接入者无法理解信息的真正含义，如表6-15所示。

表6-15 数据加密技术常用术语

名　称	定　义
明文	需要传输的原文
密文	对原文加密后的信息
加密算法	将明文加密为密文的变换方法
密钥	是在加密或解密的算法中输入的参数

借助加密手段，信息以密文的方式归档存储在计算机中，或通过网络进行传输，即使发生非法截获数据或数据泄漏的事件，非授权者也不能理解数据的真正含义，从而达到信息保密的目的。同理，非授权者也不能伪造有效的密文数据达到篡改信息的目的，进而确保了数据的真实性。信息加密传输的过程如图6-37所示。

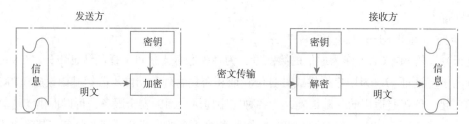

图6-37 信息加密传输的过程

根据加密和解密使用的密钥是否相同，可将加密技术分为对称加密技术和非对称加密技术。

1. 对称加密技术

在对称加密技术中，加密和解密使用相同的密钥。一般采用的算法比较简单，对系统性能的影响较小，因此它主要用于大量数据的加密工作。

按照加密时选取信息方式的不同，可将对称密码算法分为分组密码算法和序列密码算法。分组密码算法先将信息分成若干个等长的分组，然后将每一个分组作为一个整体进行加密。典型的分组密码算法有 DES、IDEA 和 AES 等。而序列密码算法是将信息的每一位进行加密，且大多数情况下算法不公开。

2. 非对称加密技术

非对称加密技术采用一对密钥，即公开密钥（简称公钥）和私有密钥（简称私钥）。其中公钥是公开的，任何人都可以获取其他人的公钥，而私钥由密钥所有人保存，公钥与私钥互为加密、解密的密钥。非对称加密算法主要有 Diffie-Hellman、RSA 和 ECC 等。目前，RSA 算法被广泛用于数字签名和保密通信。

非对称加密技术的优点是通信双方不需要交换密钥，缺点是加密和解密速度慢。

6.6.4　网络道德与规范

遵守网络道德法规，做文明上网人

在信息技术日新月异发展的今天，人们无时无刻不在享受着信息技术给人们带来的便利与好处。然而，随着信息技术的深入发展和广泛应用，网络中已出现许多不容回避的道德与法律的问题。当代青年上网时应该遵守哪些网络道德标准呢？

首先要加强思想道德修养，自觉按照社会主义道德的原则和要求规范自己的行为，要依法律己，遵守如图 6-38 所示的"全国青少年网络文明公约"。法律禁止的事坚决不做，法律提倡的积极去做。其次，要净化网络语言，坚决抵制网络有害信息和低俗之风，健康合理科学上网。

在充分利用网络提供的历史机遇的同时，应抵御其负面效应。大力进行网络道德建设已刻不容缓。表 6-16 是有关网络道德规范的要求，希望大家遵照执行。

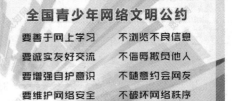

图 6-38　"全国青少年网络文明公约"

表 6-16　网络道德规范

不要这样做	应该这样做
不应该用计算机去伤害他人	应该考虑你所编的程序的社会后果
不应干扰别人的计算机工作	应该以深思熟虑和慎重的方式来使用计算机
不应窥探别人的文件	应该为社会和人类作出贡献
不应用计算机进行偷窃	应该要诚实可靠，避免伤害他人
不应用计算机作伪证	应该要公正，并且不采取歧视性行为
不应盗用别人的智力成果	应该尊重包括版权和专利在内的财产权
不应使用或拷贝没有付钱的软件	应该尊重知识产权
不应未经许可而使用别人的计算机资源	应该尊重他人的隐私

▌ 本 章 小 结

一个完整的网络系统是由网络硬件和网络软件所组成的。常见的网络硬件有计算机、网卡、网线、路由器、交换机、中继器、网桥等。网络的基本拓扑结构有总线、星状、环状、树状和网状五大类。世界著名的两大网络体系结构是OSI参考模型和TCP/IP体系结构。接入TCP/IP网络中的任何一台计算机，都被指定了唯一的IP地址。IP地址可以和硬件MAC地址绑定起来以定位网络上的计算机。域名是为了替代不好记忆的IP地址而起的别名，域名需通过域名服务器DNS转换为IP地址后才能访问对应网站。身处互联网时代，应该要掌握多种信息搜索技巧，提高信息筛选能力；熟练掌握电子邮件的收发方法和邮件礼仪；了解一定的信息安全防护知识，遵守网络道德规范，健康合理科学上网。

▌ 章后习题

单选题

1. 根据网络的覆盖范围，计算机网络可分成_____几类。
   - A. 校园网和Internet网
   - B. 局域网、广域网和城域网
   - C. 专用网和公用网
   - D. 国内网和国际网

2. 下列各指标中，_____是数据通信系统的主要技术指标之一。
   - A. 传输速率
   - B. 重码率
   - C. 分辨率
   - D. 时钟主频

3. 网络中每个结点都有一条单独的链路与中心结点相连的拓扑结构是_____拓扑结构。
   - A. 环状
   - B. 网状
   - C. 星状
   - D. 总线

4. 下列关于网络协议说法正确的是_____。
   - A. 所有网络都采用相同的通信协议
   - B. 网络使用者之间的口头协定
   - C. 网络协议是通信双方共同遵守的规则或约定
   - D. 网络中的计算机只要安装任何一种网络协议，就可以相互通信

5. OSI参考模型将整个网络的功能划分为七层，其中最低层为_____。
   - A. 传输层
   - B. 应用层
   - C. 网际层
   - D. 物理层

6. TCP协议主要作用分别是_____。
   - A. 负责数据的压缩
   - B. 负责数据的可靠传输
   - C. 负责数据的分解
   - D. 负责数据的分析

7. 计算机网络的拓扑结构中所谓的"节点"不能是_____。
   - A. 光盘
   - B. 计算机
   - C. 交换机
   - D. 路由器

8. 两个同学正在网上聊天，他们最可能使用的软件是_____。
   - A. NETANTS
   - B. Internet Explorer
   - C. QQ
   - D. WORD

9. 传统的Internet所采用的IPv4协议的IP地址有_____个二进制位。
   - A. 8
   - B. 32
   - C. 16
   - D. 64

10. 下列四个IP地址中，_____是错误的。

    A. 16. 126. 23. 4 　　　　　　　　　B. 204. 12. 0. 10

    C. 60. 263. 12. 8 　　　　　　　　　D. 11. 5. 0. 39

11. 域名 www.ccie.edu.cn 表明，它对应的主机很有可能是在_____。

    A. 网络机构　　　　B. 中国的工商界　　　C. 工商界　　　　D. 中国的教育界

12. 下列的扩展名中，表示网页文件的是_____。

    A. html　　　　　　B. mp3　　　　　　　C. txt　　　　　　D. jpg

13. WWW的众多资源是采用_____进行组织的。

    A. 地址　　　　　　B. 菜单　　　　　　　C. 命令　　　　　　D. 超链接

14. 以下关于进入Web站点的说法，正确的是_____。

    A. 可以通过输入IP地址或者域名　　　　B. 只能输入域名

    C. 只能输入IP地址　　　　　　　　　　D. 需同时输入IP地址和域名

15. 下列 URL 的表示方法中，正确的是_____。

    A. http//www.Microsoft.com/index.html　　B. http:\\www.Microsoft.com/index.html

    C. http://www.Microsoft.com\index.html　　D. http://www.Microsoft.com/index.html

16. HTML是指_____。

    A. 超文本文件　　B. 超文本标记语言　C. 超媒体文件　　　D. 超文本传输协议

17. 规定怎样将计算机连接到Internet邮件服务器和下载电子邮件的协议是_____。

    A. POP3　　　　　B. SMTP　　　　　　C. ARP　　　　　D. IMAP

18. 想通过E-mail发送某个小文件时，可以_____。

    A. 把这个小文件复制一下，粘贴在邮件内容里

    B. 在主题上含有小文件

    C. 使用附件功能，通过添加上传附件完成

    D. 无法办到

19. 电子邮件地址的一般格式为_____。

    A. IP地址@域名

    B. 域名@用户名

    C. 用户名@域名

    D. 域名@IP地址名 <mailto:域名@IP地址名>

20. 新建邮件的"抄送"文本框输入的多个收件人电子信箱的地址之间，可用_____作分隔。

    A. 分号";"　　　　B. 冒号":"　　　　　C. 单引号"'"　　　D. 空格

21. 组建家庭无线网时，可以购买一个无线宽带路由器安放在房屋_____的位置，高度以无线信号不被遮挡为宜。

    A. 东边　　　　　　B. 最靠外墙　　　　C. 天花板最上方　　D. 相对中心

22. 如果台式机需要通过固定电话网连接互联网，则必须配备用于模/数信号转换的_____。

A. 中继器　　　B. 调制解调器　　　C. 路由器　　　D. 集线器

23. Wi-Fi连接，实际上就是利用可上网的手机进入到_____环境中，经过配置和连接就可以接入Internet了。

    A. WAN　　　B. WLAN　　　C. LAN　　　D. MAN

24. 关于互联网，以下说法错误的是_____。

    A. URL是一种应用于搜索引擎的网络协议名称

    B. 通常把进入网站第一眼看到的网页称为首页或主页

    C. 网页由文字、图片、动画、声音等多种媒体信息以及超链接组成

    D. WWW中文译名为万维网

25. 关于百度搜索技巧，以下说法错误的是_____。

    A. 把搜索关键词放与不放进双引号中，两者相比没有区别，搜索出来的结果是一样的。

    B. 搜索框中输入：filetype:ppt 和谐，表示返回包含"和谐"这个关键词的所有PPT文件

    C. 使用减号连接两个搜索关键词，减号后的关键词不会出现在结果中

    D. 搜索框中输入：富强 site:www. gov. cn，可以在指定的网站上搜索包含"富强"这个关键词的页面

26. 通过搜索引擎寻找包含"核心价值观"关键词的所有DOC文件，能准确表达该搜索意图的语句是_____。

    A. 核心价值观+doc　　　　　　　　B. 核心价值观+doc+filetype

    C. filetype:doc 核心价值观　　　　　D. 核心价值观 .doc

27. CNKI中国知网可以做的事情不包括_____。

    A. 查询某项先进技术的成果转化情况

    B. 进行论文的查新查重

    C. 提供作者与读者的沟通交流工具，允许读者对知网上的论文发表评论并线上留言

    D. 查看自己研究领域的期刊、硕博论文、会议等中文和外文相关文献

28. 具有下列_____特征的软件可以被认为是恶意软件。

    A. 浏览器劫持　　　B. 强制安装　　　C. 难以卸载　　　D. 以上三个答案都对

29. 对于普通计算机而言，下列不属于预防计算机病毒的正确可行方法的是_____

    A. 切断一切与外界交换信息的渠道

    B. 不随便使用外来U盘、光盘等存储介质

    C. 不使用来历不明、未经检测的软件

    D. 防病毒软件必须随着新病毒的出现而升级

30. 根据加密和解密使用的密钥是否相同，可以将加密技术分为_____两种。

    A. 公开密钥技术和分组密码技术

    B. 对称加密技术和非对称加密技术

    C. 序列密码技术和分组密码技术

    D. 私有密钥技术和序列密码技术

"中国天眼"深邃的目光——致敬"天眼之父"南仁东

2020年1月11日，被誉为"中国天眼"的国家重大科技基础设施500米口径球面射电望远镜（简称FAST）顺利通过国家验收，正式开放运行。

作为全球最大且最灵敏的射电望远镜，"中国天眼"工程圆满收官，意味着中国重大科技基础设施进一步完善，人类探索未知宇宙有了更深邃视角。"中国天眼"的成功，体现中国智慧、中国技术、中国力量，更彰显中国担当。

随着性能提升，FAST科学潜力已初步显现，目前探测到146颗优质的脉冲星候选体，其中102颗已得到认证。它两年多来发现的脉冲星超过同期欧美多个脉冲星搜索团队发现数量的总和。FAST已实现偏振校准，并利用创新方法探测到银河系星际磁场。未来3~5年，FAST的高灵敏度将有可能在低频引力波探测、快速射电暴起源、星际分子等前沿方向催生突破。国家天文台正在进一步积极组织国内外有关专家，研究如何发挥FAST优良性能，加强国内外开放共享，推动重大成果产出，勇攀世界科技高峰。

500米口径球面射电望远镜（FAST）

由4450个反射单元构成的反射面、由6根钢索控制的馈源舱重达30t、500m的尺度上测量角度精确到8角秒、将卫星数据接受能力提高100倍……"天眼"的非凡之处俯拾皆是。"中国天眼"开创了建造巨型射电望远镜的新模式，突破了传统望远镜的工程极限，灵敏度达到世界第二大射电望远镜的2.5倍以上，可有效探索的空间范围体积扩大4倍，使科学家有能力发现更多未知星体、未知宇宙现象、未知宇宙规律……国家天文台研究员、"中国天眼"总工程师姜鹏介绍："经常有人问到，FAST有多大，我们用个通俗的比喻，把它想象成一口锅的话，好事的同事算了算，如果它装满水，全世界每人可以分4瓶矿泉水。如果它装满水，够全世界人饮用一天的，所以你可以想象下它的工程体量有多大，因为全世界有75亿人啊。"

FAST是以南仁东为代表的老一代天文学家于上世纪九十年代提出的设想，利用贵州省天然喀斯特巨型洼地，建设世界最大单口径射电望远镜。历经5年半的艰苦建设，FAST团队攻克了望远镜超大尺度、超高精度的技术难题，高质量按期完成了工程建设任务。FAST于2016年9月25日落成启用，进入调试期。

2016年9月25日，习近平发来贺信，信中说：

"天眼之父"南仁东

500 m口径球面射电望远镜被誉为"中国天眼"，是具有我国自主知识产权、世界最大单口径、最灵敏的射电望远镜。它的落成启用，对我国在科学前沿实现重大原创突破、加快创新驱动发展具有重要意义。

1993年包括中国在内的10个国家的天文学家提出建造新一代射电"大望远镜"的倡议，渴望回溯原初宇宙，解答天文学难题。怀着回报民族的赤诚和描绘宇宙的初心，活跃在国际天文界的南仁东，毅然舍弃高薪，回到祖国，力主中国独立建造射电"大望远镜"，关键技术无先例可循，关键材料急需攻关，核心技术遭遇封锁……从1994年开始选址和预研究到2016年9月25日落成启用，为了"中国天眼"，22年时间里南仁东和同事们夜以继日、废寝忘食。2017年10月"中国天眼"首次发现2颗脉冲星，然而南仁东却没能看到，2017年9月15日南仁东因病抢救无效去世，享年72岁。72载人生路，南仁东永远闭上了双眼，但给人类留下了看破星辰的"天眼"。从壮年到暮年，把一个朴素的想法变成了国之重器。2018年10月15日国际永久编号为"79694"的小行星被正式命名为"南仁东星"，在他曾燃尽一生去追寻的星空中，熠熠生辉。让我们一起仰望星空，告慰南老，星辰大海，永远是我们的征途。

"人民是历史的创造者，人民是真正的英雄。"

"天眼"的背后，是中国人民在长期奋斗中培育、继承、发展起来的伟大创造精神、伟大奋斗精神、伟大团结精神、伟大梦想精神。正是这样的民族精神，成就了"天眼"，并为中国发展和人类文明进步注入力量。

本章预告

第7章

未来已来——IT 新技术

本章内容提要：

- 并行计算
- 网格计算
- 云计算
- 量子计算
- 大数据
- 物联网
- 人工智能
- 虚拟现实

进入 21 世纪，信息技术的发展日新月异，以云计算、物联网、智能机器人、虚拟现实、大数据等为代表的 IT 新技术不断地改变和影响着人们的生活，掀起了又一轮 IT 新技术革命的浪潮。在 IT 领域，企业领导者做出的选择不仅会对业务发展和客户关系产生影响，也会对整体经济产生影响。最近几年的 IT 技术更迭经历了比以往更快的科技变化。了解 IT 新技术的发展动向能使大家心中有一个全局的把握，理清 IT 新技术和自身专业领域的结合关系和发展方向。

▌7.1　新型计算模型

随着计算机的普及和不断发展，处理的数据也越来越庞大复杂，对于计算模型要求越来越高，于是诞生了多种新型计算模型。

7.1.1　并行计算

在个人计算机诞生后的几十年里，程序员们编写了大量的应用软件，这些软件绝大部分采用串行计算方法。所谓串行，是指软件在 PC 上执行，在进入 CPU 前被分解为一条条指令，指令在 CPU 中一条条顺序执行，如图 7-1 所示。任一时间内，CPU 只能够运行一条指令。这种方式很符合人们对现实世界的思考习惯。至于软件的运行速度，则依赖硬件的处理能力，尤其是 CPU 的处理速度。

这种串行思维方式到了2005年遇到了挑战。在那一年，受限于制造CPU的半导体材料限制，CPU发展的摩尔定律开始失效了。但芯片业很快找到了一个变通的办法：在一块芯片中植入多个处理核心，通过多核的共同运算，提高运行速度。但是，许多软件仍然采用传统的串行方法编写，这就面临着一个因软硬件不匹配导致运行速度停滞不前的尴尬局面。而在

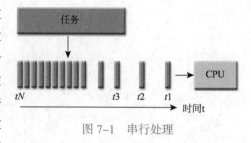

图 7-1　串行处理

互联网领域，由于网络数据极速膨胀，数据量已经远远超过一台或者几台大型计算机的处理能力，需要更大数量的计算机协同完成。面对这些问题，主要的解决方案就是：并行计算。

1. 什么是并行计算

并行计算是相对串行计算而言的。简单来讲，并行计算就是同时使用多个计算资源来解决一个计算问题，在CPU中可同时执行多个任务，如图7-2所示。

并行计算具有以下特征：

① 一个问题被分解成为一系列可以并发执行的离散部分。

② 每个部分可以进一步被分解成为一系列离散指令。

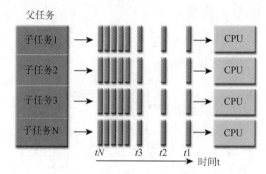

图 7-2　并行处理

③ 来自每个部分的指令可以在不同的处理器上被同时执行。

④ 需要一个总体的控制/协作机制来负责对不同部分的执行情况进行调度。

上文提到的"计算资源"可能是具有多处理器/多核的计算机，也可能是任意数量的被连接在一起的计算机。提到的"计算问题"需具有3个特点：

① 能够被分解成为并发执行的离散片段。

② 不同的离散片段能够在任意时刻被执行。

③ 采用多个计算资源的花费时间要小于采用单个计算资源所花费的时间。

目前广泛采用的多核处理器在体系结构、软件、功耗和安全性设计等方面面临着巨大的挑战。要想让多核完全发挥效力，需要硬件业和软件业更多革命性的更新。其中，可编程性是多核处理器面临的最大问题。尽管在并行计算上，人类已经探索了超过40年，但编写、调试、优化并行处理程序的能力还非常弱。

2. 并行计算的分类

并行计算目前还是一门发展中的学科。并行计算可以分为时间上的并行计算和空间上的并行计算。

时间上的并行计算就是流水线技术，即采用指令预取技术，将每个指令分成多步，各步间叠加操作，当前指令完成前，后一指令准备就绪，缩小指令执行的时钟周期，典型的以时间换空间。

空间上的并行计算是指由多个处理单元（不仅是CPU）执行的计算，是以空间换时间。空

间上的并行计算分为两类：单指令多数据流（SIMD）和多指令多数据流（MIMD），两者的对比如表7-1所示。

表 7-1　SIMD 和 MIMD 对比

名　称	概　念　描　述
单指令多数据流（SIMD）	是流水技术的扩展，可以在一个时钟周期处理多个指令。它采用一个控制器来控制多个处理器，同时对一组数据中的每一个分别执行相同的操作，从而实现空间上的并行性的技术。例如Intel的MMX或SSE以及AMD的3D Now!技术
多指令多数据流（MIMD）	MIMD计算机具有多个异步和独立工作的处理器。在任何时钟周期内，不同的处理器可以在不同的数据片段上执行不同的指令，即同时执行多个指令流，而这些指令流分别对不同数据流进行操作。MIMD架构可以用于诸如计算机辅助设计、计算机辅助制造、仿真、建模、通信交换机的多个应用领域

空间并行计算技术包含数据并行计算和任务并行计算。数据并行计算是指将一个大的数据分解为多个小的数据，分散到多个处理单元执行。任务并行是将大的任务分解为小的任务，分散到多个处理单元执行，任务并行同时还要避免任务重复执行，协调数据的上下文关系，避免冲突发生。任务并行计算与实际应用需求紧密相关。所以，任务并行计算要比数据并行计算复杂得多。

3. 并行程序设计

能同时执行两个以上运算或逻辑操作的程序设计方法称为并行程序设计。所谓并行性，严格地说，有两种含义：一是同时性，亦即平行性，指两个或多个事件在同一时刻发生；二是并发性，指两个或多个事件在同一时间间隔内发生。

程序并行性分为控制并行性和数据并行性。并行程序的基本计算单位是进程。并行程序有多种模型，包括共享存储、分布存储（消息传递）、数据并行和面向对象。与并行程序设计相适应的硬件也有不同类型，如多处理机、向量机、大规模并行机和机群系统等，相应有不同的并行程序设计方法。具体解题效率还与并行算法有关。

设计和实现并行程序是一个离不开人工操作的过程，程序员通常需要负责识别和实现并行化，而通常手动开发并行程序是一个耗时、复杂、易于出错并且迭代的过程。多年来，一些工具被开发出来，用以协助程序员将串行程序转化为并行程序，而最常见的工具就是可以自动并行化串行程序的并行编译器（Parallelizing Compiler）或者预处理器（Pre-Processor）。最常见的由编译器生成的并行化程序是通过使用结点内部的共享内存和线程实现的（例如OpenMP）。

如果你已经有了串行的程序，并且有时间和预算方面的限制，那么自动并行化也许是一个好的选择，但是有几个重要的注意事项：①可能会产生错误的结果；②性能实际上可能会降低；③可能不如手动并行那么灵活；④只局限于代码的某个子集（通常是循环）；⑤可能实际上无法真正并行化，原因在于编译器发现里面有依赖或者代码过于复杂。

7.1.2　网格计算

网格计算（Grid Computing）是伴随着互联网技术而迅速发展起来的、专门针对复杂科学计算的新型计算模式。这种计算模式是利用互联网把分散在不同地理位置的计算机组织成一个"虚拟的超级计算机"，如图7-3所示。其中每一台参与计算的计算机就是一个"结点"，而整个计算是由成千上万个"结点"组成的"一张网格"，所以这种计算方式称为网格计算。这样组织起来的"虚拟的超级计算机"有两个优势：一是数据处理能力超强；二是能充分利用网上的闲置处理能力。简单地讲，网格是把整个网络整合成一台巨大的超级计算机，形成超级计算的能力，解决诸如虚拟核爆、新药研制、气象预报和环境等重大科学研究和技术应用领域的问题，实现计算资源、存储资源、数据资源、信息资源、知识资源、专家资源的全面共享。

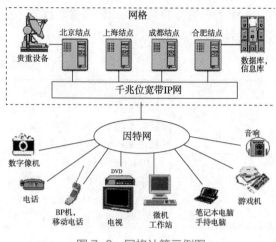

图 7-3 网格计算示例图

网格计算研究如何把一个需要非常巨大的计算能力才能解决的大问题分成许多小的部分，然后把这些部分分配给许多低性能的计算机来处理，最后把这些计算结果综合起来攻克大问题。

7.1.3 云计算

带你漫步
"云计算"

云计算（Cloud Computing）是在并行计算之后产生的概念，是由并行计算发展而来。云计算是一种商业或应用模型，即云服务模型，用户可以根据其业务负载快速申请或释放资源，将基础设施、存储、平台和软件等服务以按需支付的方式对所使用的资源付费。

云计算主要由数据存取处理、资源分配共享、系统安全保障和服务灵活应用4个功能区组成。这四大功能区由四大技术支撑：数据中心技术、软件定义技术、云安全技术、移动云计算技术。

简而言之，就是用户的计算需求不必在本地计算机上实现，而是只要把计算需求交给"云平台"。"云平台"把巨量数据分解成无数个小任务，分发给众多服务器，最后汇总出计算结果，返回给用户。打个比方，吃鱼不必自己造船、结网、出海、烹饪，只需跟饭店下订单即可，饭店自会准时上菜，这个饭店会同时服务众多顾客。随着用户越来越多，程序越来越复杂，对计算能力和安全性的要求也越来越高。在不断提升的需求推动下，云计算技术不断升级，应用也越来越普及。

在客户端，用户只需利用终端设备，如台式计算机、笔记本式计算机、智能手机和平板计算机等，只要接入互联网，就可以按需获取和使用这些资源，如包括硬件、软件、平台、存储和服务等，成本低廉，如图 7-4 所示。用户不必关心"云"在哪里，它为用户屏蔽了数据中心管理、大规模数据处理、应用程序部署等问题。

自从 2006 年 Google 在搜索引擎大会上首次提出

图 7-4 云计算

"云计算"的概念以来，我国高度重视云计算的发展并通过制定政策、设立资助专项等方式提供顶层设计。以 2009 年 1 月阿里在南京建立首个"电子商务云计算中心"为标志，我国云计算市场迅速呈现百花齐放之态，一系列云计算厂商如腾讯云、百度智能云、华为云等争先恐后涌入，也带活了服务器、存储、操作系统、中间件等整条信息产业链。如今越来越多的应用正在迁移到"云"上。预计到 2022 年，全球市场规模将超过 2 700 亿美元，我国云计算市场规模将达到 1 731 亿元人民币。

7.1.4　量子计算

量子计算（Quantum Computing）是一种遵循量子力学规律调控量子信息单元进行计算的新型计算模式。对照于传统的通用计算机，其理论模型是通用图灵机。通用的量子计算机，其理论模型是用量子力学规律重新诠释的通用图灵机。从可计算的问题来看，量子计算机只能解决传统计算机所能解决的问题。但是从计算的效率上，由于量子力学叠加性的存在，某些已知的量子算法在处理问题时速度要快于传统的通用计算机。

量子力学中的态叠加原理使得量子信息单元的状态可以处于多种可能性的叠加状态，从而导致量子信息处理从效率上相比于经典信息处理具有更大潜力。普通计算机中的 2 位寄存器在某一时间仅能存储 4 个二进制数（00、01、10、11）中的一个，而量子计算机中的 2 位量子位（qubit）寄存器可同时存储这 4 种状态的叠加状态。随着量子比特数目的增加，对于 n 个量子比特而言，量子信息可以处于 $2n$ 种可能状态的叠加，配合量子力学演化的并行性，可以展现比传统计算机更快的处理速度。

量子计算将有可能使计算机的计算能力大大超过今天的计算机，但当前仍然存在很多障碍。大规模量子计算存在的重要问题是：如何长时间地保持足够多的量子比特的量子相干性，同时又能够在这个时间段之内做出足够多的具有超高精度的量子逻辑操作。

加拿大量子计算公司 D-Wave 于 2011 年 5 月 11 日正式发布了全球第一款商用型量子计算机"D-Wave One"。D-Wave On 采用了 128-qubit（量子比特）的处理器，理论运算速度已经远远超越现有任何超级电子计算机。不过严格来说这还算不上真正意义的通用量子计算机，只是能用一些量子力学方法解决特殊问题的机器，通用任务方面还远不是传统硅处理器的对手，而且编程方面也需要重新学习。2017 年 1 月，D-Wave 公司推出 D-Wave 2000Q，声称该系统由 2 000 个 qubit 构成，可以用于求解最优化、网络安全、机器学习和采样等问题。对于一些基准问题测试，如最优化问题和基于机器学习的采样问题，D-Wave 2000Q 胜过当前高度专业化的算法 1 000~10 000 倍。

2018 年 10 月 12 日，华为公布了在量子计算领域的最新进展：量子计算模拟器 HiQ 云服务平台问世，平台包括 HiQ 量子计算模拟器与基于模拟器开发的 HiQ 量子编程框架两个部分，如图 7-5、图 7-6 所示，这是华为公司在量子计算基础研究层面迈出的第一步。

图 7-5　华为发布量子计算模拟器 HiQ 云服务平台

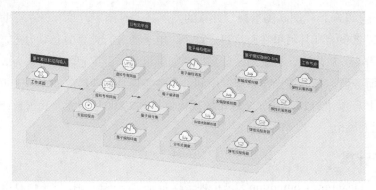

图 7-6　华为 HiQ 软件的编程功能

7.2　大　数　据

云计算、物联网、社交网络等新兴服务促使人类社会的数据种类和规模正以前所未有的速度增长，大数据时代正式到来。

7.2.1　大数据的概念

大数据（Big Data）是指无法在一定时间范围内用常规软件工具进行捕捉、管理和处理的数据集合，是需要新处理模式才能具有更强的决策力、洞察发现力和流程优化能力的海量、高增长率和多样化的信息资产。IBM 提出了大数据的 5V 特点：Volume（大量）、Velocity（高速）、Variety（多样）、Value（低价值密度）、Veracity（真实性）。适用于大数据的技术，包括大规模并行处理（MPP）数据库、数据挖掘、分布式文件系统、分布式数据库、云计算平台、互联网和可扩展的存储系统等。这些技术成为大数据获取、存储、处理分析或可视化的有效手段，关于大数据技术的词云如图 7-7 所示。

图 7-7　大数据词云

大数据在社会政治、经济、文化等方面将产生深远的影响，它为我们揭示事物发展演变规律、预测事物发展趋势，以及更为有效地配置资源、采取更加科学的决策和行为等，带来了新的途径和手段。

7.2.2　大数据的应用场景

移动互联网、物联网、社交网络、数字家庭、电子商务等是新一代信息技术的应用形态，这些应用不断产生大数据。通过对不同来源数据的管理、处理、分析与优化，将创造出巨大的经济和社会价值。

1. 用户画像

作为一种勾画目标用户、联系用户诉求与设计方向的有效工具，用户画像在各领域得到了广泛的应用。用户画像最初是在电商领域得到应用的，它是根据用户在互联网留下的种种数据，主动或被动地收集，最后加工成一系列的标签，如图 7-8 所示。比如猜用户是男是女，哪里人，工资多少，有没有谈恋爱，喜欢什么，即将购物吗？

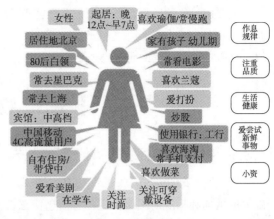

图 7-8　用户画像

2．大数据金融

各种互联网金融公司利用金融大数据对个人进行征信。他们使用用户在互联网上的各类消费及行为数据，以及各种信用卡消费还款记录、互联网金融信贷信息等数据对用户进行信用打分。例如，"芝麻信用"就是利用支付宝的各种交易记录来量化用户信用，并给出信用评分，即芝麻分。它运用云计算及机器学习等技术，通过逻辑回归、决策树、随机森林等模型算法对各维度数据进行综合处理和评估。在用户信用历史、行为偏好、履约能力、身份特质、人脉关系 5 个维度客观呈现个人信用状况的综合分值。较高的芝麻分可以帮助用户获得更高效更优质的服务。

再如"阿里小贷"利用丰富的数据资源建立企业信用和风险控制平台。截至 2018 年底，依靠大数据挖掘技术给 1 200 多万家小微企业发放无须抵押或担保的贷款，累计放贷超过万亿，这种高效率是传统银行不敢想象的。

3．行业大数据

大数据在各行各业中都发挥着巨大的作用，如在教育行业，研究者利用在线教育平台如 MOOC 积累的数据进行分析和挖掘，提高学习的效率和效果；在电力行业，领域专家利用电力大数据进行电力智能调度、电费风险防控、反窃电稽查等；在医疗领域，科学家利用医疗大数据进行疾病筛查、药物研发、医院管理等，如图 7-9 所示；在军事国防领域，专家利用军事大数据进行反恐和守卫国家安全。

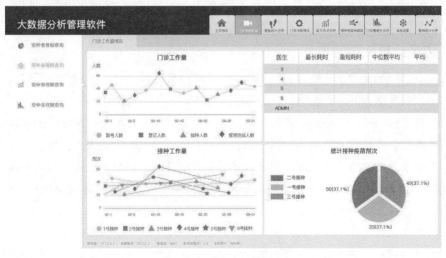

图 7-9　医疗大数据分析

大数据时代的数据存在着如下几个特点：多源异构、分布广泛、动态增长、先有数据后有模式。正是这些与传统数据管理迥然不同的特点，使得大数据时代的数据管理面临着新的挑战。目前对于大数据的研究仍处于一个非常初步的阶段，还有很多基础性的问题有待解决。

7.3 物 联 网

7.3.1 物联网和互联网有什么不一样

认识物联网

物联网（Internet of Things，IOT）即"万物相连的互联网"，是互联网基础上的延伸和扩展的网络，将各种信息传感设备与互联网结合起来而形成的一个巨大网络，实现在任何时间、任何地点，人、机、物的互联互通。

早期的物联网是以物流系统为背景提出的，以射频识别技术（RFID）作为条码识别的替代品，实现对物流系统进行智能化管理。随着技术和应用的发展，物联网的内涵已发生了较大变化。在物联网上，每个人都可以应用电子标签将真实的物体上网联结，在物联网上都可以查出它们的具体位置。通过物联网可以用中心计算机对机器、设备、人员进行集中管理、控制，也可以对家庭设备、汽车进行遥控，以及搜索位置、防止物品被盗等，类似自动化操控系统，同时透过收集这些小事的数据，最后可以聚集成大数据，包含重新设计道路以减少车祸、都市更新、灾害预测与流行病控制等等社会的重大改变，实现物和物相联，如图 7-10 所示。

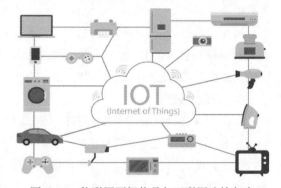

图 7-10 物联网可把物品与互联网连接起来

物联网是互联网应用的拓展，它将其用户端由互联网的人与人、人与计算机系统之间的信息进行交互，延伸拓展到物与物、物与人、物与计算机系统之间的信息交换和通信，并且可利用云计算、模式识别等各种先进计算机技术，实现对物体的智能控制。感知性和智能性是物联网区别于传统互联网的两大重要特性。

7.3.2 边缘计算赋能物联网

物联网是实现行业数字化转型的重要手段，并将催生新的产业生态和商业模式。而借助于边缘计算可以提升物联网的智能化，促使物联网在各个垂直行业落地生根。

边缘计算（Edge Computing）起源于传媒领域，是指在靠近物或数据源头的一侧，采用网络、计算、存储、应用核心能力为一体的开放平台，就近提供最近端服务。其应用程序在边缘侧发起，产生更快的网络服务响应，满足行业在实时业务、应用智能、安全与隐私保护等方面的基本需求。边缘计算处于物理实体和工业连接之间，或处于物理实体的顶端。而云端计算，仍然可以访问边缘计算的历史数据。

边缘计算是云计算的一种形式。但与将计算和存储集中到单个数据中心的传统云计算架构不同，边缘计算将计算或数据处理能力推送到边缘设备进行处理，只有数据处理的结果需要通过网络传输。这在一些情况下可以提供精确的结果，并消耗更少的网络带宽。图 7-11 展示了应用于物联网中的边缘计算的设备形态和所处的位置。

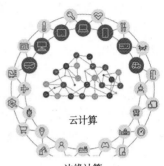

云计算

边缘计算

图 7-11　边缘计算所处的位置

以无人驾驶汽车为例，无人驾驶汽车利用车载传感器来感知车辆周围环境，并根据感知所获得的道路、车辆位置和障碍物等信息，控制车辆的转向和速度，从而使车辆能够安全、可靠地在道路上行驶。该过程要求车载控制系统能够对采集的数据作出实时处理，以便及时对下一步行车路线和速度作出合理决策。如果将传感器采集的数据上传到云计算中心，由云计算中心处理后再响应给车载控制系统，这无疑会因存在较大的延时，而降低行车的安全性。但如果在源数据端（无人驾驶汽车）进行边缘计算，实时处理传感器采集的数据，将大大提高数据的处理速度，有效增强无人驾驶汽车在行驶过程中对路面环境决策的实时性。

7.3.3　未来物联网将无处不在

物联网的广泛应用，可使人类以更加精细和动态的方式管理生产和生活，这种高级"智能"的信息交换与通信状态，可以大大提高社会资源的利用率和生产力水平，改善人与自然的关系，实现高质量的人类社会经济发展与生活方式转变。

因此，物联网被称为继计算机、互联网之后，世界信息产业的又一次新浪潮。根据美国知名研究机构 Forrester 预测，物联网所带来的产业价值将比互联网大 30 倍，它在智能交通、环境保护、政府工作、公共安全、平安家居、智能消防、工业监测、环境监测、老人护理、个人健康、水系监测、食品溯源、敌情侦查和情报搜集等多个领域有着广泛的应用前景。

目前，物联网已被正式列为我国重点发展的战略性新兴产业之一，并被看作我国信息化与工业化"两化融合"的切入点。国家工业和信息化部制订了《物联网发展规划（2016—2020年）》，设立了物联网发展专项资金，重点支持智能工业领域、智能农业领域、智能医疗领域、智能物流领域及智能交通等领域的物联网发展。

7.4　人 工 智 能

人工智能（Artificial Intelligence，AI）是研究、开发用于模拟、延伸和扩展人的智能的理论、方法、技术及应用系统的一门新的技术科学。

拥抱人工智能

7.4.1　人工智能发展的三起两落

1956 年，以麦卡锡、明斯基、香农和罗切斯特等为首的一批年轻科学家在一起聚会，共同研究和探讨用机器模拟智能的一系列有关问题，并首次提出了"人工智能"这一术语，由此标志着"人工智能"这门新兴学科的正式诞生。

1957 年，美国认知心理学家 Rosenblatt 等首次提出了一种称之为"感知机"（Perceptron）的人工神经网络模型。主要是基于 1943 年由美国心理学家麦卡洛克和数理逻辑学家皮特斯提出的MP人工神经元模型进行构建的前馈网络，旨在发展出一种模拟生物系统感知外界信息的简化模型。"感知机"主要用于分类任务，由此开创了神经网络的第一次热潮。不过当时的感知机是单层的，只有输出层没有隐含层。1969年，明斯基等发表了书名为《感知机》的专著，指出了单层感知机的这一局限；但在当时，大家都认为感知机没有什么前途。自此以后，人工智能遭遇了第一个低潮，这种低潮几乎贯穿了整个20世纪70年代。

1980年代，出现了人工智能的第二次高潮。美国认知心理学家Rumelhart等提出了BP网络，为带隐层的多层感知机找到了一种有效的学习算法，即误差的反向传播算法，也就是目前在卷积神经网络中使用的监督学习算法。其实就是使用Sigmoid函数与双曲正切函数对经典的MP人工神经元模型进行了改进，但正是这个看似很小的一个突破，却解决了感知机不能进行学习的致命缺陷。再加上1982年美国物理学家Hopfiled提出的反馈神经网络，于是乎，整个20世纪80年代，人工智能又一次迎来了高潮，神经网络成为科技人员争相研究的热点。

此外，当时很多人都在想，如果把人的专家级经验通过规则的形式总结出来，建立大规模规则库，然后将规则作为知识进行推理，不就可以解决很多问题了吗？这样的前景简直太美好了！它可以挑选出正确的分子结构，可以模拟老中医看病（例如研发中医诊疗专家系统），可以模拟专家找石油、找天然气、找矿石……总之就是无所不能，可以完全替代人类从事许多工作。典型的代表就是斯坦福大学的费根鲍姆教授，曾因知识工程的倡导和专家系统的实践，获得1994年度图灵奖。当时，机器推理所依赖的规则都是人为设计的，而很多规则是很难被总结和设计的。因此这个阶段的人工智能，靠设计而非学习获得规则，前提就错了。其次，当时的人工智能并没有解决好数据层到语义层的所谓语义鸿沟问题。

当时，全世界都对人工智能的发展抱以极高的憧憬，认为它可以在很多方面取代人类，也出现了许多疯狂的计划。例如当时经济繁荣的日本甚至搞了一个雄心勃勃的智能计算机国家计划，即所谓的第五代计算机计划，立志要研究出世界上最先进的模糊推理计算机，突破"冯·诺依曼瓶颈"，确立信息领域的"全球领导地位"。该计划虽历时10年，总耗资8亿多美元，但最终还是以失败而告终。

第二次人工智能热潮持续10余年，只是BP网络和Hopfield网络能力有限，利用规则作为知识进行的推理，却并没有感知智能的支撑，最终成为空中楼阁。因此，到2000年左右，人工智能又进入了一个寒冬。理想和现实的巨大差异，让人们认识到，当时的人工智能其实做不了多少事情的。

人工智能的第三次高潮，发端于2006年。加拿大多伦多大学的Hinton教授等人提出深度学习的概念，主要包括深度卷积神经网络、深度信念网络和深度自动编码器。尤其是在2012年，Hinton教授与他的两位博士生在参加一年一度的机器视觉识别比赛（ImageNet比赛）时，把深度卷积神经网络与大数据、GPU结合了起来，让机器去识别没有参加过训练的10万张测试图片，辨识结果比原来的传统计算机视觉方法准确率提高了10.9%！这么一个显著的性能提升和惊人的识别效果，一下子引起了产业界的极大关注。

在前两次人工智能热潮中，基本上是学术界在玩，而从2013年开始，跨国科技巨头纷纷开始高强度的介入，产业界逐渐成为全球人工智能的研究重心，主导并加速了人工智能技术的商业化落地。例如谷歌提出"人工智能优先"，借以重塑企业，而百度也宣称自己已经是一家人工智能企业了，等等。目前，人工智能在各方面所取得的惊人效果，都是前所未有的。仅以如图 7-12 所示的人脸识别为例，现在的人脸识别准确率已经达到了 99.82%，在 LFW 数据集上超过了人类水平不少，这在以前是难以想象的。

　　这次人工智能新高潮，是一个实实在在的进步，最具代表性的成果就是深度卷积神经网络和深度强化学习等两个方面。

　　强化学习，也称再励学习或增强学习。1997 年 5 月，IBM 研制的深蓝（Deep Blue）计算机利用强化学习，战胜了国际象棋大师卡斯帕洛夫。现在，谷歌的 DeepMind 开发的 AlphaGo（阿尔法狗，如图 7-13 所示），通过将强化学习和深度卷积神经网络有机结合起来，已达到了一个超人类的水平。这样的话，它的商业价值就体现出来了，相信随着越来越多类似技术的发展，AI 的商业化之路也会越走越广阔。

图 7-12　人脸识别

图 7-13　AlphaGo 与李世石对弈

　　包括深度卷积神经网络和深度强化学习在内的弱人工智能技术，以及它们面向特定细分领域的产业应用，在大数据和大计算的支撑下都是可预期的，将会成为人工智能产品研发与产业发展的热点，深刻地改变人们的生产生活方式。

7.4.2　人工智能未来展望

　　从弱人工智能到超人工智能，还有漫长的路要走，深度卷积神经网络也有自己的缺陷。现在的人工智能阶段可称之为弱人工智能，因为它只能解决一个点的问题，或者只能在一个垂直细分领域应用，才能获得人类水平。

　　人工智能需要大数据，只有在一个点上积累足够多的带标签的完备大数据，才能有针对性地获得成功。就像阿尔法狗一样，目前主要功能是下围棋，不会说话谈心、情感交流。当前人工智能的最大缺陷之一就是能力单一，不能进行多任务的学习。事实上，利用深度强化学习的阿尔法狗是在进行最优博弈类决策。而决策属于认知智能，而且它还不依赖于完备的大数据。

　　现在的弱人工智能甚至还不能用同一个模型做两件事情，而要想让它具有多任务的学习能力，即把一个垂直的细分领域变宽，这就是所谓的通用人工智能问题。就像阿尔法狗，如果让它不仅会下围棋，还会下象棋甚至是其它的所有棋类，还会打扑克牌、打游戏，另外还会语音识别、行为识别、表情识别和情感分析等等，什么都可以干，那它就真的很厉害了。如果上述能力都具备的话，也就进入了更高一级的通用人工智能阶段。它的最鲜明特征就是，利用同一个模型可以实现多任务的学习。

当通用人工智能来到之后，也就是说打游戏、情感分析、股票预测等所有人类的技能都学会了；进一步地，人类的全方位能力通用人工智能都具有了，那可以认为，奇点到来了，也就是进入到了所谓的强人工智能阶段。进入强人工智能阶段之后，机器的智能将会呈指数增长，"智商"远超人类，这就到了所谓超人工智能阶段，此时人类如何应对？当然，说对人工智能的担忧、恐怖或对人类的威胁，还为时尚早，原因是目前甚至连通用人工智能这个阶段都还没达到，只有等到跨越弱人工智能阶段之后，再来探讨此类问题吧。

7.5 虚 拟 现 实

虚拟现实能带来什么

虚拟现实（Virtual Reality，VR）是以计算机技术为核心，结合相关科学技术，生成与真实环境在视、听、触感等方面高度近似的数字化环境，用户借助必要的装备与数字化环境中的对象进行交互作用、相互影响，从而产生亲临真实环境的感受和体验，如图7-14所示。

7.5.1 什么是虚拟现实

虚拟现实是一项综合集成技术，涉及计算机图形学、人机交互技术、传感技术、人工智能、计算机仿真、立体显示、计算机网络、并行处理与高性能计算等技术和领域，它用计算机生成逼真的三维视觉、听觉、触觉等感觉，使人作为参与者通过适当的装置，自然地对虚拟世界进行体验和交互作用。

图 7-14 虚拟现实

虚拟现实有3个特征：想象（Imagination）、交互（Interaction）和沉浸（Immersion），简称3I。想象是指虚拟现实技术具有广阔的可想象空间，可拓宽人类认知范围，可再现真实环境，也可以随意构想客观不存在的环境；交互是指用户实时地对虚拟空间的对象进行操作和反馈；沉浸即临场感，指用户感到作为主角存在于模拟环境中的真实程度。

虚拟现实系统根据用户参与形式的不同一般分为4种模式：桌面式、沉浸式、增强式和分布式。桌面式使用普通显示器或立体显示器作为用户观察虚拟境界的一个窗口；沉浸式可以利用头盔式显示器、位置跟踪器、数据手套和其它设备，使得参与者获得置身真实情景的感觉；增强式是把真实环境和虚拟环境组合在一起，使用户既可以看到真实世界，又可以看到叠加在真实世界的虚拟对象；分布式是将异地不同用户联结起来，对同一虚拟世界进行观察和操作，共同体验虚拟经历。

7.5.2 虚拟现实的应用

虚拟现实技术正在广泛地应用于娱乐、军事、建筑、工业仿真、考古、医学、文化教育、农业和计算机技术等方面，改变了传统的人机交互模式。

1. 在科技开发上

虚拟现实可缩短开发周期，减少费用。例如克莱斯勒公司1998年初便利用虚拟现实技术，在设计某两种新型车上取得突破，首次使设计的新车直接从计算机屏幕投入生产线，也就是说完全省略了中间的试生产。由于利用了卓越的虚拟现实技术，使克莱斯勒避免了1 500项设计差错，节约了8个月的开发时间和8 000万美元费用。利用虚拟现实技术还可以进行汽车冲撞试验，不必使用真的汽车便可显示出不同条件下的冲撞后果。

在虚拟现实技术已经和理论分析、科学实验一起，成为人类探索客观世界规律的三大手段。用它来设计新材料，可以预先了解改变成分对材料性能的影响。在材料还没有制造出来之前便知道用这种材料制造出来的零件在不同受力情况下是如何损坏的。

2. 商业上

虚拟现实常被用于推销。例如建筑工程投标时，把设计的方案用虚拟现实技术表现出来，便可把业主带入未来的建筑物里参观，如门的高度、窗户朝向、采光多少、屋内装饰等，都可以感同身受。它同样可用于旅游景点以及功能众多、用途多样的商品推销。因为用虚拟现实技术展现这类商品的魅力，比单用文字或图片宣传更加有吸引力。

3. 医疗上

在医学界，虚拟现实技术主要是用于虚拟解剖、虚拟实验室和虚拟手术等。德国在20世纪90年代通过虚拟现实技术，用人体切片重构为数字人，逼真地重现了人体解剖现场，无须担心成本、伦理等问题。汉堡Eppendof大学医学院构造了一套人体虚拟现实系统，训练者带上数字头盔就可以进行模拟解剖。

4. 军事上

利用虚拟现实技术模拟战争过程已成为最先进的多快好省的研究战争、培训指挥员的方法。也是由于虚拟现实技术达到很高水平，所以尽管不进行核试验，也能不断改进核武器。战争实验室在检验预定方案用于实战方面也能起巨大作用。1991年海湾战争开始前，美军便把海湾地区各种自然环境和伊拉克军队的各种数据输入计算机内，进行各种作战方案模拟后才定下初步作战方案。后来实际作战的发展和模拟实验结果相当一致。

5. 娱乐上

娱乐应用是虚拟现实最广阔的用途。例如英国出售的一种滑雪模拟器。使用者身穿滑雪服、脚踩滑雪板、手拄滑雪棍、头上载着头盔显示器，手脚上都装着传感器。虽然在斗室里，只要做着各种各样的滑雪动作，便可通过头盔式显示器，看到堆满皑皑白雪的高山、峡谷、悬崖陡壁，一一从身边掠过，其情景就和在滑雪场里进行真的滑雪所感觉的一样。

6. 教育上

虚拟校园是虚拟现实技术在教育领域最早的具体应用，虽然大多数虚拟校园仅仅实现校园场景的浏览功能，但虚拟现实技术提供的活的浏览方式，全新的媒体表现形式都具有非常鲜明的特点。天津大学早在1996年，在SGI硬件平台上，基于VR ML国际标准，最早开发了虚拟校园，使没有去过天津大学的人，可以领略近代史上久富盛名的大学。

随着网络时代的来临，网络教育迅猛发展，尤其是在宽带技术将大规模应用的今天，一些高校已经开始逐步推广、使用虚拟仿真教学。虚拟教学可以应用教学模拟系统进行演示、探索、游戏教学。利用简易型虚拟现实技术表现某些系统（自然的、物理的、社会的）的结构和动态，为学生提供一种可供他们体验和观测的环境。例如中国地质大学开发的地质晶体学学习系统，利用虚拟现实技术演示它们的结构特征，直观明了。西南交通大学开发的 TDS-JD 机车驾驶模拟装置可摸拟列车起动、运行、调速及停车全过程，可向司机反馈列车运行过程中的重要信息。

7. 工业上

工业仿真、安全生产应急演练、三维工厂设备管理、虚拟培训等都是虚拟现实技术在工业方面的应用。例如：在航天行业领域的机场环境模拟，可真实再现停机坪、候机厅、油库、航加站等场所。在机场运维时便于信息化管理，实时了解当前飞机的飞停状态，并进行三维实时表现。通过读取来自定位系统的实时位置信息来驱动加油车、操作员动态变化，具有很强的立体表现效果，这是二维GPS管理系统所不具备的。

在电力行业，三维电力输电网络信息系统采用3DGIS融合VR的思路，利用数字地形模型、高分辨率遥感影像构建基础三维场景，能够真实再现地形、地貌，采用创建三维模型再现输电网络、变电站、输电线路周边环境、地物的空间模型，为领导及工作人员提供全方位、多维、立体化的辅助决策支持，从而减少处理事故所需时间，减少经济损失。系统实现了各种分析功能，如停电范围分析、最佳路径分析，当停电事故发生时，系统能快速计算出影像范围，标绘出事故地点及抢修最优路线。当火灾发生时绘制火灾波及范围及对重要设备的影像程度，推荐最佳救援方式。图7-15展示了电力行业应用虚拟现实技术对员工进行培训。

7.5.3 虚拟现实的前景

图 7-15　电力行业的虚拟现实技术

虚拟现实的诞生就好像一个新的世界大门徐徐展开，将会给人类带来翻天覆地的变化。人们可以通过VR体验购物，娱乐，社交，培训等等，在某种意义上它将改变人们的思维方式，甚至会改变人们对世界、自己、空间和时间的看法。

我国已成为全球最重要的虚拟现实终端产品生产地，虚拟现实消费级市场快速培育。虚拟现实产业自2013年开始进入专利快速增长期，关键技术进一步成熟，正在建立覆盖硬件、软件、内容制作与分发、应用与服务等环节的技术标准体系。同时，5G商用为虚拟现实技术在更广泛领域的应用开辟了新天地。2019年我国首次利用"5G+VR"技术对央视春晚进行实时直播；深圳市人民医院借助5G网络完成了我国首例5G+AR/MR远程肝胆外科手术等。未来在5G的协助下，更多需要实时交流、实时交互的行业应用将被实践和推广。

2018年年底，我国工信部发布《关于加快推进虚拟现实产业发展的指导意见》，进一步加大政策支持力度，推动虚拟现实技术在制造、教育、文化、健康、商贸等重点领域的应用。近年来相关虚拟现实关键技术不断突破，全球市场规模持续扩大。以虚拟现实为代表的新一轮科技和产业革命蓄势待发，虚拟经济与实体经济的结合，将给人们生产方式和生活方式带来革命性变化。

本 章 小 结

　　本章主要介绍并行计算、网格计算、云计算、量子计算等新型计算模型的概念，以及大数据、物联网、人工智能、虚拟现实等IT新技术的发展现状。IT业界预计，未来一段时期，我国将会利用国际产业转移的重大机遇，聚集各种资源，突破核心技术制约，在集成电路、软件、计算机与信息处理、现代移动通信、信息安全、信息服务和系统集成等技术领域加强创新，促进IT产品更新换代，推动我国由IT大国向IT强国转变，并进而推动国民经济信息化进程，以信息化带动工业化，走出一条新型工业化道路。

章 后 习 题

一、单选题

1. 下列不属于云计算特点的是_____。
　　A. 私有化　　　　　B. 灵活性　　　　　C. 通用性　　　　　D. 高可靠性
2. 下列不是大数据特点的是_____。
　　A. 大量　　　　　B. 高速　　　　　C. 排序　　　　　D. 真实性
3. 下列关于对大数据特点的说法中，错误的是_____。
　　A. 数据价值密度高　　　　　　　B. 数据规模大
　　C. 数据类型多样　　　　　　　　D. 数据处理速度快
4. RFID主要作用是（　　）。
　　A. 智能化识别和管理　　　　　　B. 存储信息
　　C. 数据计算　　　　　　　　　　D. 控制功能
5. 下列关于物联网的叙述错误的是（　　）。
　　A. 物联网就是物物相连的互联网
　　B. 物联网不能适应异构网路和协议
　　C. 物联网的核心和基础仍然是互联网，是互联网的延伸和扩展
　　D. 物联网包括传感器技术、智能嵌入技术、RFID等技术
6. 下列描述错误的是_____。
　　A. 云计算为海量、多样化的大数据提供存储和运算平台
　　B. 大数据可以创造出巨大的经济和社会价值
　　C. 云计算、大数据、物联网都离不开互联网
　　D. 目前人工智能研究已经实现了通用人工智能
7. AI的英文全称是_____。
　　A. Automatic Intelligence　　　　　B. Artificial Intelligence

C. Automatic Information   D. Artificial Information

8. 人工智能的第二次高潮出现了_____。

 A. 单层感知机   C. 深度自动编码器

 C. 反馈神经网络   D. 深度卷积神经网络

9. 下列哪一个不属于人工智能的实例？_____

 A. 超市手持式条形码扫描器 B. 机器人

 C. Web搜索引擎   D. 智能个人助理

10. 虚拟现实系统根据用户参与形式的不同一般分为4种模式：桌面式、_____、增强式和分布式。

 A. 沉浸式 B. 智能式 C. 沉入式 D. 体验式

二、判断题

1. 使用流水线技术的计算属于串行计算。（ ）
2. 网格计算和云计算都属于分布式计算的一种实现方式。（ ）
3. 百度网盘不属于云计算的范畴。（ ）
4. 因为通用的量子计算机其理论模型是用量子力学规律重新诠释的通用图灵机，所以现在普通的计算机只要安装上量子计算的相关软件，就可以实现量子计算。（ ）
5. 大数据技术的重点是如何将庞大的数据收集起来。（ ）
6. 人工智能的实现一般要依托于大数据，因此在IT技术发展过程中，大数据概念的提出早于人工智能。（ ）
7. 现在的AI技术可以让机器像人一样通过自我学习去提高其相关认识水平。（ ）
8. 想象是虚拟现实技术的三大特征之一。（ ）

三、讨论题

1. 说说你所学专业领域中，人工智能的应用案例。
2. 你使用过哪些虚拟现实和大数据、人工智能的实际应用或相关软件？

工匠精神 >>>>>>

5G、大数据、云计算、人工智能
——揭秘抗疫复工背后的网络信息技术

新冠肺炎疫情发生以来，在国务院国资委统筹指导和安排部署下，中央企业坚决贯彻落实习近平总书记重要指示精神和党中央、国务院相关决策部署，积极运用5G、大数据、云计算、人工智能等网络信息技术，加强疫情防控，推进复工复产，取得显著成效。

5G的存在，让"战疫"信息高速公路的铺设成为现实。在发生灾难时，能够及时准确地调动全国各地的信息，及时进行反馈调遣，能够有效遏制灾难。而在疫情震中，中央企业不负众望，积极发挥5G大带宽、延时低、广连接等特性，运用网络信息技术，缩短了地域差距，将全国链接成了一体，让疫情防控早、严、广，让复工复产快、稳、好。

　　三家电信运营企业全力保障疫情期间通信基础设施建设，累计开通5G基站13万个，全力保障"战疫"通信需要。中国移动开发医疗服务机器人、医疗急救车、无人物流车和无人防疫车等5G智能设备，服务全国3 900多家医疗机构，支撑3万多次远程医疗会诊。智能医护机器人走进医院、卫生服务中心和隔离区域进行拍摄和服务，有效缓解了医护人手不足的困难，减少了医护交叉感染等风险。中国电信开发"5G+人工智能"新冠肺炎智能辅助分析系统，极大提升了诊疗效率。中国商飞运用5G技术助力复工复产，建成全球首个5G全链接工厂，保障大飞机研制生产。他们，值得我们铭记。

　　大数据的存在，为"战疫"这一历史性行动打造了强大的大脑，并一路为中国人民护航。疫情期间，人手一"码"的"健康码"成为人员流动、复工复产复学、日常生活及出入公共场所的凭证。只要填报一次个人健康状况，进出不同地点无须反复填写信息，防控部门也能借此快速掌握疫情大数据。与此同时，各地还借助大数据等新技术，绘制"疫情地图"、搭建"数字防疫系统"，实现科技战"疫"、精准防控。

　　大数据具有多源性、海量性、开放性广等特性，中央企业正因深刻认识并把握了这些特性，合理地运用了大数据，让大数据在"战疫"过程中大放异彩。中国电科搭建"一网畅行"疫情防控与复工复产大数据产品，实时监控全国疫情情况并预测分析，平均预测误差不到1%，实现秒级响应、快速扫码、一网通行。在北京大兴国际机场，"一网畅行"大数据系统与太赫兹安检设备等信息技术产品融合升级的快速安检系统已经部署启用。旅客安检时，只需"刷"一下身份证，设备内置的"一网畅行"疫情防控与复工复产大数据系统，会自动通过后台权威大数据模型比对，精准筛选出安全人群和密接人群。同时，设备的远程红外测温功能，还能对旅客进行无感知体温探测，减少等待时间、提高通行效率。

中国电科的"一网畅行"

　　中国联通推出"社区风险预测"和"健康U码"等大数据产品，向全社会免费提供防疫、预警、出行、复工等查询功能，开通一周点击量破千万。国家电网、南方电网开发多套先进大数据算法模型，发布"企业复工电力指数"产品，客观反映复工复产情况，形成区域监测分析报告约400份。国投建立"天鹰"网络交易大数据监管平台，及时发现违规销售、哄抬价格等涉嫌违法行为。

　　云计算也在"战疫"中发挥了巨大作用，可以说，云计算架起了将供需无缝衔接的"桥梁"。中央企业通过云计算技术，推出了多个供应链协同对接平台，平台具有远程、精准、实时对接等突出特点，无比契合当下的社会现状，对加快复工复产的进度具有催化剂一般的作用。电商联盟搭建的全国企业

在"千寻-北斗无人机战疫云平台"上运行的抗疫无人机

复工复产供需对接云平台，便是供应链协同对接平台中一个优秀的例子，该平台发布了8 000余条供需信息，主要面向群体是中小型企业。兵器工业集团发起"飞翼行动"服务，搭建"千寻-北斗无人机战疫云平台"，精准链接防疫供需。在"无人机战疫平台"上，需求方填写信息，准备防护用品、消毒液，供给方填写服务信息、服务区域。一旦平台匹配成功，双方确认作业时间与区域，符合作业标准后，即可开始作业。中国电子紧急推出国家重点医疗物资保障调度云平台，覆盖31个省市约2 000家重点企业，提升重要物资对接调度效率。中国航发搭建供应链协同云平台，推动上游供应链计划、生产、物流、质量协同，确保物料准时交付。中铝集团建设供应链金融服务云平台，为上下游企业提供低成本融资渠道，缓解供应链资金压力，带动中小企业复工复产。

武汉大学人民医院门诊大厅，
一台智能消毒机器人在喷洒消毒剂

人工智能技术是近年来我国发展迅速的领域之一。疫情防控战打响之后，防疫一线出现了一群特殊的"战士"，活跃在全国各地的医院病房、交通枢纽、生活社区等众多场所。这些"战士"，既是一线医护、公安民警们的"得力助手"，帮助他们提高工作效率、降低交叉感染风险，也成为千千万万群众生命健康的"守护者"，承担着巡防、测温、消毒、咨询、送餐送药等方方面面的工作。这些特殊的"战士"就是在抗疫当中大显身手的各类人工智能产品——基于物联网的智慧生命体征监测系统、咽拭子采集机器人、各类智能防疫机器人……

在抗疫前线，人工智能实现了"大爆发"，在医疗影像辅助诊断、智能服务机器人等方面均实现了精准应用，在一定程度上实现了对病例的快筛查，阻断了病毒的传播等。据了解，目前，人工智能技术广泛应用在我国各个医疗细分领域，包括医疗影像、辅助诊断、药物研发、健康管理、疾病风险预测、医院管理、虚拟助理、医学研究平台等，而人工智能技术在此次疫情中，在相关领域均得到不同程度的运用。除此之外，人工智能监测设备加速企业复工，助力学生停课不停学……

时代在进步，我们的祖国在变得越来越强大。当海外各国陆续爆发新冠疫情时，中国已经控制住了疫情，并且逐步走向复工复产。而在抗疫复产的背后，5G、大数据、云计算、人工智能等网络信息技术贡献不菲，对于加强疫情的防控，促进安全复工健康复产，都起到了重要的作用。

附录:【工匠精神】资料来源

故事1

[1] 光明网.名师寄语[EB/OL].https://news.gmw.cn/2020-07-03/content_33961876.htm,2020-07-03.

[2] 百度百科.姚期智[EB/OL].https://baike.baidu.com/item/%E5%A7%9A%E6%9C%9F%E6%99%BA/10170340?fr=aladdin,2020-08-01.

[3] 解启扬.图灵[EB/OL].https://www.xuexi.cn/lgpage/detail/index.html?id=2729128405625741064,2019-07-25.

故事2

[4] 赵竹青.初心不忘铸就大国重器 北斗系统全球定位"开新局"[EB/OL].http://scitech.people.com.cn/n1/2020/0623/c1007-31756811.html,2020-06-23.

[5] 赵竹青.北斗全球组网发射成功收官!最后一颗组网卫星顺利升空[EB/OL].http://scitech.people.com.cn/n1/2020/0623/c1007-31756851.html,2020-06-23.

[6] 张凡.人民时评:中国北斗,写照自主创新的志气[EB/OL]http://theory.people.com.cn/n1/2020/0703/c40531-31769509.html,2020-07-03.

故事3

[7] 赵建东."蛟龙"号载人潜水器深潜团队:用智慧汗水诠释深潜精神[EB/OL].https://www.xuexi.cn/lgpage/detail/index.html?id=14866743208430881442,2019-11-25.

[8] 中国科学院深海工程与科学研究所.中国载人深潜器:"蛟龙"号[EB/OL].https://www.xuexi.cn/lgpage/detail/index.html?id=8341426736414272707&item_id=8341426736414272707,2020-06-29.

故事4

[9] 王梦然."神威"发力,开启超算应用蓝海[EB/OL].http://kxjst.jiangsu.gov.cn/art/2019/9/4/art_15419_8701355.html,2019-08-30.

[10] 人民网.神威太湖之光:人民网专访研发专家组讲述创新故事[EB/OL]http://js.people.com.cn/GB/360446/362760/376993/index.html,2016-06-22.

[11] 林小春.中国计算机轻松蝉联世界超算冠军[EB/OL].http://www.xinhuanet.com/mrdx/2016-11/15/c_135830013.htm,2016-11-15.

故事5

[12] 华为终情.在线分享:华为5G芯片背后的研发故事[EB/OL].https://www.sohu.com/a/393588063_289340,2020-05-07.

[13] TOP科技资讯.麒麟985与麒麟990、麒麟820三款5G芯片对比[EB/OL].https://baijiahao.baidu.com/s?id=1664029763734854423&wfr=spider&for=pc,2020-04-15.

故事6

[14] 王俊岭.望海楼："中国天眼"深邃的目光[EB/OL].https://www.xuexi.cn/lgpage/detail/index.html?id=11099732350250464136，2020-01-13.

[15] 国际在线."中国天眼"通过国家验收 正式开放运行[EB/OL].https://www.xuexi.cn/lgpage/detail/index.html?id=13404644285347564202，2020-01-12.

[16] 中国科学报."中国天眼"通过国家验收 正式开放运行[EB/OL].http://news.sciencenet.cn/htmlnews/2020/1/434737.shtm，2020-01-11.

[17] 党建网微平台.习近平点赞过的大国工程[DB/OL].https://www.xuexi.cn/lgpage/detail/index.html?id=7990002764385947824，2020-01-13.

[18] 时代楷模发布厅微信公众号.中国天眼开放运行！网友致敬"天眼之父"南仁东[EB/OL].https://www.xuexi.cn/lgpage/detail/index.html?id=15408915115744566158&item_id=15408915115744566158，2020-01-16.

故事7

[19] 国资小新.5G 大数据 云计算…揭秘央企抗疫复工背后的网络信息技术[EB/OL].http://www.xinhuanet.com/2020-04/10/c_1125837530.htm，2020-04-10.

[20] 蓝鲸财经.人工智能技术加入抗"疫"科技战，行业大爆发盛况能否持续？[EB/OL].https://baijiahao.baidu.com/s?id=1659103150993899406&wfr=spider&for=pc，2020-02-21.

[21] 刘峣.中国科技硬核抗疫[EB/OL].https://www.xuexi.cn/lgpage/detail/index.html?id=8852552547565799257&item_id=8852552547565799257，2020-06-11.

[22] 光明日报.大数据+云计算打造战疫大脑[EB/OL].https://www.xuexi.cn/lgpage/detail/index.html?id=16372920406552412805&item_id=16372920406552412805，2020-04-29.

[23] 光明日报.战疫一线特殊"武器"如何打造[EB/OL].https://www.xuexi.cn/lgpage/detail/index.html?id=1413046542736638004&item_id=1413046542736638004，2020-04-28.

参 考 文 献

[1] 柳永念，姚怡，焦小焦，等.大学计算机[M]. 2版.北京：中国铁道出版社，2019.

[2] 劳眷，滕金芳，焦小焦，等.大学计算机实验指导与习题集[M]. 2版.北京：中国铁道出版社，2019.

[3] 吕云翔，李沛伦.计算机导论[M].北京：清华大学出版社，2019.

[4] 李廉，王士弘.大学计算机教程：从计算到计算思维[M].北京：高等教育出版社，2016.

[5] 柴欣，史巧硕.大学计算机基础教程[M]. 8版.北京：中国铁道出版社，2019.

[6] 柴欣，史巧硕.大学计算机基础实验教程[M]. 8版.北京：中国铁道出版社，2019.

[7] 余婕.Office 2016高效办公[M].北京：电子工业出版社，2017.

[8] 七心轩文化.Office 2016轻松入门[M].北京：电子工业出版社，2016.

[9] 龙马高新教育.PowerPoint 2016从入门到精通[M].北京：人民邮电出版社，2017.

[10] 曾潇霖.玩转PowerPoint：PPT图形创意设计[M].北京：电子工业出版社，2011.

[11] 恒盛杰资讯.Office办公无忧：PPT制作应用大全[M].北京：机械工业出版社，2014.

[12] 邱银春.PowerPoint 2016从入门到精通[M]. 2版.北京：中国铁道出版社，2019.

[13] 张发凌.从零开始学PPT设计[M].北京：人民邮电出版社，2015.

[14] 杨臻.PPT，要你好看[M]. 2版.北京：电子工业出版社，2015.

[15] 高万萍，王德俊.计算机应用基础教程：Windows 10，Office 2016 [M].北京：清华大学出版社，2019.

[16] 甘勇，陶红伟.大数据导论[M].北京：中国铁道出版社，2019.

[17] 徐洁磐.人工智能导论[M].北京：中国铁道出版社，2019.

[18] 百度百科 https://baike.baidu.com/.

[19] 上海赢科，W3School.CSS浮动［EB/OL］.https://www.w3school.com.cn/css/css_positioning_floating.asp，2020-08-01.

[20] 纤尘.清华大学邓志东："特征提取＋推理"的小数据学习才是AI崛起的关键［EB/OL］.https://blog.csdn.net/weixin_33858249/article/details/89783670，2018-03-01.

[21] 魔豆.并行计算简介［EB/OL］.https://blog.csdn.net/magicbean2/article/details/75174859，2017-07-02.